Hellmut Kruschwitz
Dieter Müllenborn

Aufgabensammlung Elektrotechnik

4., berichtigte Auflage
mit 716 Aufgaben,
133 Abbildungen und 12 Tafeln

V

Friedr. Vieweg & Sohn
Braunschweig / Wiesbaden

CIP-Kurztitelaufnahme der Deutschen Bibliothek

Kruschwitz, Hellmut:
Aufgabensammlung Elektrotechnik / Hellmut Kruschwitz; Dieter Müllenborn. – 4., berichtigte Aufl. – Braunschweig, Wiesbaden: Vieweg, 1981.
(Viewegs Fachbücher der Technik)
ISBN-13: 978-3-528-34017-9 e-ISBN-13: 978-3-322-85397-4
DOI: 10.1007/978-3-322-85397-4
NE: Müllenborn, Dieter:

1. Auflage 1967
2., neu bearbeitete und erweiterte Auflage 1976
3., berichtigte Auflage 1977
4., berichtigte Auflage 1981

Der 1. Auflage dieses Buches lag der Band „Aufgabensammlung Starkstromtechnik" von Rudolf Friedrich und Karl Wolter, Verlag Technik, Berlin, zugrunde.

Satz: Vieweg, Braunschweig

ISBN-13: 978-3-528-34017-9

Vorwort zur vierten Auflage

Die *Aufgabensammlung Elektrotechnik* ist als Ergänzung zum Lehrbuch Reth/Kruschwitz/Müllenborn, *Grundlagen der Elektrotechnik* gedacht. Sie soll den Studierenden an technischen Lehranstalten helfen, den Unterrichtsstoff im Fach Elektrotechnik einzuüben und sich auf Prüfungen vorzubereiten.

Das Buch kann jedoch auch unabhängig vom Lehrbuch verwendet werden, da der Benutzer durch zahlreiche und ausführliche Lösungsbeispiele in die einzelnen Themenbereiche eingeführt wird.

Die thematische Gliederung der Aufgaben entspricht der Grundeinteilung im Lehrbuch. Nach der Wichtigkeit des Kapitels richtet sich die Anzahl der Aufgaben, wobei deren Schwierigkeitsgrad sich langsam steigert.

Der Anhang enthält die zur Bearbeitung der Aufgaben notwendigen Tabellen und Diagramme. Zur Selbstkontrolle kann der Studierende seine Lösungen mit den gesondert im Buch aufgeführten Ergebnissen vergleichen.

Die physikalischen Größen und ihre Einheiten entsprechen dem Internationalen Einheitensystem (SI). Formelzeichen und Schaltsymbole stimmen mit den zur Zeit gültigen DIN-Normen und IEC-Publikationen überein.

Aufgaben zur Maschenrechnung, Resonanzerscheinung, komplexen Darstellung von Wechselstromgrößen und zur Parallelschaltung von Transformatoren wurden neu aufgenommen.

Unser Dank gilt den Lesern, die uns Anregungen zur Verbesserung der zweiten Auflage gegeben haben. Diese Anregungen und Hinweise sind in der vorliegenden *4., fehlerberichtigten Auflage* berücksichtigt worden. Wir bitten auch weiterhin um kritische Stellungnahme.

Hoffnungsthal,
im August 1980

Dieter Müllenborn

Inhaltsverzeichnis

(Die in Klammern stehenden Zahlen geben die Aufgabennummern zu diesem Kapitel an.)

1. **Elektrischer Gleichstrom**

1.1. Elektrische Grundeinheiten (1–7) 1
1.2. Ohmsches Gesetz (8–15) 1
1.3. Leitwert (16–25) 2
1.4. Widerstandsberechnungen (26–61) 3
1.5. Temperaturabhängigkeit von Widerständen (62–78) 9
1.6. Widerstandsschaltungen 11
1.6.1. Reihenschaltung (79–83) 11
1.6.2. Parallelschaltung (84–93) 12
1.6.3. Gruppenschaltung – Spannungsteiler – Widerstandsmaschen (94–105) 14
1.7. Kirchhoffsche Gesetze (106–117) 18
1.7.1. Maschenrechnung (118–121) 20
1.7.2. Meßbrücken (122–132) 21
1.8. Leitungsberechnungen 22
1.8.1. Leitungsgewichtsberechnungen (133–138) 22
1.8.2. Widerstand elektrischer Leitungen (139–147) 24
1.8.3. Spannungsverlust in Leitungen (148–163) 26
1.8.4. Leistungsverlust in Leitungen (164–177) 28
1.9. Chemische Wirkung des elektrischen Stromes 30
1.9.1. Elektrolyse (178–182) 30
1.9.2. Reihenschaltung von Elementen (183–190) 31
1.9.3. Parallelschaltung von Elementen (191–196) 33
1.9.4. Gemischte Schaltung von Elementen (197–198) 35
1.9.5. Ladestromstärke von Sammlern (199–204) 37
1.9.6. Kapazität von Sammlern (205–208) 38
1.9.7. Spannung von Sammlern (209–214) 38
1.10. Leistung und Arbeit des elektrischen Stromes 41
1.10.1. Elektrische Leistung (215–234) 41
1.10.2. Elektrische Arbeit (235–240) 43
1.10.3. Wirkungsgrad (241–252) 44
1.10.4. Joulesches Gesetz (253–276) 46
1.10.5. Stromdichte (277–301) 49

1.10.6. Stromkostenrechnung – Relative Einschaltdauer **(302–311)** 52
1.11. Lichttechnik **(312–336)** 54

2. Elektromagnetismus

2.1. Magnetische Durchflutung und Feldstärke **(337–341)** 60
2.2. Magnetfluß und magnetische Induktion **(342–344)** 61
2.3. Beziehungen zwischen den Feldgrößen *B* und *H* **(345–358)** 61
2.4. Tragkraft von Elektromagneten **(359–368)** 64
2.5. Kraftwirkung im Magnetfeld **(369–373)** 65
2.6. Spannungserzeugung im Magnetfeld **(374–379)** 67

3. Kapazität – Kondensatorschaltungen (380–384) 68

4. Grundlagen der Wechselstrom- und Drehstromtechnik

4.1. Periode – Frequenz – Winkelgeschwindigkeit – Kreisfrequenz **(385–389)** 69
4.2. Frequenz und Drehzahl **(390–401)** 69
4.3. Effektivwert – Scheitelwert **(402–408)** 71
4.4. Induktivität, induktiver Widerstand und Scheinwiderstand **(409–432)** 72
4.5. Kapazitiver Widerstand **(433–448)** 75
4.6. Resonanz **(449–453)** 77
4.7. Komplexe Darstellung von Wechselstromgrößen 78
4.7.1. Reihenschaltung **(454–460)** 78
4.7.2. Parallelschaltung **(461–463)** 78
4.8. Phasenverschiebung und Leistungsfaktor 79
4.8.1. Phasenverschiebung bei induktiver und kapazitiver Belastung **(464–473)** 79
4.8.2. Wechselstromleistung und Leistungsfaktor **(474–486)** 80
4.9. Phasenkompensation **(487–494)** 83
4.10. Spannung und Stromstärke in verketteten Dreiphasensystemen **(495–502)** 86
4.11. Drehstromleistung **(503–542)** 87
4.12. Leitungsberechnung nach dem Spannungsabfall und Leistungsverlust **(543–554)** 92

5. Elektrische Maschinen und Apparate

5.1. Gleichstrommaschinen-Drehzahlberechnungen **(555–562)** 97
5.2. Anlasserberechnung 99

5.2.1. Berechnung des mittleren Anlaßstromes **(563–568)** 99
5.2.2. Berechnung der Anlaßwiderstände **(569–573)** 100
5.3. Leistung des Elektromotors 104
5.3.1. Umfangskraft-Drehmoment (**574–586**) 104
5.3.2. Umfangsgeschwindigkeit, Drehzahl und Leistung des Elektromotors **(587–606)** 105
5.4. Wechselstrom- und Drehstrommaschinen 108
5.4.1. Drehfeld und Schlupf **(607–618)** 108
5.4.2. Frequenzumformer-Einankerumformer **(619–640)** 110
5.5. Transformatoren 112
5.5.1. Einphasentransformator **(641–652)** 112
5.5.2. Drehstromtransformator **(653–667)** 114
5.5.3. Leerlaufverlust **(668–672)** 117
5.5.4. Wirkungsgrad **(673–682)** 118
5.5.5. Erwärmung von Transformatoren **(683–690)** 120
5.5.6. Parallelschaltung von Transformatoren **(691–693)** 121
5.5.7. Trockengleichrichter (**694–701**) 121

6. Energieverteilung

6.1. Querschnittsberechnung für verzweigte Leitungen (**702–708**) 124
6.2. Die zweiseitig gespeiste Gleichstromleitung (**709–710**) 127

7. Erdübergangswiderstand (711–716)

Ergebnisse 132

Tafeln 146

1. Elektrischer Gleichstrom

1.1. Elektrische Grundeinheiten

1. Verwandle in Ampere bzw. Volt:
   10 mA, 350 mA, $4 \cdot 10^5$ mA, 250 000 μA, $3 \cdot 10^9$ μA, 4 kA; 25 mV, 4300 mV, 10^7 μV, 125 kV, $3 \cdot 10^{-6}$ kV!

2. Ein Röntgengerät arbeitet mit einer Spannung von $0{,}25 \cdot 10^6$ V. Gib diese Spannung in Kilovolt an!

3. Ein Synchrophasotron erzeugt eine Spannung von 10 000 MV (150 000 kV). Drücke diese Größe in Volt mit Zehnerpotenzen aus!

4. Gib den Wert 1,5 Milliarden kW (0,035 Billionen Watt) mit Zehnerpotenzen an!

5. Wieviel Megavolt sind 800 kV (250 000 V)?

6. Gib die Werte 4 pF, 40 pF und 2,8 μF in Farad mit Zehnerpotenzen an!

7. Gib die Spannung 380 kV (22 kV) in Volt mit Zehnerpotenzen an!

1.2. Ohmsches Gesetz

8. Wie groß ist die Stromstärke, wenn an einen Widerstand von 1240 Ω (850 Ω) eine Spannung von 220 V (125 V) gelegt wird?

9. Berechne den Widerstand einer elektrischen Kochplatte, die bei einer Spannung von 220 V (125 V) einen Strom von 4,5 A (7,5 A) aufnimmt!

10. Die Heizwiderstände in einem elektrischen Härteofen haben einen Gesamtwiderstand von 12,5 Ω. Welche Stromstärke nimmt der Härteofen bei einer Spannung von 220 V (380 V) auf?

11. Wie groß ist der Widerstand einer Magnetspule, wenn sie bei einer Gleichspannung von 220 V (125 V) einen Strom von 6,25 A (4,5 A) aufnimmt?

12. Die Heizplatte eines elektrischen Bügeleisens hat einen Widerstand von 105 Ω und kann mit 2,1 A belastet werden. Bei welcher Spannung kann das Bügeleisen verwendet werden?

13. Ein Freileitungsmonteur will eine Freileitung mit blanken Leitern bei einer Netzspannung von 220 V instandsetzen und berührt dabei die beiden stromführenden Leiter.
    a) Wieviel Ampere fließen durch seinen Körper, wenn sein Widerstand 2000 Ω beträgt?
    b) Welche Schutzmaßnahmen gegen zufällige Berührung hat der Freileitungsmonteur unterlassen?

14. Ein elektrischer Heizofen hat einen Widerstand von 12 Ω und ist an eine Spannung von 110 V angeschlossen.

a) Wieviel Ampere fließen durch den Widerstand?

b) Wieviel Ampere würden bei einer Spannung von 220 V (380 V) durch den Widerstand fließen?

c) Warum hat sich jeder Elektriker beim Anschluß von Geräten anhand des Leistungsschilds davon zu überzeugen, ob das Gerät für die betreffende Spannung bestimmt ist?

15. Ein Spannungsmesser für 250 V (600 V) nimmt bei Endausschlag 2,5 mA (6 mA) Meßstrom auf. Berechne den Widerstand in Kiloohm!

1.3. Leitwert

16. Die nicht gegebenen Größen sind zu berechnen!

	a)	b)	c)	d)	e)	f)	g)	
U =	220	42	24	60	–	125	220	V
I =	5	–	9	–	18	1,5	121	A
R =	–	18	–	–	3	–	–	Ω
G =	–	–	–	0,4	–	–	–	S

17. In einem Stromkreis beträgt die Spannung 42 V, die Stromstärke 0,8 A.

a) Wie groß ist der Leitwert des Stromkreises?

b) Wie groß ist der Widerstand des Stromkreises?

18. Der Leitwert eines Stromkreises beträgt 40 S, die Stromstärke 0,12 A.

a) Welche Spannung liegt am Stromkreis?

b) Wie groß ist der Widerstand des Stromkreises?

19. In einem Stromkreis erzeugt eine Spannung von 6 V einen Stromfluß von 0,3 A. Wie groß ist

a) der Widerstand,

b) der Leitwert des Stromkreises?

20. Die Feldspule eines Gleichstrom-Nebenschlußmotors hat einen Widerstand von 70 Ω.

a) Wie groß ist der Leitwert der Feldspule?

b) Welcher Strom fließt in der Feldspule bei Anschluß an das 220-V-Netz?

21. Durch den Heizfaden einer Netzgleichrichterröhre fließt bei einer Heizspannung von 4 V ein Heizstrom von 1,1 A.

Wie groß ist

a) der Warmwiderstand des Heizfadens,

b) der Leitwert des Heizfadens?

22. An die 6-V (12-V)-Batterie eines Personenkraftwagens ist ein Zigarrenanzünder angeschlossen, dessen Heizspirale einen Widerstand von 1,25 Ω hat.
a) Welcher Strom fließt in dem Stromkreis?
b) Berechne den Leitwert der Heizspirale!

23. Die Heizwendel eines elektrischen Glühofens hat im Betrieb einen Leitwert von 0,036 S und nimmt einen Strom von 8 A auf.
a) Welche Spannung liegt an der Heizwendel?
b) Wie groß ist der Warmwiderstand der Heizwendel?

24. Auf dem Sockel einer Taschenlampen-Glühlampe stehen die Angaben 4,5 V/0,07 A.
Wie groß ist
a) der Widerstand,
b) der Leitwert der Glühlampe?

25. Welchen Leitwert hat ein Widerstand von 0,125 Ω (0,35 kΩ)?

1.4. Widerstandsberechnungen

● *Lösungsbeispiel 1:*

Wieviel Meter Nickelindraht mit einem Querschnitt von 2 mm² sind erforderlich, um einen Widerstand von 1,5 Ω herzustellen?

Gegeben: Leiterquerschnitt $A = 2\ \text{mm}^2$
Einheitswiderstand $\rho = 0{,}3\ \frac{\Omega\ \text{mm}^2}{\text{m}}$
Widerstand $R = 1{,}5\ \Omega$

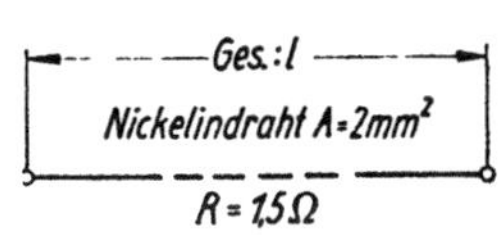

Gesucht: Leiterlänge l

Lösung:

$$R = \frac{\rho l}{A}$$

$$l = \frac{R A}{\rho}$$

$$l = \frac{1{,}5\ \Omega \cdot 2\ \text{mm}^2}{0{,}3\ \frac{\Omega\ \text{mm}^2}{\text{m}}}$$

Ergebnis: $l = 10\ \text{m}$

● *Lösungsbeispiel 2:*

Wieviel Meter Nickelindraht mit einem Durchmesser von 2 mm sind erforderlich, um einen Widerstand von 1,5 Ω herzustellen?

Gegeben: Material des Leiters: Kupfer
Drahtdurchmesser $d = 2\ \text{mm}$
Drahtlänge $l = 628\ \text{m}$

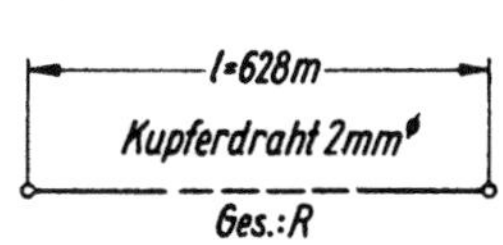

Gesucht: a) Querschnitt A
b) Widerstand R

Lösung a): $A = \frac{d^2 \pi}{4}$

$A = \frac{(2\text{ mm})^2 \cdot 3{,}14}{4}$

$A = \frac{4\text{ mm}^2 \cdot 3{,}14}{4}$

Ergebnis: $A = 3{,}14\text{ mm}^2$

Lösung b): $R = \frac{\rho l}{A}$ $\left(\text{Aus Tabelle: für Kupfer } \rho = 0{,}01786 \frac{\Omega\text{ mm}^2}{\text{m}}\right)$

$R = \frac{0{,}01786 \frac{\Omega\text{ mm}^2}{\text{m}} \cdot 628\text{ m}}{3{,}14\text{ mm}^2}$

Ergebnis: $R = 3{,}57\ \Omega$

● *Lösungsbeispiel 3:*

Der äußere Wicklungsdurchmesser einer mehrlagig gewickelten Spule beträgt 120 mm, der innere Durchmesser 80 mm. Wieviel Meter Draht sind bei 200 Windungen auf die Spule gewickelt?

Für die Berechnung des Widerstandes von Spulen oder in Rollen aufgewickelten Kabeln und sonstigen Leitungsmaterials muß die Leiterlänge berechnet werden. Bei einlagig gewickelten Spulen ist die

Leiterlänge $l = \pi d N$

Es bedeuten:

d Durchmesser der Spule

N Windungszahl

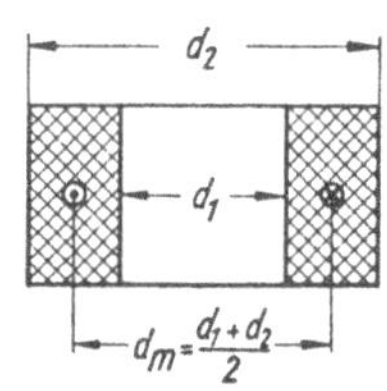

Bei mehrlagig gewickelten Spulen wird die Leiterlänge mit Hilfe des mittleren Durchmessers d_m berechnet.

Mittlerer Durchmesser $d_m = \frac{d_1 + d_2}{2}$

Es bedeuten:

d_1 Innendurchmesser der Spule d_2 Außendurchmesser der Spule

Leiterlänge $l = \pi d_m N = \pi \cdot \frac{d_1 + d_2}{2} \cdot N$

Gegeben: Außendurchmesser $d_2 = 120$ mm
Innendurchmesser $d_1 = 80$ mm
Windungszahl $N = 200$

Gesucht: Drahtlänge l

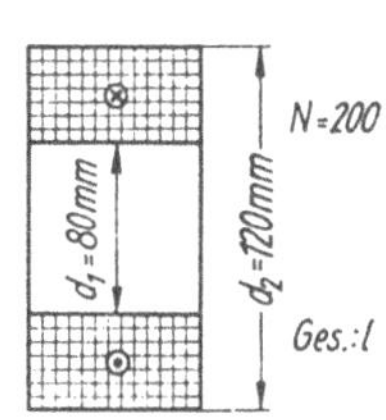

Lösung: $l = \pi \cdot \frac{d_1 + d_2}{2} \cdot N$

$l = 3{,}14 \cdot \frac{80\text{ mm} + 120\text{ mm}}{2} \cdot 200$

$l = 62\,800$ mm

Ergebnis: $l = 62{,}8$ m

● *Lösungsbeispiel 4:*

Eine Feldspule mit 240 mm äußerem und 160 mm innerem Durchmesser hat 5000 Windungen. Wie groß ist der Wicklungswiderstand der Spule, wenn der Durchmesser des Kupferdrahtes 0,5 mm beträgt?

Gegeben: äußerer Durchmesser der Spule $d_2 = 240$ mm = 0,24 m
innerer Durchmesser der Spule $d_1 = 160$ mm = 0,16 m
Anzahl der Windungen $N = 5000$
Leiterdurchmesser $d = 0{,}5$ mm
Leitermaterial: Kupfer

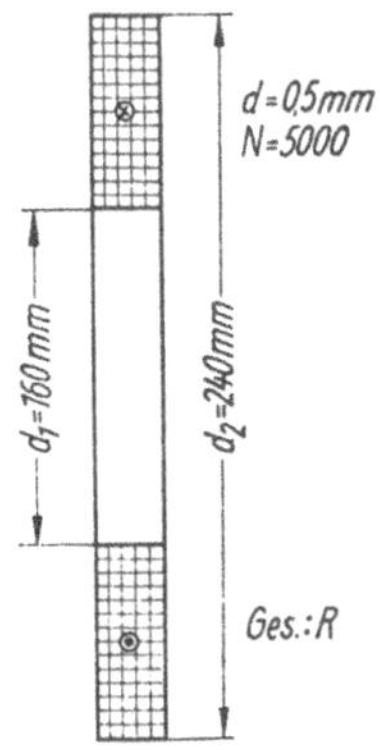

Gesucht: Widerstand R

Lösung: $R = \rho \cdot \frac{l}{A} \qquad l = \pi \cdot \frac{d_1 + d_2}{2} \cdot N \qquad A = \pi \cdot \frac{d^2}{4}$

Durch Einsetzen von l und A in R:

$$R = \rho \cdot \frac{\pi \cdot \frac{d_1 + d_2}{2} \cdot N}{\pi \cdot \frac{d^2}{4}}$$

$$R = \frac{2\rho\,(d_1 + d_2) \cdot N}{d^2}$$

$$R = \frac{2 \cdot 0{,}01786\,\frac{\Omega \cdot \text{mm}^2}{\text{m}} \cdot (0{,}16\text{ m} + 0{,}24\text{ m}) \cdot 5000}{(0{,}5\text{ mm})^2}$$

$$R = \frac{178{,}6\,\Omega \cdot 0{,}4\text{ mm}^2}{0{,}25\text{ mm}^2}$$

Ergebnis: $R = 285\,\Omega$

26. Die nicht gegebenen Größen sind zu berechnen!

	a)	b)	c)	d)	e)	f)	g)	
$R =$	–	12	1,5	–	2,4	1	96	Ω
$A =$	0,3	1,5	–	16	4	6	–	mm^2
$l =$	96	–	1250	82	–	342	18	m
$\rho =$	0,13	1,4	–	0,3	0,06	–	0,21	$\frac{\Omega\,\text{mm}^2}{\text{m}}$
$\kappa =$	–	–	4,8	–	–	–	–	$\frac{\text{S m}}{\text{mm}^2}$

27. Wie groß ist der Widerstand eines 120 m (380 m) langen Stahldrahtes $\rho = 0{,}13\,\frac{\Omega\,\text{mm}^2}{\text{m}}$ mit einem Querschnitt von 4 mm² (2,5 mm²)?

28. Ein Widerstand von 120 Ω (96 Ω) soll aus Konstantandraht von 0,5 mm² (1,2 mm²) Querschnitt hergestellt werden.

a) Wieviel Meter Draht sind erforderlich?

b) Wieviel Windungen sind auf den Widerstandskörper aufzubringen, wenn dessen Durchmesser 45 mm beträgt?

29. Welchen Querschnitt muß eine Kupfersteigleitung von 7,5 m Einfachlänge erhalten, wenn ihr Widerstand höchstens 0,0656 Ω betragen darf?

30. Aus welchem Material besteht ein Widerstandsdraht mit einem Querschnitt von 1 mm^2 (0,5 mm^2), wenn sein Widerstand 27 Ω (72 Ω) und seine Länge 90 m (120 m) betragen?

31. Mit welchem Querschnitt ist eine Anschlußleitung aus Stahldraht von 84 m (108 m) Länge zu verlegen, wenn ihr Widerstand 1,82 Ω (3,51 Ω) nicht überschreiten soll?

32. Aus welchem Material besteht ein Leitungsdraht mit einem Querschnitt von 2,5 mm^2 (6 mm^2) und einer Länge von 268 m (1072 m), wenn sein Widerstand 3 Ω (5 Ω) beträgt?

33. Nach einer neuerrichteten Werkhalle wird eine Kupferleitung von 35 mm^2 Querschnitt gelegt. Die Werkhalle ist von der Anschlußstelle 150 m entfernt. Wie groß ist der Widerstand der Doppelleitung?

34. Wie groß ist der Widerstand eines 21 cm (8 cm) langen Wolframdrahtes, dessen Querschnitt 0,14 mm^2 (0,08 mm^2) beträgt?

35. Der Gleichstromwiderstand einer Magnetspule soll 2 Ω (5 Ω) betragen. Wieviel Meter Draht sind erforderlich, wenn sie aus Kupferdraht von 1 mm^2 (1,2 mm^2) Querschnitt gewickelt wird?

36. Mit welchem Querschnitt muß eine 5568 m (6960 m) lange Aluminium-Anschlußleitung verlegt werden, damit ihr Widerstand 5 Ω (10 Ω) nicht überschreitet?

37. Eine Kupferschiene ist 2,85 m (3,42 m) lang und hat einen Querschnitt von 40 mm^2 (120 mm^2). Wie groß ist ihr Widerstand?

38. Ein Wasserkraftwerk leitet seine elektrische Energie 1000 km weit über ein Leitungssystem, bei dem jeder einzelne Leiter wegen des großen Querschnitts, den er haben müßte, in 6 Drähte aufgeteilt ist. Der Gesamtquerschnitt aller 6 Aluminiumdrähte beträgt 1500 mm^2. Wie groß ist der Widerstand einer Drahtlänge?

39. Die nicht gegebenen Größen sind zu berechnen!

	a)	b)	c)	d)	e)	f)	g)	h)	i)	
R =	1	17,33	20	40	–	–	1,6	28	–	Ω
d =	2	–	–	0,3	0,8	3	5	0,3	1,2	mm
l =	–	942	1,57	–	628	31,4	–	–	10	m
ρ =	–	0,13	–	0,3	–	–	–	–	1,1	$\frac{\Omega\,mm^2}{m}$
κ =	56	–	10	–	13,5	56	60	60	–	$\frac{S\,m}{mm^2}$

40. Wie groß ist der Widerstand eines 650 m langen Kupferdrahtes, dessen Durchmesser 1,4 mm beträgt?

41. Eine Kupferschiene aus Rundkupfer mit einem Durchmesser von 11 mm hat eine Länge von 2 m. Wie groß ist ihr Widerstand?

42. Auf einer Rolle ist der Rest eines Kupferdrahtes von 0,5 mm Durchmesser aufgewickelt. Bestimme die Länge des Drahtrestes, wenn dessen Widerstand 210 Ω beträgt!

43. Wie lang ist ein Fernsprechkabel, dessen kupferne Adern einen Durchmesser von 0,8 mm haben, wenn der Widerstand der Doppelleitung 44 Ω beträgt?

44. Ein Vorwiderstand wird aus 16 m Stahldraht $\rho = 0{,}13 \frac{\Omega\,mm^2}{m}$ von 1,2 mm Durchmesser gewickelt. Wie groß ist der Vorwiderstand?

45. Wieviel Meter Nickelindraht $\rho = 0{,}3 \frac{\Omega\,mm^2}{m}$ von 0,6 mm Durchmesser werden zur Anfertigung eines Widerstandes von 45 Ω gebraucht?

46. Eine Signalleitung aus Kupferdraht von 3,5 mm Durchmesser ist 6420 m lang. Wie groß ist ihr Widerstand?

47. Wie würde sich der Widerstand der Signalleitung von Aufgabe 46 ändern, wenn an Stelle des Kupferdrahtes Aluminiumdraht von 4,5 mm Durchmesser verwendet wird?

48. Der Widerstand der 35 m (15 m) langen Zuleitung (Kupfer) zu einem Elektroherd soll 0,078 Ω nicht überschreiten. Wie groß ist
a) der Querschnitt,
b) der Durchmesser der Zuleitung zu wählen?

49. Eine Telegrafenleitung aus Kupferdraht von 2 mm Durchmesser ist 21,980 km lang. Wie groß ist der Widerstand dieser Leitung?

50. Ein durchgeschmolzener Anlaßwiderstand soll aus Konstantandraht von 1,5 mm Durchmesser gewickelt werden. Die Widerstände der einzelnen Anlasserstufen betragen 3,1 Ω, 2 Ω, 1,3 Ω, 0,7 Ω und 0,3 Ω.
a) Welche Gesamtdrahtlänge ist erforderlich?
b) Wie groß sind die Widerstände zwischen den einzelnen Anlaßstufen?
c) Welche Drahtlängen sind für die Teilwiderstände erforderlich?

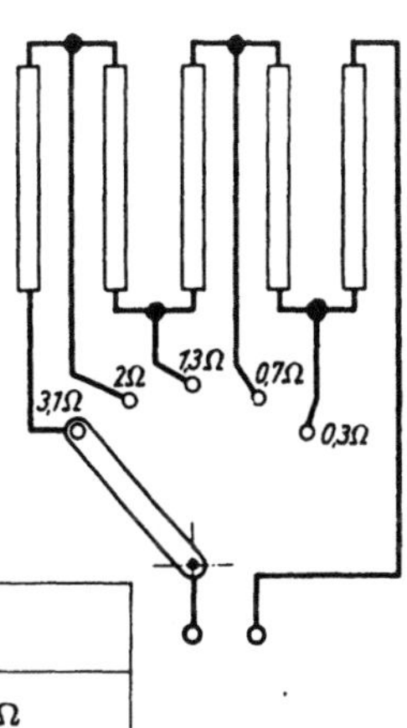

51. Die nicht gegebenen Größen sind zu berechnen!

	a)	b)	c)	d)	e)	f)	
R =	–	14	7,12	5,76	7,68	69,6	Ω
d =	0,8	0,5	–	0,6	1,4	0,4	mm
ρ =	0,0176	–	0,0178	0,018	–	0,029	$\frac{\Omega\,mm^2}{m}$
N =	4000	1000	1200	–	1680	–	
d_1 =	14	12	28	10	20	8	cm
d_2 =	10	8	20	6	12	4	cm

52. Wieviel Windungen aus Kupferdraht hat eine Spule mit einem äußeren Durchmesser von 14 cm und einem inneren Durchmesser von 10 cm, wenn der gemessene Widerstand 10,68 Ω beträgt? Drahtdicke: 1,2 mm.

53. Aus 0,6 mm dickem Kupferdraht soll eine Spule gewickelt werden, deren Widerstand 21,6 Ω, deren äußerer Durchmesser 12 cm und deren innerer Durchmesser 6 cm betragen soll. Wieviel Windungen sind erforderlich?

54. Wie groß ist der Wicklungswiderstand einer Feldspule mit einem äußeren Durchmesser von 180 mm und einem inneren Durchmesser von 120 mm, wenn die Spule mit 0,4 mm dickem Kupferdraht bewickelt ist und 4200 Windungen hat?

55. Die Spule eines Lasthebemagnets mit einem Widerstand von 20,5 Ω hat einen äußeren Durchmesser von 200 mm und einen inneren Durchmesser von 150 mm. Wie groß ist die Windungszahl, wenn der Aluminiumdraht einen Durchmesser von 0,5 mm hat?

56. Zur Anfertigung eines 1000-Ω-Drahtwiderstandes steht Nickelindraht $\rho = 0{,}3\,\frac{\Omega\,\text{mm}^2}{\text{m}}$ mit 0,2 mm Durchmesser und eine Porzellanwalze von 4 cm Durchmesser zur Verfügung.

a) Wieviel Meter Draht sind erforderlich?

b) Wieviel Drahtwindungen müssen auf die Walze aufgebracht werden?

c) Wie lang muß der für die Wicklung bestimmte Teil der Walze sein, wenn Windung an Windung gelegt wird?

57. Eine Spule mit einem inneren Durchmesser von 400 mm und einem äußeren Durchmesser vom 600 mm hat 2000 Windungen. Der Durchmesser des Kupferdrahtes beträgt 0,5 mm. Berechne den Wicklungswiderstand!

58. Wie groß ist der Wicklungswiderstand einer Spule mit einem äußeren Durchmesser von 200 mm und einem inneren Durchmesser von 170 mm, die 1600 Windungen aus Kupferdraht von 0,8 mm Durchmesser hat?

59. Wieviel Windungen hat eine Relaisspule aus Kupferdraht mit einem äußeren Durchmesser von 30 mm und einem inneren Durchmesser von 20 mm, wenn bei einem Durchmesser des Spulendrahtes von 0,2 mm der Wicklungswiderstand 800 Ω beträgt?

60. Eine Spule mit 1280 Windungen aus Kupferdraht von 0,8 mm Durchmesser hat einen inneren Durchmesser von 120 mm und einen äußeren Durchmesser von 160 mm. Wie groß ist der Wicklungswiderstand der Spule?

61. Aus Kupferlackdraht sollen 30 000 Magnetspulen, je 800 Windungen pro Spule, gewickelt werden. Der mittlere Spulendurchmesser beträgt 73 mm, der Drahtdurchmesser mit Lack 0,5 mm, ohne Lack 0,45 mm.

a) Wieviel Meter Kupferdraht werden für die Spulen benötigt?

b) Welchen Widerstand hat eine Spule?

1.5. Temperaturabhängigkeit von Widerständen

- *Lösungsbeispiel 1:*

Bestimme näherungsweise den Widerstand einer Heizwendel aus Stahlchromaluminium $\rho = 1{,}4\,\frac{\Omega\,mm^2}{m}$ bei einer Temperatur von 893 K, wenn ihr Widerstand bei 293 K 35 Ω beträgt!

Gegeben: Anfangswiderstand $R_{293} = 35\,\Omega$, Endtemperatur $T_W = 893$ K; für Stahlchromaluminium aus Tafel $\alpha_{293} = 0{,}002\,\frac{1}{K}$

Gesucht: Widerstand bei 893 K

Lösung:

$$R_W = R_{293}\,(1 + \alpha_{293}\,\Delta t)$$

$$\Delta T = T_W - 293\text{ K}$$

$$\Delta T = 893\text{ K} - 293\text{ K}$$

$$\Delta T = 600\text{ K}$$

$$R_W = 35\,\Omega\,(1 + 0{,}002\,\frac{1}{K}\cdot 600\text{ K})$$

$$R_W = 35\,\Omega\,(1 + 1{,}2)$$

Ergebnis: $R_W = 77\,\Omega$

- *Lösungsbeispiel 2:*

Die Kupferwicklung einer Magnetspule hat bei einer Temperatur von 288 K einen Widerstand von 3,5 Ω; nach halbstündigem Betrieb stieg ihr Widerstand auf 4,2 Ω. Wie hoch ist nun die Temperatur der Spule?

Gegeben: Anfangstemperatur $T_k = 288$ K
Kaltwiderstand $R_k = 3{,}5\,\Omega$
Warmwiderstand $R_W = 4{,}2\,\Omega$

Gesucht: Endtemperatur T_W

Lösung:

$$T_W = \frac{R_W - R_k}{R_k}\,(\tau + T_k) + T_k$$

$$\tau = \frac{1}{\alpha_{293}} - 293\text{ K}$$

$$\tau = \frac{1}{0{,}004\cdot\frac{1}{K}} - 293\text{ K}$$

$$\tau = -43\text{ K}$$

$$T_W = \frac{4{,}2\,\Omega - 3{,}5\,\Omega}{3{,}5\,\Omega}\cdot(-43\text{ K} + 288\text{ K}) + 288\text{ K}$$

$$T_W = \frac{0{,}7}{3{,}5}\cdot 245\text{ K} + 288\text{ K}$$

$$T_W = 49\text{ K} + 288\text{ K}$$

Ergebnis: $T_W = 337$ K

62. Die nicht gegebenen Größen sind zu berechnen!

	a)	b)	c)	d)	e)	f)	
T_k =	293	293	293	288	263	283	K
T_w =	343	347	365	312	343	–	K
α_{293} =	0,004	0,0038	0,0041	0,0018	0,0038	0,004	$\frac{1}{K}$
ΔT =	–	–	72	–	–	–	K
R_k =	–	120	260	12	4,5	5,4	Ω
R_w =	78	–	–	–	–	6,3	Ω

63. Welche Endtemperatur erreicht eine Aluminiumwicklung, deren Widerstand bei 293 K mit 1250 Ω und in warmem Zustand mit 1700 Ω gemessen wird?

64. Der Widerstand einer Aluminium-Freileitung beträgt bei 293 K 9 Ω. Bei welcher Temperatur fällt der Widerstand auf 8 Ω ab?

65. Im allgemeinen rechnet man bei Kupfer mit einem spezifischen Widerstand von $0{,}01786 \frac{\Omega\,mm^2}{m}$. Im Elektromaschinenbau jedoch wird häufig mit dem Wert $0{,}02 \frac{\Omega\,mm^2}{m}$ gerechnet. Welcher Betriebstemperatur entspricht dieser Wert?

66. Der Widerstand einer Feldwicklung beträgt bei 293 K 140 Ω. Bei welcher Temperatur erreicht die Kupferwicklung einen Widerstand von 160 Ω?

67. Der Widerstand einer Aluminiumleitung beträgt bei 293 K 121 Ω. Wie groß ist der Widerstand dieser Leitung bei einer Temperatur von 268 K?

68. Bei welcher Temperatur erreicht der Widerstand einer Spule, die aus 400 m Kupferdraht von 1 mm² Querschnitt gewickelt ist, 8 Ω?

69. Bestimme die Temperatur, bei der der Widerstand einer Spule, die aus 500 m Kupferdraht von 1 mm² Querschnitt gewickelt ist, auf 18 Ω ansteigt!

70. Bestimme angenähert den Widerstand eines auf 1513 K erwärmten Wolframdrahtes, dessen Widerstand bei 293 K 45 Ω betrug!

71. Wie hoch ist die Temperatur in einer Kupferwicklung, deren Widerstand von 110 Ω bei T_k = 278 K auf 132 Ω gestiegen ist?

72. Die Kupferwicklungen eines Transformators haben bei 285 K einen Widerstand von 0,16 Ω. Bei welcher Betriebstemperatur steigt der Widerstand auf 0,2 Ω?

73. Die Kupferwicklung eines Transformators hat bei 289 K einen Widerstand von 16 Ω, nach längerem Betrieb einen Widerstand von 18 Ω. Wie hoch ist die Temperatur der Wicklung?

74. Die Feldwicklung einer Gleichstrommaschine hat bei 277 K einen Widerstand von 21 Ω. Nach mehrstündigem Betrieb beträgt der Widerstand der Wicklung 28 Ω. Welche Temperatur hat die Wicklung, wenn sie in Kupfer ausgeführt ist?

75. Bei einem wärmebeständigen Starkstromkabel für 1 kV hält die Isolation eine Temperatur bis zu 403 K aus. Wie hoch ist bei dieser Temperatur der Widerstand einer Ader von 800 m Länge, wenn sie aus Kupfer besteht und einen Querschnitt von 16 mm^2 hat?

76. Die Kupferwicklung eines Motors hat bei 305 K Anfangstemperatur einen Widerstand von 20 Ω, der im Betrieb auf 24 Ω ansteigt. Wie groß ist die Temperaturzunahme?

77. Der Widerstand einer Aluminiumwicklung beträgt bei einer Anfangstemperatur von 283 K 9 Ω. Berechne den Widerstand der Wicklung, wenn die Temperatur auf 368 K ansteigt!

78. Wie groß ist die Temperatursteigerung in einer Magnetwicklung
a) aus Kupferdraht,
b) aus Aluminiumdraht,
wenn ihr Widerstand bei der Anfangstemperatur von 288 K 16 Ω und bei der Endtemperatur 20 Ω beträgt?

1.6. Widerstandsschaltungen

1.6.1. Reihenschaltung

● *Lösungsbeispiel:*

3 Widerstände von 24 Ω, 15 Ω und 56 Ω sind hintereinandergeschaltet. Wie groß ist der Ersatzwiderstand?

Gegeben: Einzelwiderstände $R_1 = 24\ \Omega$
$R_2 = 15\ \Omega$
$R_3 = 56\ \Omega$

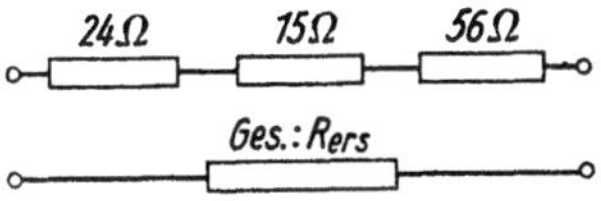

Gesucht: Ersatzwiderstand R_{ers}

Lösung: $R_{ers} = R_1 + R_2 + R_3$
$R_{ers} = 24\ \Omega + 15\ \Omega + 56\ \Omega$

Ergebnis: $R_{ers} = 95\ \Omega$

79. Der Ersatzwiderstand für die Reihenschaltung der folgenden Widerstände ist zu bestimmen.

	a)	b)	c)	d)	e)	f)	g)	h)	i)	
R_1 =	15	26	156	32	88	72	1,19	22,4	28,4	Ω
R_2 =	165	23	188	12	28	92	2,36	7,2	262	Ω
R_3 =	35	12	836	57	28	52	0,11	18,5	66	Ω
R_4 =	5	69	196	43	101	44	0,45	1,2	809	Ω
R_{ers} =	—	—	—	—	—	—	—	—	—	Ω

80. In einem Stöpselwiderstand sind vier Widerstände von 1 Ω, 2 Ω, 3 Ω und 4 Ω in Reihe geschaltet. Welche Widerstandswerte können bei den gegebenen Stöpselmöglichkeiten am Stöpselwiderstand abgegriffen werden?

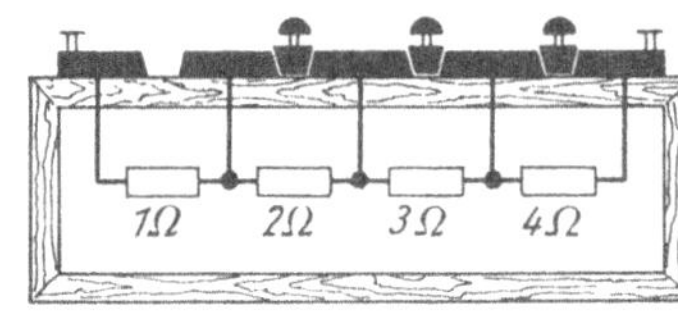

81. Eine Glühlampe für 110 V strahlt ihre normale Lichtstärke aus, wenn durch den Glühdraht ein Strom von 0,36 A fließt.

a) Wie groß ist der Widerstand, wenn man zwei dieser Glühlampen in Reihe schaltet? (Δt bleibt unberücksichtigt).

b) Leuchten die in Reihe geschalteten Glühlampen am 220-V-Netz mit normaler Lichtstärke?

82. Eine Bogenlampe, die bei 50-V-Lichtbogenspannung 20 A aufnimmt, soll an das 110-V-Netz angeschlossen werden. Welcher Widerstand muß der Lampe vorgeschaltet werden?

83. Ein Gleichstromnebenschlußmotor ist für eine Nennspannung von 220 V und einen Ankernennstrom von 20 A gebaut. Der Widerstand des Ankers beträgt 0,5 Ω. Wie hoch ist der dem Anker AB vorzuschaltende Anlaßwiderstand R_v zu bemessen, wenn der Anlaßspitzenstrom das 1 1/2-fache des Ankernennstromes betragen darf?

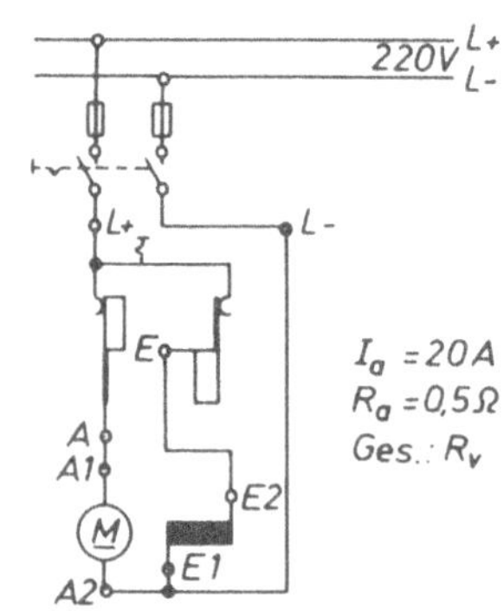

1.6.2. Parallelschaltung

● *Lösungsbeispiel 1:*

Drei Widerstände von 40 Ω, 24 Ω und 10 Ω sind parallelgeschaltet. Wie groß ist der Ersatzwiderstand?

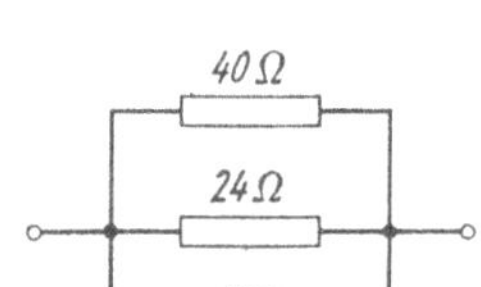

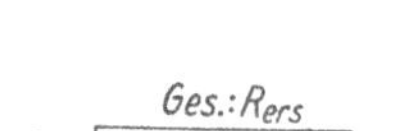

Gegeben: Einzelwiderstände $R_1 = 40\ Ω$, $R_2 = 24\ Ω$, $R_3 = 10\ Ω$

Gesucht: Ersatzwiderstand R_{ers}

Lösung:

$$\frac{1}{R_{ers}} = \frac{1}{R_1} + \frac{1}{R_2} + \frac{1}{R_3}$$

$$\frac{1}{R_{ers}} = \frac{1}{40\ Ω} + \frac{1}{24\ Ω} + \frac{1}{10\ Ω}$$

$$\frac{1}{R_{ers}} = \frac{3}{120}\frac{1}{Ω} + \frac{5}{120}\frac{1}{Ω} + \frac{12}{120}\frac{1}{Ω}$$

$$\frac{1}{R_{ers}} = \frac{20}{120}\frac{1}{Ω}$$

$$\frac{1}{R_{ers}} = \frac{1}{6}\frac{1}{Ω}$$

Ergebnis: $R_{ers} = 6\ Ω$

● *Lösungsbeispiel 2:*

Zwei Widerstände von 24 Ω und 40 Ω sind parallelgeschaltet. Durch Parallelschalten eines dritten Widerstandes soll erreicht werden, daß der Ersatzwiderstand 6 Ω beträgt.

Gegeben: Einzelwiderstände $R_1 = 24\ \Omega$, $R_2 = 40\ \Omega$

Ersatzwiderstand $R_{ers} = 6\ \Omega$

Gesucht: Einzelwiderstand R_x

Lösung:

$$\frac{1}{R_x} = \frac{1}{R_{ers}} - \frac{1}{R_1} - \frac{1}{R_2}$$

$$\frac{1}{R_x} = \frac{1}{6\ \Omega} - \frac{1}{24\ \Omega} - \frac{1}{40\ \Omega}$$

$$\frac{1}{R_x} = \frac{20 - 5 - 5}{120\ \Omega}$$

$$\frac{1}{R_x} = \frac{12}{120\ \Omega}$$

Ergebnis: $R_x = 10\ \Omega$

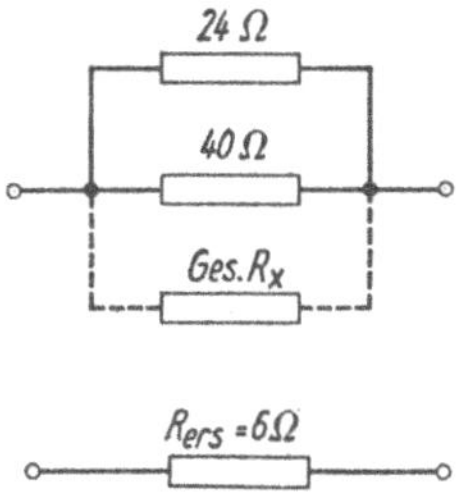

84. Der Ersatzwiderstand für die Parallelschaltung der gegebenen Widerstände ist zu berechnen.

	a)	b)	c)	d)	e)	f)	g)	h)	
R_1 =	9	18	8	5	12	6	6	12	Ω
R_2 =	3	6	6	10	4	4	8	6	Ω
R_3 =	—	—	—	12	2	3	24	4	Ω
R_4 =	—	—	—	—	—	—	12	3	Ω
R_{ers} =	—	—	—	—	—	—	—	—	Ω

85. Drei 220-V-Glühlampen mit je 806 Ω Widerstand sind parallelgeschaltet.

a) Wie groß ist der Ersatzwiderstand?

b) Welcher Strom fließt in der Zuleitung?

86. Ein Heizgerät für 220 V enthält zwei gleiche Heizwiderstände von je 49 Ω, die durch einen Dreiwegschalter einzeln eingeschaltet oder parallelgeschaltet werden können.

a) Wie groß ist der Widerstand des Heizgerätes bei Parallelschaltung der beiden Heizwiderstände?

b) Mit welcher Stromstärke wird die Anschlußleitung bei Einzelschaltung und Parallelschaltung der Widerstände belastet?

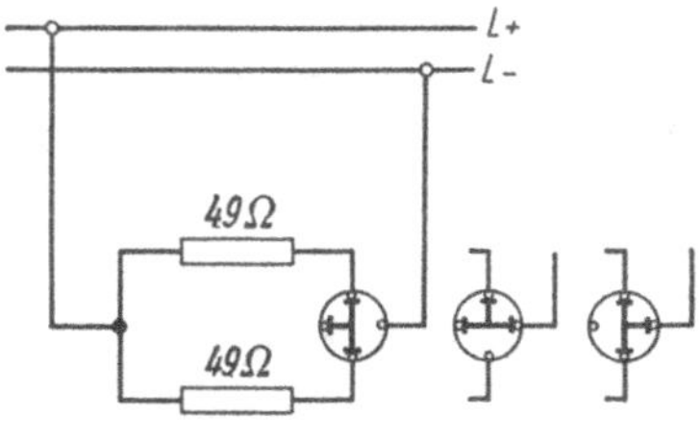

87. In einer Gleichstrommaschine sind 4 Feldwicklungen von je 110 Ω parallelgeschaltet.
   a) Wie groß ist der Ersatzwiderstand der Feldwicklungen?
   b) Durch welche Stromstärke wird das Feld bei 220-V-Netzspannung erregt?

88. Zwei Widerstände von 0,4 kΩ und 600 Ω sind einmal in Reihe und dann parallel zu schalten. Wie groß ist der Ersatzwiderstand
   a) in Reihenschaltung,
   b) in Parallelschaltung?

89. Drei Widerstände von 1,6 Ω, 8 Ω und 16 Ω sind einmal parallel- und einmal in Reihe geschaltet. Wie groß ist der Gesamtwiderstand
   a) in Reihenschaltung,
   b) in Parallelschaltung?
   c) Welcher Strom fließt bei a) und b) in der Zuleitung, wenn $U = 220$ V ist?

90. Vier Widerstände von 0,7 Ω, 2,1 Ω, 4,2 Ω und 1,4 Ω sind einmal in Reihe und einmal parallelgeschaltet. Berechne den Gesamtwiderstand
   a) der Reihenschaltung,
   b) der Parallelschaltung!
   c) in Schaltung a) fließen 26,79 A, in Schaltung b) 120 A in der Zuleitung! Welche Spannung liegt jeweils an den Widerständen?

91. Zwei Widerstände stehen im Verhältnis 3:1 und sind einmal hintereinander- und einmal parallelgeschaltet. Wie groß sind die Einzelwiderstände in
   a) Reihenschaltung, wenn $R_g = 48$ Ω ist,
   b) Parallelschaltung, wenn $R_g = 18$ Ω ist?

92. Vier Widerstände von 2,8 kΩ, 0,84 kΩ, 140 Ω und 0,0042 MΩ sind einmal hintereinander- und einmal nebeneinandergeschaltet. Wie groß ist ihr Gesamtwiderstand in
   a) Reihenschaltung,
   b) Parallelschaltung?

93. Vier Widerstände von 20 mΩ, 1,2 Ω, 300 mΩ und 0,6 Ω sind einmal parallel- und einmal in Reihe geschaltet. Wie groß ist ihr Gesamtwiderstand in
   a) Reihenschaltung,
   b) Parallelschaltung?
   c) Welcher Strom fließt bei $U = 180$ mV in der Zuleitung nach Schaltung a) und b)?

1.6.3. Gruppenschaltung – Spannungsteiler – Widerstandsmaschen

● *Lösungsbeispiel 1:*

Es ist der Ersatzwiderstand der Gruppenschaltung zu berechnen. $R_1 = 12$ Ω, $R_2 = 4$ Ω, $R_3 = 20$ Ω, $R_4 = 4$ Ω, $R_5 = 30$ Ω.

Gegeben: Einzelwiderstände $R_1 = 12\ \Omega$
$R_2 = 4\ \Omega$
$R_3 = 20\ \Omega$
$R_4 = 4\ \Omega$
$R_5 = 30\ \Omega$

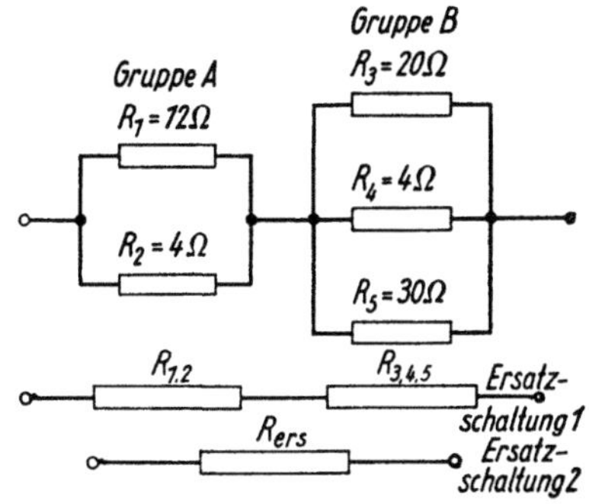

Gesucht: Ersatzwiderstand R_{ers}

Lösung:

$$R_{1,2} = \frac{R_1\ R_2}{R_1 + R_2}$$

$$R_{1,2} = \frac{12\ \Omega \cdot 4\ \Omega}{12\ \Omega + 4\ \Omega}$$

$$R_{1,2} = \frac{48}{16}\ \Omega \qquad R_{1,2} = 3\ \Omega$$

$$\frac{1}{R_{3,4,5}} = \frac{1}{R_3} + \frac{1}{R_4} + \frac{1}{R_5}$$

$$\frac{1}{R_{3,4,5}} = \frac{1}{20\ \Omega} + \frac{1}{4\ \Omega} + \frac{1}{30\ \Omega} = \frac{3 + 15 + 2}{60\ \Omega}$$

$$\frac{1}{R_{3,4,5}} = \frac{20}{60\ \Omega}$$

$$\frac{1}{R_{3,4,5}} = \frac{1}{3\ \Omega} \qquad R_{3,4,5} = 3\ \Omega$$

$$R_{ers} = R_{1,2} + R_{3,4,5}$$

$$R_{ers} = 3\ \Omega + 3\ \Omega$$

Ergebnis: $R_{ers} = 6\ \Omega$

● *Lösungsbeispiel 2:*

Welcher Ersatzwiderstand errechnet sich für die Widerstände?

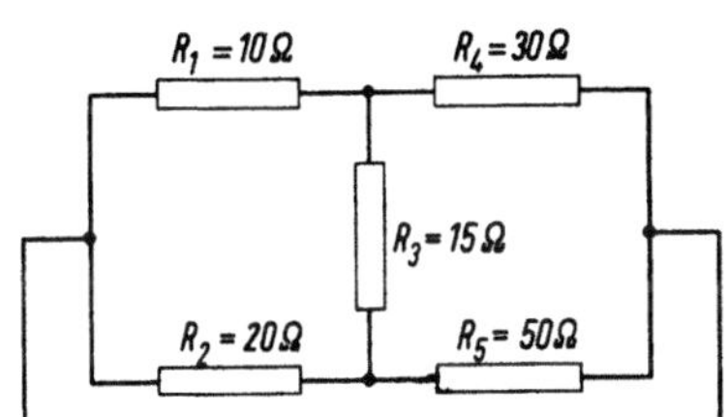

Gegeben: $R_1 = 10\ \Omega$
$R_2 = 20\ \Omega$
$R_3 = 15\ \Omega$
$R_4 = 30\ \Omega$
$R_5 = 50\ \Omega$

Gesucht: R_{ers}

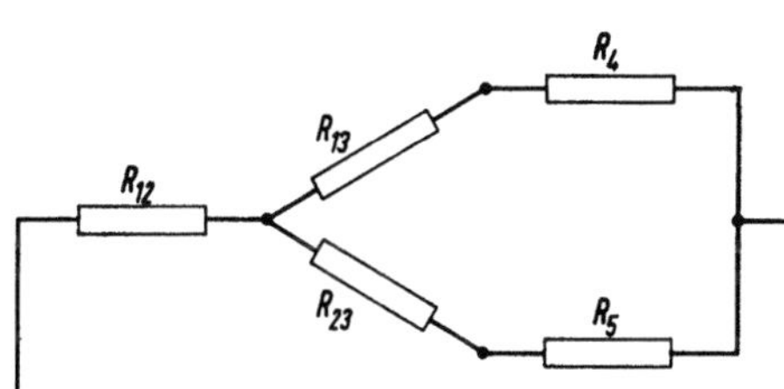

Lösung: Das Widerstandsdreieck $R_1 - R_2 - R_3$ wird umgewandelt in den Widerstandsstern $R_{12} - R_{13} - R_{23}$

$$R_{12} = \frac{R_1\ R_2}{R_1 + R_2 + R_3}$$

$$R_{12} = \frac{10\ \Omega \cdot 20\ \Omega}{10\ \Omega + 20\ \Omega + 15\ \Omega} \qquad R_{12} = 4{,}44\ \Omega$$

$$R_{13} = \frac{R_1\ R_2}{R_1 + R_2 + R_3}$$

$$R_{13} = \frac{10\ \Omega \cdot 15\ \Omega}{10\ \Omega + 20\ \Omega + 15\ \Omega} \qquad R_{13} = 3{,}33\ \Omega$$

$$R_{23} = \frac{R_2 R_3}{R_1 + R_2 + R_3}$$

$$R_{23} = \frac{20\ \Omega \cdot 15\ \Omega}{10\ \Omega + 20\ \Omega + 15\ \Omega} \qquad R_{23} = 6{,}67\ \Omega$$

$$R_{ers_1} = \frac{(R_{13} + R_4) \cdot (R_{23} + R_5)}{R_{13} + R_4 + R_{23} + R_5}$$

$$R_{ers_1} = \frac{33{,}33\ \Omega \cdot 56{,}67\ \Omega}{90\ \Omega} \qquad R_{ers_1} = 21\ \Omega$$

$$R_{ers} = R_{12} + R_{ers_1}$$

$$R_{ers} = 4{,}44\ \Omega + 21\ \Omega$$

Ergebnis: $R_{ers} = 25{,}44\ \Omega$

94. Für folgende Gruppenschaltungen sind die Ersatzschaltungen und die Ersatzwiderstände zu berechnen.

a)	b)	c)
$R_1 = 12\ \Omega$	$R_1 = 26\ \Omega$	$R_1 = 520\ \Omega$
$R_2 = 6\ \Omega$	$R_2 = 4\ \Omega$	$R_2 = 96\ \Omega$
$R_3 = 8\ \Omega$	$R_3 = 50\ \Omega$	$R_3 = 248\ \Omega$
$R_4 = 18\ \Omega$	$R_4 = 14\ \Omega$	$R_4 = 60\ \Omega$

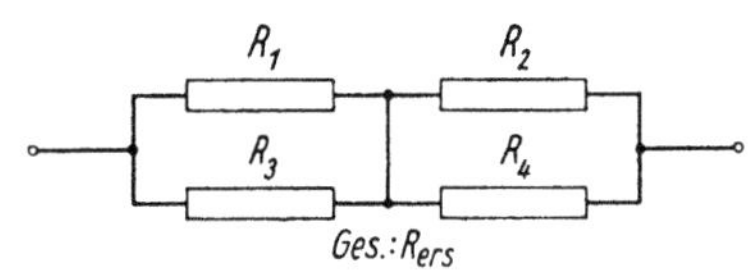

95.

a)	b)	c)
$R_1 = 24\ \Omega$	$R_1 = 36\ \Omega$	$R_1 = 150\ \Omega$
$R_2 = 36\ \Omega$	$R_2 = 18\ \Omega$	$R_2 = 50\ \Omega$
$R_3 = 12\ \Omega$	$R_3 = 48\ \Omega$	$R_3 = 120\ \Omega$
$R_4 = 4\ \Omega$	$R_4 = 24\ \Omega$	$R_4 = 400\ \Omega$
$R_5 = 60\ \Omega$	$R_5 = 6\ \Omega$	$R_5 = 640\ \Omega$
$R_6 = 4\ \Omega$	$R_6 = 80\ \Omega$	$R_6 = 80\ \Omega$

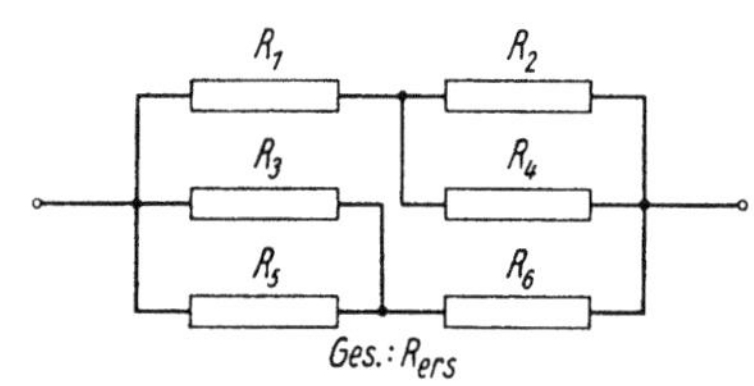

96.

a)	b)	c)
$R_1 = 124\ \Omega$	$R_1 = 56\ \Omega$	$R_1 = 225\ \Omega$
$R_2 = 12\ \Omega$	$R_2 = 18\ \Omega$	$R_2 = 15\ \Omega$
$R_3 = 40\ \Omega$	$R_3 = 4\ \Omega$	$R_3 = 75\ \Omega$
$R_4 = 100\ \Omega$	$R_4 = 20\ \Omega$	$R_4 = 45\ \Omega$
$R_5 = 36\ \Omega$	$R_5 = 10\ \Omega$	$R_5 = 60\ \Omega$
$R_6 = 48\ \Omega$	$R_6 = 80\ \Omega$	$R_6 = 400\ \Omega$

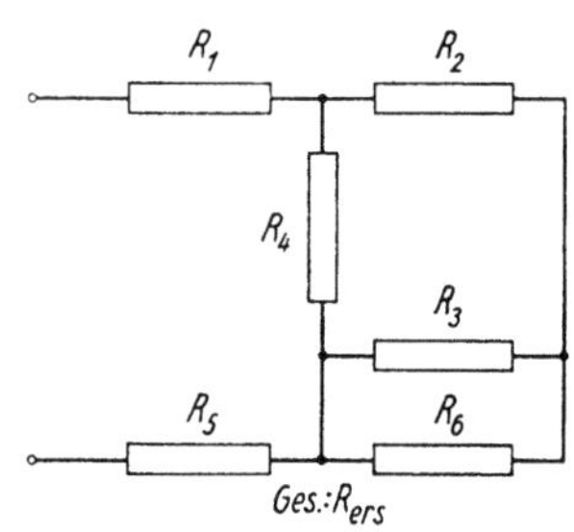

97. Die Widerstände der Gruppenschaltung betragen $R_1 = 25\ \Omega$ ($7\ \Omega$), $R_2 = 5\ \Omega$ ($32\ \Omega$), $R_3 = 3\ \Omega$ ($50\ \Omega$) und $R_4 = 40\ \Omega$ ($10\ \Omega$). Zu berechnen ist R_{ers}, Gesamtstrom I_g, Teilströme I_1 bis I_4 und der Ausgleichstrom I_5 zwischen A und B!

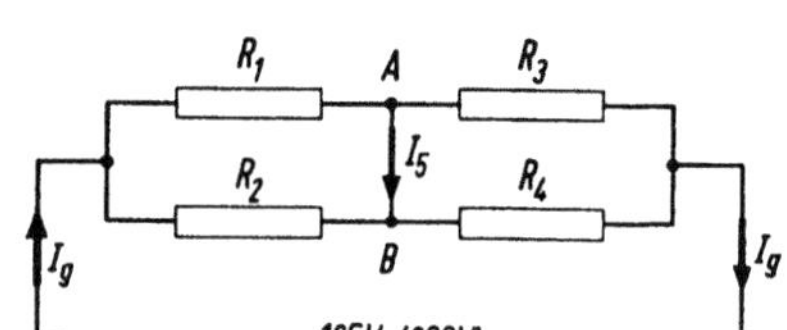

98. Die Widerstände einer unveränderlichen Spannungsteilerschaltung betragen $R_1 = 60\ \Omega$, $R_2 = 60\ \Omega$, $R_3 = 25\ \Omega$. R_3 ist durch Schalter S abschaltbar.

a) Wie groß sind I_g und U_1 bei offenem Schalter?

b) Welcher Gesamtstrom fließt bei geschlossenem Schalter, und wie hoch sind U_1, I_1 und I_3?

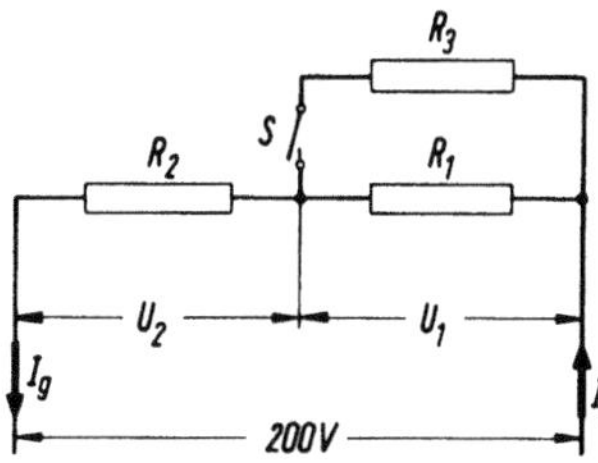

99. Die Glühlampe $R_L = 300\ \Omega$ soll stufenlos in ihrer Helligkeit gestellt werden. In den einzelnen Stufen werden jeweils 50 Ω des Spannungsteilerwiderstandes vom Schleifer überbrückt.

a) Wie groß sind Gesamtwiderstand und Gesamtstrom in den Stufen 0 bis IV?

b) An welcher Spannung liegt die Glühlampe bei Schleiferstellung I, II und III?

c) Berechne I_1 in den Schleiferstellungen I bis IV!

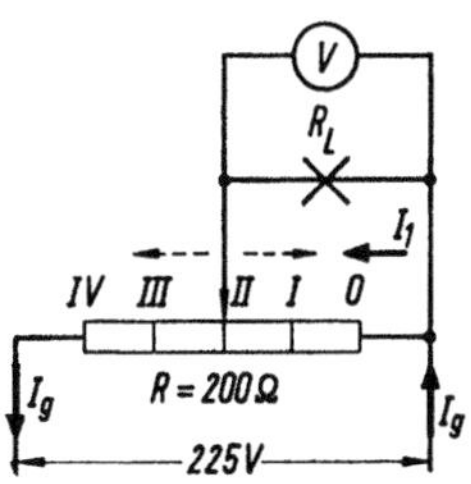

100. Berechne die Größe von R_3 des belasteten Spannungsteilers, wenn $U = 100$ V, $R_1 = 20\ \Omega$, $R_2 = 15\ \Omega$ und $I_3 = 3$ A sind? Wie groß sind dann I_2, I_g und U_3?

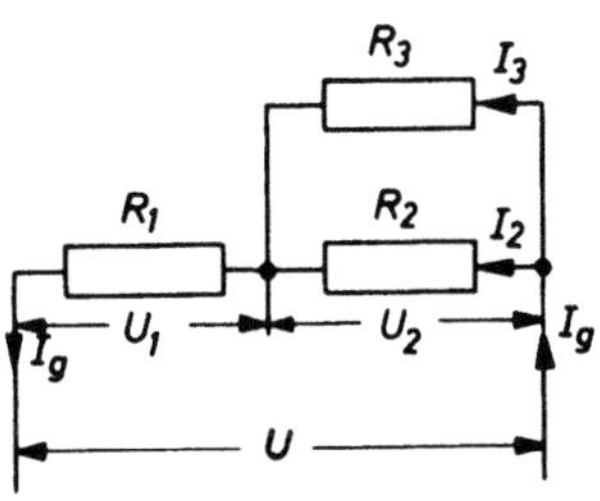

101. Ohne Belastung würden durch den Spannungsmesser an R_1 abfallen: $U_1 = U_2 \cdot \frac{R_1}{R_g} = 168{,}75$ V. Mit dem Sp.-Messer ergibt sich für R_1 eine Parallelschaltung mit R_i! Welche Spannung zeigt das Meßgerät an, wenn $R_i = 15$ kΩ (120 kΩ) ist?

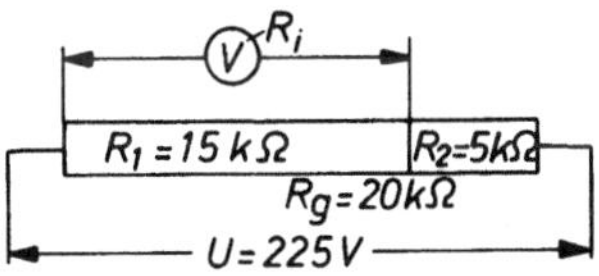

102. Die Widerstände $R_1 = 8\ \Omega$, $R_2 = 16\ \Omega$ und $R_3 = 28\ \Omega$ sind in einen Widerstandsstern umzuwandeln. Wie groß sind R_{12}, R_{13} und R_{23}?

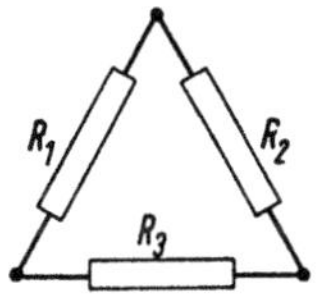

103. Für die Brückenschaltung $R_1 = 100\ \Omega$, $R_2 = 60\ \Omega$, $R_3 = 150\ \Omega$, $R_4 = 80\ \Omega$ und $R_5 = 200\ \Omega$ sind der Ersatzwiderstand und der Gesamtstrom zu berechnen!

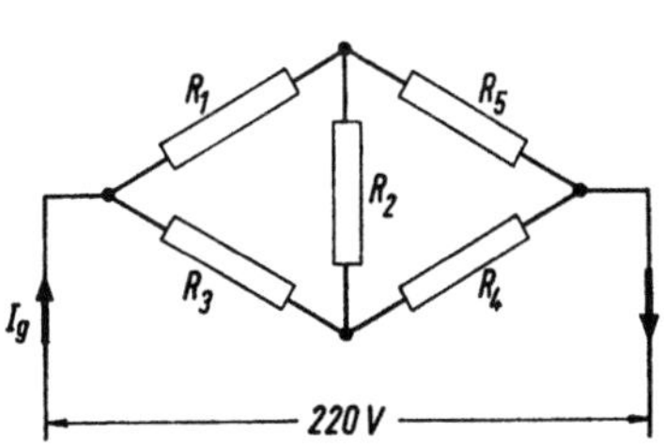

104. Die Widerstandsmasche liegt an 2 Phasen eines 380-V-Netzes. Gesucht werden R_{ers} und I_g!

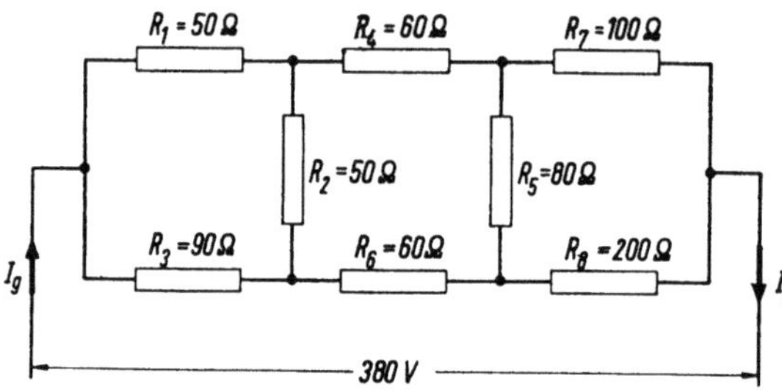

105. Die Widerstände $R_1 - R_{12}$ des Würfels sind alle 20 Ω.

a) Berechne R_{ers}!

b) Welcher Strom fließt in der Zuleitung, wenn zwischen den Punkten A und B 42 V angelegt werden?

c) Wie groß sind I_3 und U_3 am Widerstand R_3?

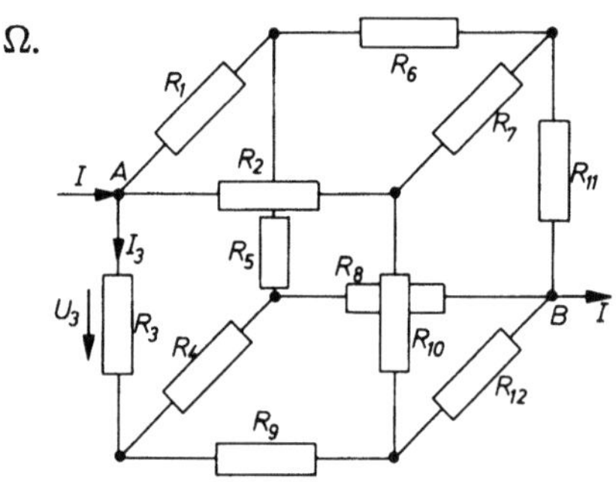

1.7. Kirchhoffsche Gesetze

● *Lösungsbeispiel 1:*

Wie groß ist der Gesamtstrom in der Zuleitung zu der Stromverzweigung?

Gegeben: Zweigströme $I_1 = 4$ A
$I_2 = 0{,}5$ A
$I_3 = 2{,}5$ A
$I_4 = 6$ A

Gesucht: Gesamtstrom I_{ges}

Lösung: $I_{ges} = I_1 + I_2 + I_3 + I_4$

$I_{ges} = 4\text{ A} + 0{,}5\text{ A} + 2{,}5\text{ A} + 6\text{ A}$

Ergebnis: $I_{ges} = 13$ A

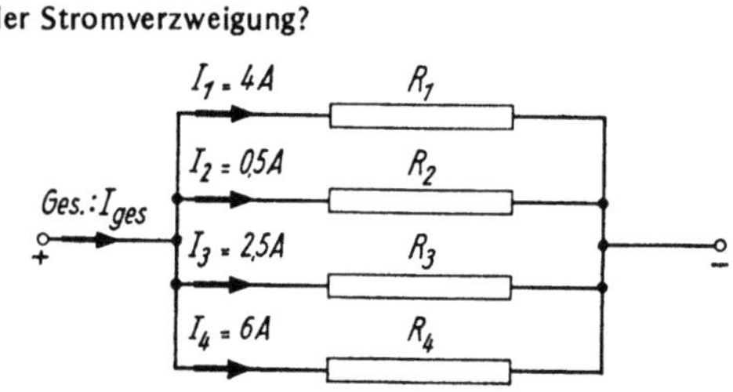

● *Lösungsbeispiel 2:*

Wie groß ist die Urspannung einer Spannungsquelle, deren innerer Widerstand 0,8 Ω beträgt, wenn sie durch einen Stromkreis mit dem äußeren Widerstand 24,2 Ω einen Strom von 9 A treibt?

Gegeben: Stromstärke $I = 9$ A
äußerer Widerstand $R_a = 24{,}2$ Ω
innerer Widerstand $R_i = 0{,}8$ Ω

Gesucht: Urspannung E

Lösung: $E = I\,R_a + I\,R_i$

$E = 9\text{ A} \cdot 24{,}2\ \Omega + 9\text{ A} \cdot 0{,}8\ \Omega$

$E = 217{,}8\text{ V} + 7{,}2\text{ V}$

Ergebnis: $E = 225$ V

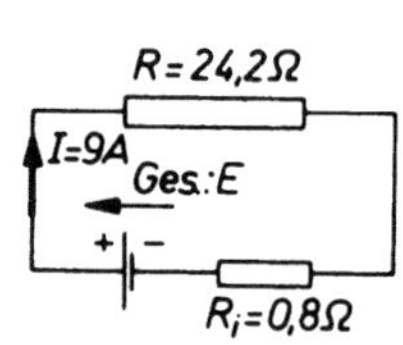

106. Wie groß ist der Strom in der Zuleitung einer Stromverzweigung, wenn die Ströme in den einzelnen Zweigen 2 A, 27 A und 11 A betragen?

107. In der Zuleitung einer Stromverzweigung aus drei parallelgeschalteten Zweigen fließt ein Strom von 96 A. Berechne die Stromstärke im ersten Zweig, wenn die Ströme in den beiden anderen Zweigen 25 A und 55,6 A betragen!

108. Drei Widerstände von 4 Ω, 12 Ω und 6 Ω sind parallelgeschaltet und liegen an einer Spannung von 24 V. Berechne
a) den Ersatzwiderstand der Schaltung,
b) die Ströme in den einzelnen Widerständen,
c) den Gesamtstrom in der Zuleitung!

109. Drei Widerstände von 8 Ω, 10 Ω und 5 Ω sind parallelgeschaltet. Durch den Widerstand von 8 Ω fließt ein Strom von 5 A.
a) Wie groß ist die Spannung in den Knotenpunkten?
b) Wie groß sind die Teilströme in den beiden anderen Widerständen?
c) Welcher Strom fließt in der Zuleitung?

110. Eine Verzweigung besteht aus den Widerständen 12 Ω, 4 Ω, 1 Ω; der Strom im ersten Widerstand beträgt 2 A. Es ist zu berechnen:
a) die Spannung an den Knotenpunkten,
b) die Ströme in den beiden anderen Widerständen
c) der Gesamtstrom.

111. In einer Werkstatt liegen am 220-V-Netz in Parallelschaltung fünf Glühlampen mit je 810 Ω, ein Leimkocher mit 240 Ω und ein Trockenofen mit 44 Ω. Berechne
a) die Teilströme in den einzelnen Geräten,
b) die Stromstärke in der Zuleitung nach dem 1. Kirchhoffschen Gesetz,
c) den Gesamtwiderstand zur Kontrolle der Ergebnisse!

112. Die Widerstände von 8 Ω, 4 Ω, 2 Ω und 6 Ω sind parallelgeschaltet. Wie groß sind die Zweigströme, wenn der Gesamtstrom 12,5 A beträgt?

113. In einer Parallelschaltung von Widerständen betragen die Zweigströme 0,3 A (0,4 A), 1,4 A (0,1 A), 0,7 A (0,48 A) und 0,8 A (0,16 A). Wie groß sind die Zweigwiderstände, wenn der Gesamtwiderstand der Schaltung 168 Ω (19 Ω) beträgt?

114. Die Strom- und Spannungsmesser in einer Anlage tragen die Aufschrift 60 mV/15 mA. Wieviel Ohm muß ein parallelgeschalteter Nebenwiderstand haben, wenn das Gerät Ströme bis 25 A (3 A) messen soll?

115. Die Schalttafelinstrumente in einer Zentrale haben einen Innenwiderstand von 500 Ω und eine Stromaufnahme von 10 mA.
a) An welche Spannung dürfen die Meßgeräte angeschlossen werden?
b) Welche Spannung muß an einem Vorschaltwiderstand abfallen, wenn das Gerät eine Spannung von 20 V messen soll?

c) Wieviel Ohm muß dabei der Vorschaltwiderstand haben?
d) Wieviel Ampere müssen durch einen Nebenwiderstand fließen, wenn mit dem Meßgerät Ströme bis zu 2 A gemessen werden sollen?
e) Wieviel Ohm muß der Nebenwiderstand betragen?

116. An eine zweizellige Sammlerbatterie ist ein Widerstand von 0,2 Ω angeschlossen. Die Urspannung jeder Zelle beträgt 2,1 V, ihr innerer Widerstand 0,05 Ω. Berechne
a) die Summe der Urspannungen,
b) die Stromstärke im Stromkreis,
c) die Spannungsabfälle am inneren Widerstand und am äußeren Widerstand,
d) die Klemmenspannung der Batterie!

117. In einem Betrieb mit eigener Stromversorgungsanlage übernimmt bei Ausfall des Generators eine Sammlerbatterie mit 110 Zellen die Stromversorgung der Anlage. Jede Zelle liefert eine Urspannung von 2,1 V; der innere Widerstand jeder Zelle beträgt 0,005 Ω. Die Stromversorgungsanlage liefert den Strom über eine Kupferleitung von 6 mm^2 Querschnitt nach der 500 m entfernten Werkhalle. Der Gesamtwiderstand der angeschlossenen Geräte beträgt 80 Ω. Berechne

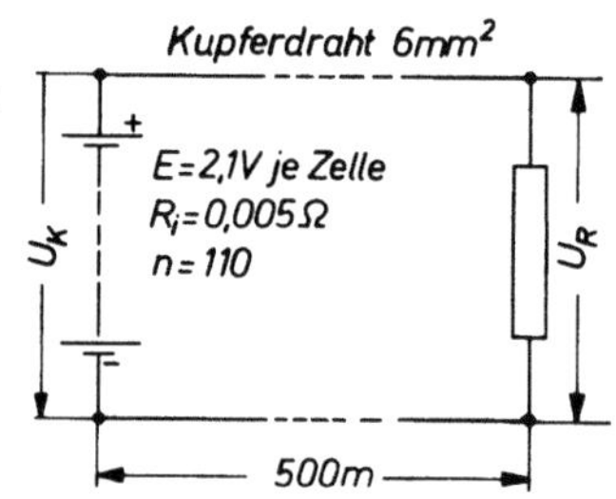

a) die Summe der Urspannungen aller Zellen,
b) den Gesamtwiderstand der Anlage,
c) den Betriebsstrom,
d) die Klemmenspannung der Batterie,
e) die in der Werkhalle verfügbare Betriebsspannung!

1.7.1. Maschenrechnung

118. Für die Netzmasche sind $I_1, I_2, I_3, I_A, U_1, U_2, U_3$, bei den gegebenen Werten für $R_1 = 5\ \Omega$, $R_2 = 6\ \Omega$, $R_3 = 9\ \Omega$, $I_B = 2$ A, $I_C = 5$ A (abfließend) und $E_1 = 12$ V sowie $E_2 = 6$ V zu bestimmen.

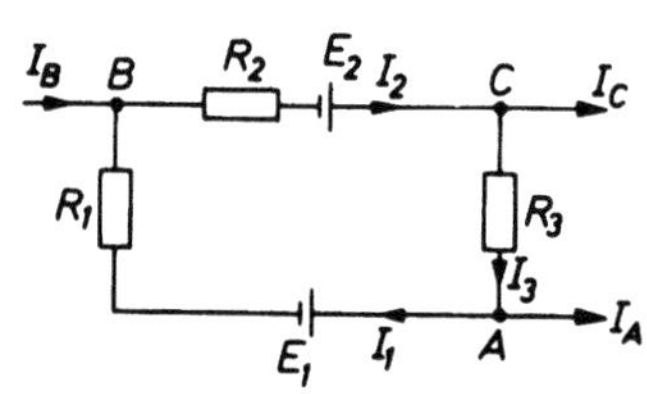

119. Die Netzmasche besteht aus $E_1 = E_2 = 6$ V; $R_1 = 5\ \Omega$, $R_2 = 10\ \Omega$, $R_3 = 15\ \Omega$. Der Strom I_B wurde mit 3 A, der Strom I_C mit 1 A gemessen. Berechnen Sie die fehlenden Werte für I_A, I_1, I_2, I_3.

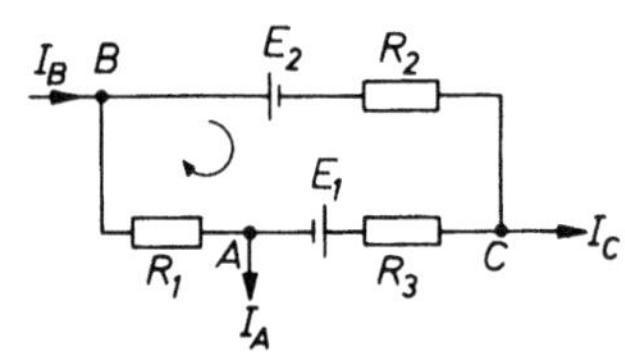

120. Berechnen Sie gleichungsmäßig den Strom I_1 unter der Bedingung, daß alle Widerstände R_1 bis R_4 und die Spannungsquellen bekannt sind.

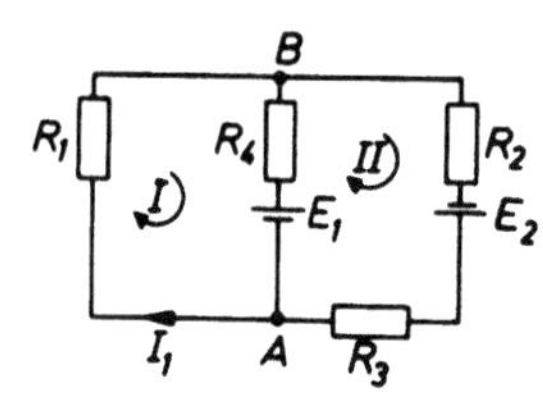

121. Bei dem skizzierten Netz sind die Spannungen $E_1 = 15$ V, $E_2 = 10$ V, $E_3 = 20$ V, die Widerstände R_1 bis R_6 mit 5 Ω angegeben. Gesucht ist der Strom I_5, der durch den Widerstand R_5 fließt.

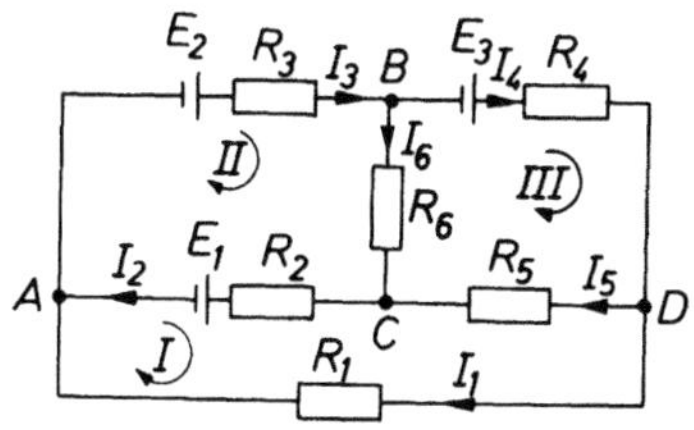

1.7.2. Meßbrücken

● *Lösungsbeispiel 1:*

Mit einer Wheatstoneschen Meßbrücke soll ein Widerstand R_X ermittelt werden. Die Meßbrücke enthält die beiden nicht stellbaren Widerstände $R_1 = 16\ \Omega$, $R_3 = 50\ \Omega$ und einen Stellwiderstand R_2, der auf 40 Ω eingestellt werden muß, damit das Galvanometer stromlos ist. Wie groß ist R_X?

Gegeben: Widerstände $R_1 = 16\ \Omega$

$R_2 = 50\ \Omega$

Stellwiderstand $R_3 = 40\ \Omega$

Gesucht: Widerstand R_X

Lösung: $R_X = R_3 \cdot \frac{R_1}{R_2}$

$R_X = 50\ \Omega \cdot \frac{16\ \Omega}{40\ \Omega}$

Ergebnis: $R_X = 20\ \Omega$

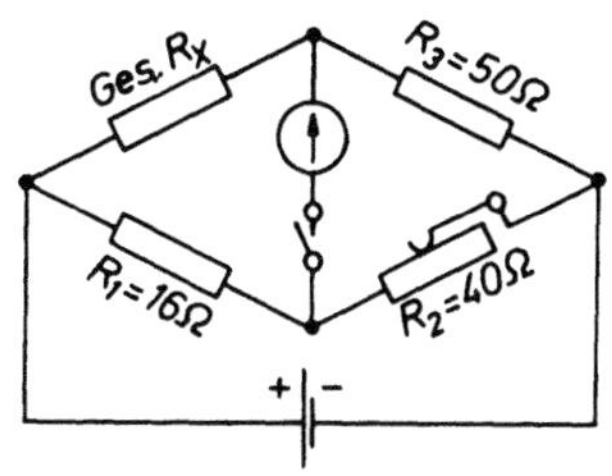

● *Lösungsbeispiel 2:*

Wie groß ist der Widerstand R_X, wenn der bekannte Widerstand in der Meßbrücke $R_3 = 100\ \Omega$ und die Teillängen des Widerstandsdrahtes $l_1 = 60$ cm und $l_2 = 40$ cm betragen?

Gegeben: Widerstand $R_3 = 100\ \Omega$

Teillängen des Widerstandsdrahtes

$l_1 = 60$ cm

$l_2 = 40$ cm

Gesucht: Widerstand R_X

Lösung: $R_X = R_3 \cdot \frac{l_1}{l_2}$

$R_X = 100\ \Omega \cdot \frac{60\text{ cm}}{40\text{ cm}}$

Ergebnis: $R_X = 150\ \Omega$

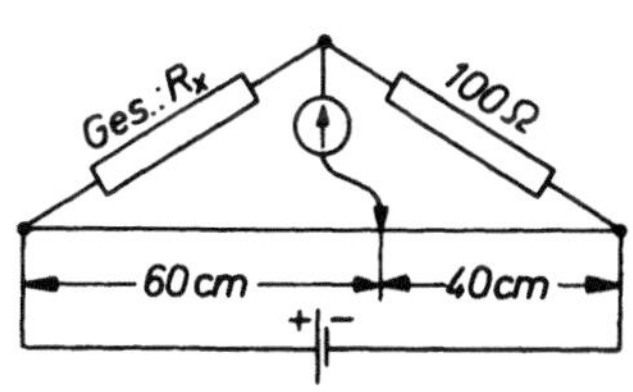

122. Berechne den gesuchten Widerstand R_X einer Brückenschaltung bei folgenden Angaben:

	a)	b)	c)	d)	e)	f)	g)	h)	
R_3 =	200	120	10	1	1000	10 000	100	10	Ω
R_1 =	6000	100	450	750	–	–	–	–	Ω
R_2 =	400	50	150	125	–	–	–	–	Ω
l_1 =	–	–	–	–	75	20	40	80	cm
l_2 =	–	–	–	–	25	80	60	20	cm
R_X =	–	–	–	–	–	–	–	–	Ω

123. Durch das Galvanometer im Brückenzweig der Wheatstoneschen Meßbrücke fließt kein Strom, wenn die Widerstände $R_1 = 400\ \Omega$, $R_2 = 57{,}6\ \Omega$ und $R_3 = 14{,}4\ \Omega$ betragen. Wie groß ist R_x?

124. Berechne den Widerstand R_x, wenn das Galvanometer der Meßbrücke bei den Widerständen $R_1 = 125\ \Omega$, $R_2 = 144\ \Omega$ und $R_3 = 57{,}6\ \Omega$ stromlos ist!

125. Bei einer Wheatstoneschen Meßbrücke ist das Galvanometer in der Brücke stromlos, wenn $R_1 = 1000\ \Omega$, $R_2 = 1880\ \Omega$ und $R_3 = 752\ \Omega$ sind. Wie groß ist der Widerstand R_x?

126. Bei einer Widerstandsmessung ist der Brückenzweig einer Meßbrücke stromlos, wenn $R_1 = 100\ \Omega$, $R_2 = 12{,}4\ \Omega$ und $R_3 = 49{,}6\ \Omega$ sind. Berechne den Widerstand R_x!

127. Das Galvanometer der Meßbrücke zeigt keinen Strom an, wenn $R_1 = 10\ \Omega$, $R_2 = 4{,}96\ \Omega$, $R_3 = 6{,}2\ \Omega$ ist. Wie groß ist der Widerstand R_x?

128. In der Kirchhoffschen Meßbrücke zeigt das Galvanometer keinen Ausschlag, wenn der Widerstand $R_3 = 100\ \Omega$ und die Teillängen des Meßdrahtes $l_1 = 25$ cm und $l_2 = 75$ cm betragen. Wie groß ist R_x?

129. Berechne den Widerstand R_x, wenn der Widerstand $R_3 = 1000\ \Omega$ und die Teillängen des Meßdrahtes $l_1 = 36$ cm und $l_2 = 64$ cm betragen!

130. Der Brückenzweig in der Kirchhoffschen Meßbrücke ist stromlos, wenn der Widerstand $R_3 = 10\,000\ \Omega$ ist und das Verhältnis der Teillängen des Meßdrahtes 1 : 4 beträgt. Der Widerstand R_x ist zu berechnen.

131. Bei einer Widerstandsmessung mit der Kirchhoffschen Meßbrücke ist ein Meßwiderstand $R_3 = 10\ \Omega$ eingestellt. Das Verhältnis der Teillängen des Meßdrahtes ist 11 : 14. Wie groß ist R_x?

132. Der Widerstand R_x ist zu berechnen, wenn bei einem Meßwiderstand $R_3 = 100\ \Omega$ und bei abgeglichener Brücke das Verhältnis der Meßdrahtteillängen 36 : 64 ist.

1.8. Leitungsberechnungen

1.8.1. Leitungsgewichtsberechnungen

● *Lösungsbeispiel 1:*

Wie groß ist das Gewicht einer blanken Kupferleitung mit einem Querschnitt von 120 mm² und einer Länge von 550 m?

Gegeben: Leiterquerschnitt $A = 120\ \text{mm}^2$
Leiterlänge $l = 550$ m
Leiterwerkstoff: Kupfer
Aus Tabelle: $\gamma = 8{,}9\ \frac{\text{kg}}{\text{dm}^3}$

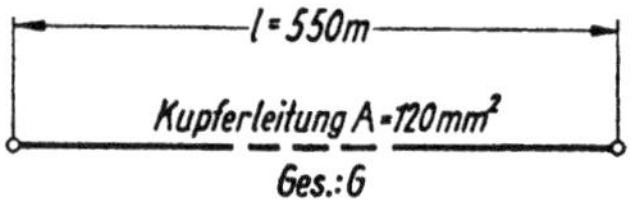

Gesucht: Leitergewicht m

Lösung: $m = A l \gamma$

$$m = 120\ \text{mm}^2 \cdot 550\ \text{m} \cdot 8{,}9\ \frac{\text{kg}}{\text{dm}^3}$$

$$m = 0{,}012\ \text{dm}^2 \cdot 5500\ \text{dm} \cdot 8{,}9\ \frac{\text{kg}}{\text{dm}^3}$$

Ergebnis: $m = 587{,}4\ \text{kg}$

● *Lösungsbeispiel 2:*

Wie groß ist das Gewicht einer Doppelleitung von Stahldrähten mit einem Durchmesser von 3,5 mm und einer Länge von 12 km?

Gegeben: Leiterlänge $l = 12\ \text{km}$
Leiterdurchmesser $d = 3{,}5\ \text{mm}$
Leiterwerkstoff: Stahl

Aus Tabelle: $\gamma = 7{,}9\ \frac{\text{kg}}{\text{dm}^3}$

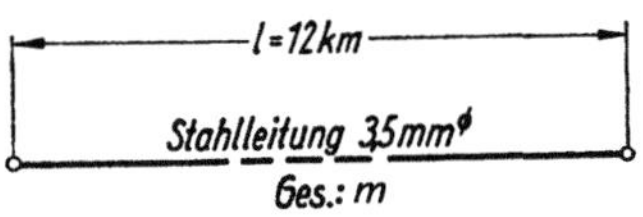

Gesucht: Leitergewicht m

Lösung: $m = A\ 2 l \gamma$

$$A = \frac{\pi d^2}{4}$$

$$A = \frac{3{,}14 \cdot (0{,}035\ \text{dm})^2}{4} \qquad A = 0{,}000961625\ \text{dm}^2$$

$$m = 0{,}000961625\ \text{dm}^2 \cdot 240\,000\ \text{dm} \cdot 7{,}9\ \frac{\text{kg}}{\text{dm}^3}$$

Ergebnis: $m = 1823{,}2\ \text{kg}$

133. Die nicht gegebenen Größen sind zu berechnen!

	a)	b)	c)	d)	e)	f)	g)	
$m =$	–	–	–	–	331,8	229,5	123,75	kg
$A =$	–	–	–	–	35	10	6	mm²
$d =$	3	3,5	1,5	5	–	–	–	mm
$l =$	11 000	6500	620	4200	–	–	–	m
$\gamma =$	8,9	2,7	8,6	7,9	7,9	2,7	8,85	kg/dm³

134. Berechne das Gewicht einer Kupferleitung (Doppelleitung) von 210 m Länge und einem Leiterquerschnitt von 35 mm²!

135. Wie groß ist das Gewicht eines 9600 m langen Leiters von 2 mm Durchmesser, dessen Wichte 8,6 kg/dm³ beträgt?

135. Wie groß ist das Gewicht eines 9600 m langen Leiters von 2 mm Durchmesser, dessen Wichte 8,6 kg/dm^3 beträgt?

136. Ein Aluminiumseil von 70 mm^2 hat ein Gewicht von 100 kg. Wie lang ist das Seil?

137. Wie groß ist das Gewicht einer Aluminium-Doppelleitung von 4500 m Länge und einem Durchmesser von 4,5 mm?

138. Eine Rolle Stahldraht mit einem Durchmesser von 3 mm wiegt 281,654 kg. Wieviel Meter Draht sind auf der Rolle aufgespult, wenn das Gewicht der leeren Rolle 60 kg beträgt?

1.8.2. Widerstand elektrischer Leitungen

● *Lösungsbeispiel 1:*

Zu einem Haus wurde eine Kupferleitung von 6 mm^2 Querschnitt verlegt. Die Entfernung des Hauses von der Anschlußstelle beträgt 54 m. Welchen Widerstand hat die Leitung?

Gegeben: Einfachlänge $l = 54$ m
Querschnitt $A = 6$ mm^2
Werkstoff: Kupfer

Aus Tabelle: $\rho = 0{,}01786 \frac{\Omega\,\text{mm}^2}{\text{m}}$

Gesucht: Widerstand R

Lösung: $R = \frac{\rho\, 2l}{A}$

$$R = \frac{0{,}01786 \frac{\Omega\,\text{mm}^2}{\text{m}} \cdot 2 \cdot 54\ \text{m}}{6\ \text{mm}^2}$$

Ergebnis: $R = 0{,}321\ \Omega$

● *Lösungsbeispiel 2:*

Wie lang ist ein Zweileiter-Kupferkabel mit einem Leiterquerschnitt von 35 mm^2? Der Gesamtwiderstand R der Leitung beträgt 0,28 Ω.

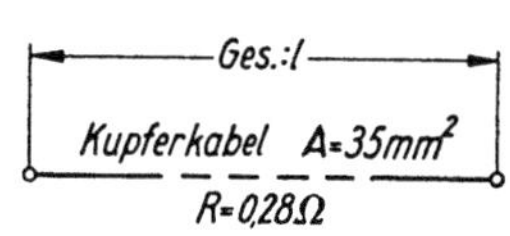

Gegeben: Leitermaterial: Kupfer
Querschnitt $A = 35$ mm^2
Leiterwiderstand $R = 0{,}28\ \Omega$

Aus Tabelle: $\kappa = 56 \frac{\text{S m}}{\text{mm}^2}$

bzw. $56 \frac{\text{m}}{\Omega\,\text{mm}^2}$

Gesucht: Länge des Kabels l

Lösung: $R = \frac{2l}{\kappa A}$

$$l = \frac{R\,\kappa\,A}{2}$$

$$l = \frac{0{,}28\ \Omega \cdot 56 \frac{\text{m}}{\Omega\,\text{mm}^2} \cdot 35\ \text{mm}^2}{2}$$

Ergebnis: $l = 274{,}4$ m

139. Berechne den spezifischen Widerstand einer Leitung von 6300 m Einfachlänge, einem Querschnitt von 70 mm^2 und einem Gesamtwiderstand von 3,24 Ω!

140. Welchen Widerstand hat ein 126 m langes, zweiadriges Kupferkabel mit 6 mm^2 Aderquerschnitt? Wie groß ist der Leiterdurchmesser?

141. Aus welchem Material bestehen die beiden Adern einer Leitung von 4 mm^2 Querschnitt und einer Leitungslänge von 40 m, wenn der Leitungswiderstand 0,56 Ω beträgt?

142. Die beiden Kupferadern eines Fernsprechkabels haben einen Durchmesser von 1,4 mm. Die Kabellänge beträgt 1650 m. Wie groß ist der Widerstand des Kabels?

143. Welchen Durchmesser haben die Aluminiumadern eines Fernsprechkabels, das bei einer Länge von 1884 m einen Widerstand von 9,33 Ω hat?

144. Eine Kupferfreileitung hat einen Querschnitt von 140 mm^2 und einen Widerstand von 0,4 Ω. Berechne
a) die Länge der Freileitung,
b) den Leiterdurchmesser!

145. Ein Elektromonteur wollte einen Hebelschalter auswechseln, berührte dabei den Leiter *P* und erlitt einen tödlichen Unfall. Die einfache Leiterlänge vom Netz bis zum Schalter betrug 30 m, der Querschnitt des Aluminiumleiters 10 mm^2, der Erdübergangswiderstand 6 Ω und die Netzspannung 600 V. Der Monteur hatte einen Widerstand von ca. 835 Ω.

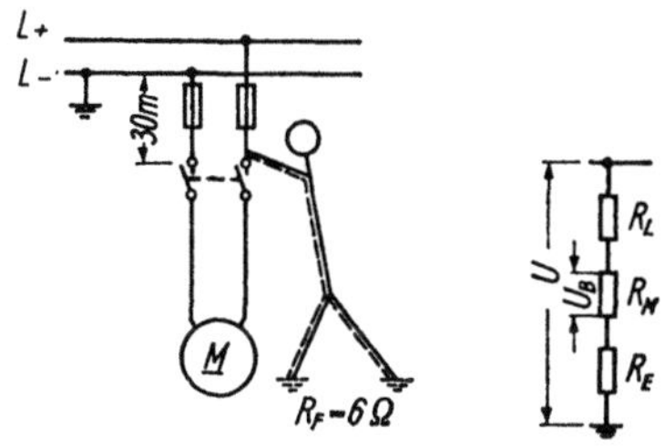

Ermittle
a) den Leitungswiderstand R_L,
b) die am menschlichen Körper abfallende Spannung U_B (Berührungs-Übergangswiderstand wird vernachlässigt) und
c) den Strom, der durch den menschlichen Körper floß und den Tod des Elektromonteurs verursachte!
d) Welche Sicherheitsmaßnahmen und Arbeitsschutzbestimmungen hatte der Monteur beim Auswechseln des Schalters unterlassen?

146. Ein Fernmeldekabel, welches im Erdreich verlegt ist, hat zwischen zwei Adern einen Kurzschluß. Die Widerstandsmessung zwischen den beiden Adern ergibt einen Widerstand von 40 Ohm. Der Durchmesser des Kupferdrahtes beträgt 0,9 mm. Wie weit ist der Kurzschluß von der Meßstelle entfernt?

147. Durch ein Kupferkabel (2-adrig), l = 500 m fließen bei U = 82,15 V, I = 115 A!
a) Welche Stromdichte tritt auf?
b) Berechne Querschnitt und Durchmesser des Kupferleiters!
c) Wie groß ist der Leitungswiderstand?

1.8.3. Spannungsverlust in Leitungen

● *Lösungsbeispiel 1:*

Wie groß ist der Spannungsverlust U_V in einer zweiadrigen Kupferleitung, wenn der Leiterquerschnitt 10 mm², die Leiterlänge 200 m und die Stromstärke 5 A betragen?

Gegeben: Leitermaterial: Kupfer
Leiterquerschnitt $A = 10\ \text{mm}^2$
Länge einer Ader $l = 200\ \text{m}$
Stromstärke $I = 5\ \text{A}$
Aus Tabelle: $\rho = 0{,}01786\ \frac{\Omega\ \text{mm}^2}{\text{m}}$

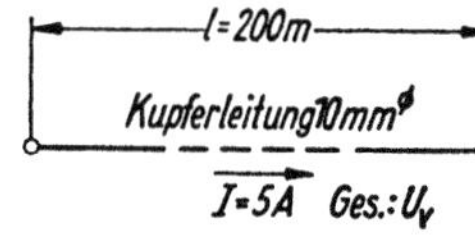

Gesucht: Spannungsverlust U_V

Lösung: $U_V = \frac{I \rho 2 l}{A}$ $\quad U_V = \frac{5\ \text{A} \cdot 0{,}01786\ \frac{\Omega\ \text{mm}^2}{\text{m}} \cdot 2 \cdot 200\ \text{m}}{10\ \text{mm}^2}$

Ergebnis: $U_V = 3{,}57\ \text{V}$

● *Lösungsbeispiel 2:*

Welcher Leiterquerschnitt A muß mindestens gewählt werden, wenn in einer zweiadrigen Kupferleitung von 300 m Länge bei einer Stromstärke von 15 A der Spannungsverlust 5,5 V nicht überschreiten soll?

Gegeben: Leitermaterial: Kupfer
Länge einer Ader $l = 300\ \text{m}$
Stromstärke $I = 15\ \text{A}$
Spannungsverlust $U_V = 5{,}5\ \text{V}$
Aus Tabelle: $\kappa = 56\ \frac{\text{S m}}{\text{mm}^2}$

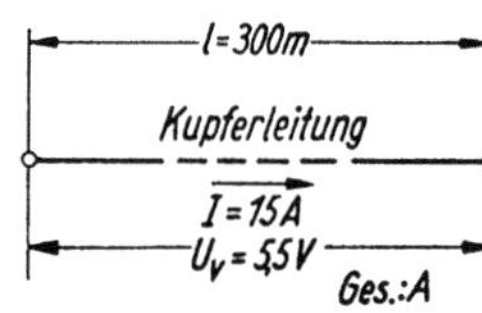

Gesucht: Leiterquerschnitt A

Lösung: $U_V = \frac{I 2 l}{\kappa A}$

$$A = \frac{I 2 l}{\kappa U_V}$$

$$A = \frac{15\ \text{A} \cdot 2 \cdot 300\ \text{m}}{56\ \frac{\text{S m}}{\text{mm}^2} \cdot 5{,}5\ \text{V}} \qquad A = 29{,}22\ \text{mm}^2$$

Ergebnis: Es wird der nächste höhere genormte Querschnitt gewählt: $A = 35\ \text{mm}^2$

148. Die nicht gegebenen Größen sind zu berechnen!

	a)	b)	c)	d)	e)	f)	
U_V =	–	–	2,94	2,4	3,2	5	V
I =	192	8	12	16	64	–	A
l =	300	125	245	42	–	450	m
A =	240	16	–	–	120	70	mm²
ρ =	0,018	0,018	0,0175	–	–	0,028	$\frac{\Omega\ \text{mm}^2}{\text{m}}$
κ =	–	–	–	56	8,53	–	$\frac{\text{S m}}{\text{mm}^2}$

149. Wie groß ist der Spannungsverlust in einer Aluminiumleitung von 26,1 m Länge und einem Querschnitt von 6 mm^2, wenn die Stromstärke 12 A beträgt?

150. Ein Gehöft ist durch eine 300 m lange Kupferleitung an das Stromversorgungsnetz anzuschließen. Die Belastung der Leitung wird mit 50 A veranschlagt. Wie groß muß der Querschnitt der Leitung gewählt werden, wenn der Spannungsverlust in der Leitung 3,56 V nicht überschreiten soll?

151. In einem Einfamilienhaus ist eine 10 m lange Steigleitung aus Aluminiumdraht von 25 mm^2 Querschnitt verlegt. Wie hoch ist der Spannungsverlust in der Steigleitung, wenn sie mit der höchstzulässigen Stromstärke von 69 A belastet wird?

152. Welche Länge hat eine Zinkleitung mit 1,5 mm^2 Querschnitt, wenn der Spannungsverlust bei einer Stromstärke von 5 A 1,75 V beträgt?

153. In einem 380 m langen Kupferkabel mit 95 mm^2 Leiterquerschnitt fließt ein Strom zwischen 12,4 bis 42 A.

a) Wie groß ist der Spannungsverlust in Volt und % bei Lichtbelastung, $U = 220$ V!

b) Genügt der Querschnitt für beide Stromstärken?

154. Welchen Leiterquerschnitt hat ein 1110 m langes Aluminiumkabel, wenn bei einer Stromstärke von 17,4 A der Spannungsverlust 6 V beträgt?

155. Aus welchem Material besteht eine 342 m lange Freileitung mit einem Querschnitt von 120 mm^2, wenn bei einer Stromstärke von 64 A der Spannungsverlust 6,4 V beträgt?

156. Wie groß ist die Stromstärke in einer 225 m langen Zinkleitung, wenn der Leiterquerschnitt 70 mm^2 und der Spannungsverlust 11,54 V betragen?

157. Der Leiterquerschnitt eines Aluminiumkabels von 224 m Länge, ist 70 (95) mm^2. Welcher Spannungsverlust in Volt und % tritt auf bei einer Strombelastung von 35 A, wenn $U = 440$ (230) V ist?

158. Wie groß ist der Spannungsverlust in einem 1740 m langen Aluminiumkabel (Kupferkabel) mit 120 mm^2 Querschnitt, das mit 72 A belastet ist?

159. Welcher Leiterquerschnitt ist für eine Anschlußkupferleitung von 28 m Länge bei einer Belastung von 24 A zu wählen, wenn der Spannungsverlust höchstens 1,07 % von $U = 225$ V sein darf?

160. In einer 120 m langen Kupferleitung von 35 mm^2 Querschnitt schwankt der Spannungsverlust zwischen 6 und 8,7 V. Mit welcher Stromstärke ist die Leitung jeweils belastet?

161. Der Spannungsverlust in einem Aluminiumkabel, $U = 6$ kV, mit einem Leiterquerschnitt von 120 mm^2 beträgt bei einer Stromstärke von 56 A 0,233 %. Berechne die Kabellänge!

162. Nach einer neuerbauten Werkhalle wird ein 100 m langes Kupferkabel mit einem Querschnitt von 35 mm^2 verlegt. Mit welcher Stromstärke kann das Kabel höchstens belastet werden, wenn der Spannungsverlust 7 V nicht überschreiten soll?

163. Jeder Einzeldraht eines 1740 m langen Aluminiumkabels hat einen Querschnitt von 6 mm². Das Hochspannungskabel für 20 kV hat 25 Einzelleiter, deren Stromdichte je 1,9 A/mm² betragen darf!

a) Berechne den Spannungsverlust in Volt und %!

b) Werden die zulässigen Grenzen für Stromhöhe und *U* in % eingehalten?

1.8.4. Leistungsverlust in Leitungen

● *Lösungsbeispiel 1:*

Ein Gehöft ist durch eine 500 m lange Aluminiumleitung (2 Drähten) von je 70 mm² Querschnitt an das Versorgungsnetz angeschlossen. Die voraussichtliche Belastung der Leitung beträgt 20 A. Wie groß ist der Leistungsverlust in der Zuleitung?

Gegeben: Leiterlänge $l = 500$ m
Leiterquerschnitt $A = 70$ mm²
Belastung $I = 20$ A
Leiterwerkstoff: Aluminium

Aus Tabelle: $\rho = 0{,}028 \dfrac{\Omega\,\text{mm}^2}{\text{m}}$

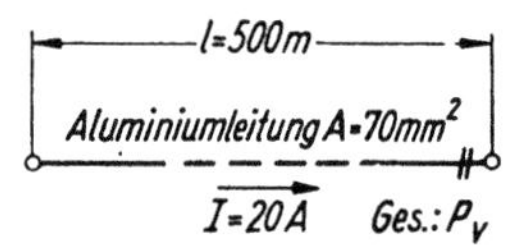

Gesucht: Leistungsverlust P_V

Lösung:

$$P_V = \rho \frac{2l}{A} I^2$$

$$P_V = 0{,}028 \frac{\Omega\,\text{mm}^2}{\text{m}} \cdot \frac{2 \cdot 500\ \text{m}}{70\ \text{mm}^2} \cdot (20\ \text{A})^2$$

$$P_V = \frac{0{,}028 \cdot 2 \cdot 500 \cdot 400}{70}\ \text{V A}$$

Ergebnis: $P_V = 160$ W

● *Lösungsbeispiel 2:*

Mit welcher Stromstärke darf eine Kupferleitung von 400 m Länge und 35 mm² Querschnitt höchstens belastet werden, wenn der Leistungsverlust nicht mehr als 640 Watt betragen darf?

Gegeben: Leitermaterial: Kupfer
Leiterlänge $l = 400$ m
Leiterquerschnitt $A = 35$ mm²
Leistungsverlust $P_V = 640$ W

Aus Tabelle: $\kappa = 56 \dfrac{\text{m}}{\Omega\,\text{mm}^2}$

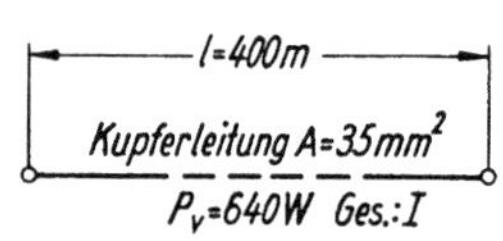

Gesucht: Höchste Stromstärke I

Lösung:

$$P_V = \frac{2lI^2}{\kappa A}$$

$$I = \sqrt{\frac{P_V \kappa A}{2l}}$$

$$I = \sqrt{\frac{640\ \text{W} \cdot 56 \frac{\text{m}}{\Omega\,\text{mm}^2} \cdot 35\ \text{mm}^2}{2 \cdot 400\ \text{m}}}$$

$$I = \sqrt{1568}\ \text{A}$$

Ergebnis: $I = 39{,}6$ A

164. Wie groß ist der Leistungsverlust in einer Aluminiumleitung bei einer Leiterlänge von 12 000 m, wenn die Stromstärke 50 A und der Querschnitt 120 mm² betragen?

165. Berechne den Leistungsverlust in einem Vorschaltwiderstand von 4,5 Ω, wenn die Stromstärke 3 A beträgt!

166. Die nicht gegebenen Größen sind zu berechnen!

	a)	b)	c)	d)	e)	f)	
I =	8	5	60	40	30	–	A
l =	250	60	6000	3500	–	320	m
A =	4	1,5	120	–	10	16	mm²
ρ =	0,018	0,01786	0,028	0,018	0,01786	0,01786	$\frac{\Omega\,mm^2}{m}$
P_V =	–	–	–	1440	630	140	W

167. In einer Kupferleitung von 75 m Länge und 4 mm² Querschnitt fließt ein Strom von 12 A. Berechne den Leistungsverlust in der Leitung!

168. Wie groß ist der Leistungsverlust in einer 105 m langen Kupferleitung von 35 mm² Querschnitt, wenn die Stromstärke 100 A beträgt?

169. Wie groß ist der Widerstand einer Leitung, wenn bei einer Stromstärke von 2,5 A der Leistungsverlust 50 W beträgt?

170. Der Querschnitt für eine 400 m lange Kupferleitung soll unter der Voraussetzung berechnet werden, daß der Leistungsverlust bei einer Stromstärke von 25 A 255 W nicht übersteigen darf.

171. Welche Stromstärke verursacht in einer Leitung mit einem Widerstand von 2,5 Ω einen Leistungsverlust von 40 W? Wie groß wird der Spannungsverlust?

172. Ein Gleichstrommotor für 7,5 kW Nennleistung, $\eta = 0{,}83$, liegt an einem 220-V-Netz. Der Motor ist durch ein 25 m langes Kupferkabel von 16 mm² Querschnitt an die Verteilertafel angeschlossen. Wie hoch sind Spannungsverlust und Leistungsverlust im Anschlußkabel? Welcher Prozentsatz ergibt sich?

173. Nach einem Walzwerk ist eine Kupferleitung von 310 m Länge mit einem Leiterquerschnitt von je 120 mm² verlegt.
a) Welcher Leistungsverlust entsteht in der Leitung bei einer Stromstärke von 143 A?
b) Welcher Kostenverlust entsteht in 30 Tagen bei $K = 0{,}1$ DM/kWh?

174. An einem 15 m langen Kupferkabel wird eine elektrische Kochplatte mit einer Leistungsaufnahme von 880 W bei 220 V betrieben. Wie groß sind U_V und Leistungsverlust in diesem Kabel, dessen Leiterquerschnitte 1,5 mm² betragen?

175. Der Leistungsverlust in einem Widerstand von 2,5 Ω ist 90 W! Berechne die Stromstärke und den Spannungsverlust!

176. Eine Freileitung überbrückt eine Strecke von 4,5 km. Der Querschnitt der 2 Aluminiumseile beträgt je 150 mm^2.
a) Wie groß ist der Leistungsverlust bei einer Stromstärke von 35 A?
b) Welche Leistung wird eingespeist, wenn 3 % verlorengehen?

177. Von einem Gehöft ist nach der Feldscheune eine Kupferfreileitung von 210 m Länge und 16 mm^2 Querschnitt verlegt, die eine Dreschanlage von 12 kW mit Gleichstrom von 220 V versorgt. Berechne
a) den Spannungsverlust,
b) den Leistungsverlust in der Zuleitung,
c) den relativen Spannungs- und Leistungsverlust in %!
d) Welche Spannung muß am Leitungsanfang anliegen?

1.9. Chemische Wirkung des elektrischen Stromes

1.9.1. Elektrolyse

● *Lösungsbeispiel 1:*
Wie groß ist die Silbermenge, die von einem Strom von 10 A in 3 h ausgeschieden wird?

Gegeben: Stoff: Silber
Stromstärke $I = 10$ A
Zeit $t = 3$ h
$t = 10800$ s

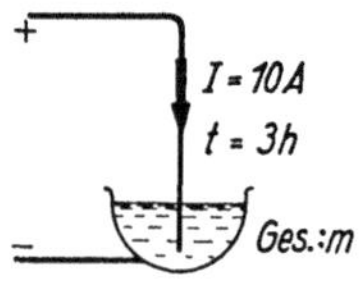

Gesucht: Silbermenge m[1])

Lösung: $m = \ddot{A} I t$ Aus Tabelle: $\ddot{A} = 1{,}118 \frac{\text{mg}}{\text{As}}$

$m = 1{,}118 \frac{\text{mg}}{\text{As}} \cdot 10\ \text{A} \cdot 10800\ \text{s}$

$m = 120\,774$ mg

Ergebnis: $m = 120{,}7$ g

● *Lösungsbeispiel 2:*
Wie groß ist die in 30 min niedergeschlagene Silbermenge, wenn die zu galvanisierende Oberfläche 2 dm^2 groß ist?

Gegeben: Stoff: Silber
Oberfläche $A = 2\ \text{dm}^2$
Stromdauer $t = 30$ min

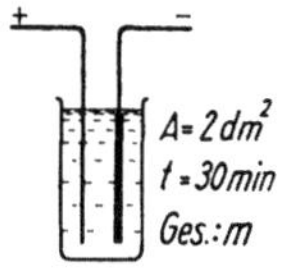

Gesucht: abgeschiedene Stoffmenge m

Lösung: $m = \ddot{A} I t$ Aus Tabelle: $\ddot{A} = 4{,}02 \frac{\text{g}}{\text{Ah}}$

$I = J A$ Aus Tabelle: $J = 0{,}5 \frac{\text{A}}{\text{dm}^2}$

$I = 0{,}5 \frac{\text{A}}{\text{dm}^2} \cdot 2\ \text{dm}^2$ $I = 1$ A

$m = 4{,}02 \frac{\text{g}}{\text{Ah}} \cdot 1\ \text{A} \cdot 0{,}5\ \text{h}$

Ergebnis: $m = 2{,}01$ g

[1]) (Silbermenge m = Gewichtsmasse G)

178. Die nicht gegebenen Größen sind zu berechnen!

	a)	b)	c)	d)	e)	
m =	18 387	11 844	–	2052	9108	mg
I =	–	12	0,5	2,5	–	A
t =	90	–	96	–	200	min
$\ddot{A}$ =	0,681	0,329	0,178	0,304	0,506	$\frac{\text{mg}}{\text{As}}$

179. Wie groß ist die in 10 min niedergeschlagene Kupfermenge bei einer Stromstärke von 1,2 A?

180. Ein Silberspiegel mit einer Fläche von 20 cm · 25 cm soll galvanisch neu belegt werden. Wie lange muß der Strom eingeschaltet sein, wenn 16,77 g niedergeschlagen werden sollen?

181. Einer Kupferplatte mit einem Gewicht von 31,56 g soll soviel Kupfer aufgetragen werden, daß ihr Gewicht 150 g beträgt. Die Gesamtoberfläche ist 50 dm². Wie lange muß der Strom eingeschaltet sein?

182. Ein Blech mit einer Oberfläche von 150 dm² soll vernickelt werden. In welcher Zeit werden 1390,5 mg Nickel niedergeschlagen?

1.9.2. Reihenschaltung von Elementen

● *Lösungsbeispiel 1:*

3 Elemente mit der gleichen Klemmenspannung von 1,5 V sind hintereinandergeschaltet. Wie groß ist die Klemmenspannung der Batterie?

Gegeben: Klemmenspannung eines Elementes U = 1,5 V
Anzahl der Elemente n = 3

Gesucht: Klemmenspannung U_k

Lösung: $U_{ges} = n\,U$
$U_{ges} = 3 \cdot 1{,}5$ V
$U_{ges} = 4{,}5$ V

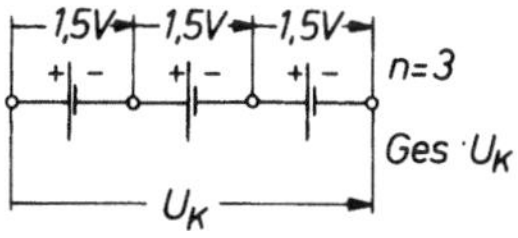

● *Lösungsbeispiel 2:*

Eine Batterie von 4 hintereinandergeschalteten Elementen mit einer Urspannung von je 1,5 V und einem inneren Widerstand von je 0,3 Ω ist an einen Widerstand von 13,8 Ω angeschlossen. Berechne die Stromstärke im Stromkreis!

Gegeben: Urspannung je Element E = 1,5 V
Innerer Widerstand je Element R_i = 0,3 Ω
Äußerer Widerstand R_a = 13,8 Ω
Anzahl der Elemente n = 4
Reihenschaltung

Gesucht: Stromstärke I

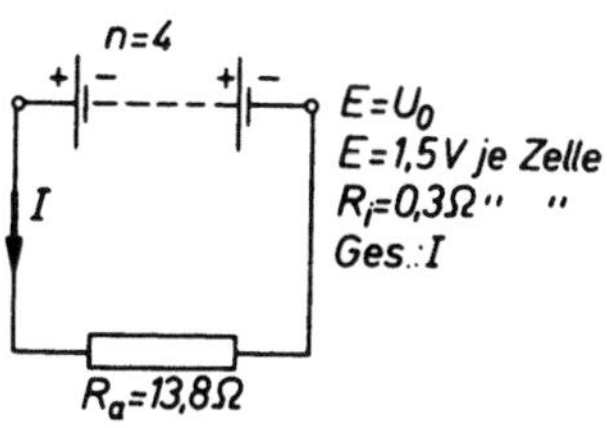

Lösung:

$$I = \frac{nE}{R_a + nR_i}$$

$$I = \frac{4 \cdot 1{,}5\ \text{V}}{13{,}8\ \Omega + 4 \cdot 0{,}3\ \Omega}$$

$$I = \frac{6\ \text{V}}{15\ \Omega}$$

Ergebnis: $I = 0{,}4\ \text{A}$

● *Lösungsbeispiel 3:*

Wieviel Elemente müssen hintereinandergeschaltet werden, wenn die Urspannung jedes Elementes 1,5 V, sein innerer Widerstand 0,2 Ω beträgt und im Stromkreis mit dem äußeren Widerstand von 14 Ω ein Stromfluß von 0,5 A zustande kommen soll?

Gegeben: Urspannung eines Elementes $E = 1{,}5$ V
Innerer Widerstand eines Elements $R_i = 0{,}2\ \Omega$
Gesamter äußerer Widerstand $R_a = 14\ \Omega$
Stromstärke $I = 0{,}5$ A

Gesucht: Anzahl der Elemente n

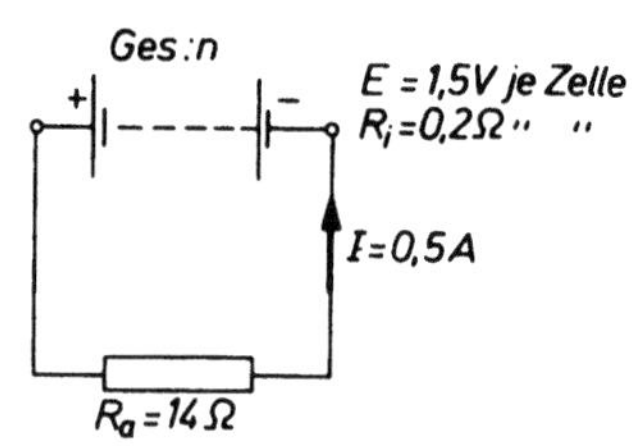

Lösung:

$$I = \frac{nE}{R_a + nR_i}$$

$$IR_a + InR_i = nE$$

$$nE - nIR_i = IR_a$$

$$n(E - IR_i) = IR_a$$

$$n = \frac{IR_a}{E - IR_i}$$

$$n = \frac{0{,}5\ \text{A} \cdot 14\ \Omega}{1{,}5\ \text{V} - 0{,}5\ \text{A} \cdot 0{,}2\ \Omega}$$

$$n = \frac{7\ \text{V}}{1{,}5\ \text{V} - 0{,}1\ \text{V}}$$

$$n = \frac{7\ \text{V}}{1{,}4\ \text{V}}$$

Ergebnis: $n = 5$

183. Die nicht gegebenen Werte sind zu berechnen!

	a)	b)	c)	d)	e)	f)	g)	
I =	–	–	–	0,5	0,6	0,3	0,203	A
E =	1,5	1,5	1,0	1,2	1,1	1,5	–	V
R_i =	0,5	1,0	0,6	0,8	1,2	0,9	0,7	Ω
R_a =	18	7,0	17,6	8,0	3,8	41,0	57,2	Ω
n =	4	3	4	–	–	–	8	

184. 4 Elemente mit einer Spannung von je 1,5 V sind hintereinandergeschaltet. Wie groß ist die Klemmenspannung der Batterie?

185. 5 Elemente mit einer Spannung von je 1,2 V bilden in Reihenschaltung eine Batterie. Wie groß ist ihre Klemmenspannung bei $I = 0{,}6$ A und $R_i = 0{,}2\ \Omega$ je Element?

186. 4 Elemente mit je 1,5 V und einem inneren Widerstand von 0,75 Ω bilden in Reihenschaltung eine Batterie. Wie groß ist die Stromstärke bei einem äußeren Widerstand von 17 Ω?

187. Wieviel Elemente mit einer Urspannung von je 1,5 V müssen in einem Stromkreis hintereinandergeschaltet werden, wenn der äußere Widerstand des Stromkreises 14,4 Ω und der innere Widerstand je Element 1,2 Ω betragen und ein Strom von 0,25 A fließen soll?

188. Wie groß ist die Stromstärke in einem Stromkreis, den eine Batterie aus 2 hintereinandergeschalteten Elementen mit einem inneren Widerstand von je 0,8 Ω und einer Urspannung von je 1,6 V speist? Äußerer Widerstand 6,4 Ω.

189. Aus wieviel hintereinandergeschalteten Elementen besteht eine Batterie, die in einem Stromkreis von 72,5 Ω äußeren Widerstand einen Strom von 0,1 A betreibt? Die Urspannung beträgt 1,6 V je Element und der innere Widerstand 1,5 Ω je Element.

190. In einem Stromkreis von 78 Ω äußeren Widerstand soll ein Strom von 0,2 A fließen.
a) Wieviel Elemente sind hintereinanderzuschalten, wenn je Element die Urspannung 1,5 V und der innere Widerstand 1,0 Ω betragen?
b) Auf welchen Wert fällt der Strom ab, wenn die Elementspannung mit dem Alter auf 1,2 V abfällt, dagegen R_i auf 1,4 Ω ansteigt?

1.9.3. Parallelschaltung von Elementen

● *Lösungsbeispiel 1:*

Eine Batterie von 4 parallelgeschalteten, gleichartigen Elementen, von denen jedes eine Urspannung von 1,5 V erzeugt und einen inneren Widerstand von 0,6 Ω hat, liegt an einem Stromkreis mit 0,3 Ω Widerstand.

Berechne
a) die Stromstärke im Stromkreis,
b) die Strombelastung des einzelnen Elements!

Gegeben: Urspannung $E = 1{,}5$ V je Element
Innerer Widerstand $R_i = 0{,}6\ \Omega$ je Element
Äußerer Widerstand $R_a = 0{,}3\ \Omega$
Anzahl der Elemente $n = 4$
Parallelschaltung

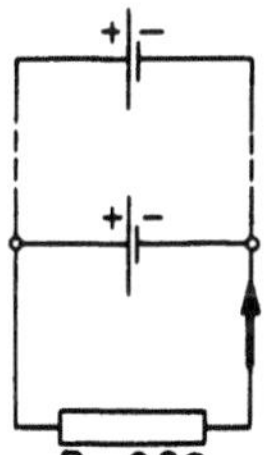

Gesucht: Stromstärke I_{ges}
Stromstärke je Element I

Lösung: a) $I_{ges} = \dfrac{E}{R_a + \dfrac{R_i}{n}}$

$$I_{ges} = \frac{1{,}5\ \text{V}}{0{,}3\ \Omega + \dfrac{0{,}6\ \Omega}{4}} \qquad I_{ges} = \frac{1{,}5\ \text{V}}{0{,}45\ \Omega}$$

Ergebnis: $I_{ges} = 3{,}33$ A

Lösung: b) $I = \frac{I_{ges}}{4}$

$$I = \frac{3{,}33\ \text{A}}{4}$$

Ergebnis: $I = 0{,}83$ A

● *Lösungsbeispiel 2:*

Wieviel Elemente müssen parallelgeschaltet werden, wenn die Urspannung eines einzelnen Elementes 1,6 V, sein innerer Widerstand 0,6 Ω, der äußere Widerstand 0,12 Ω und die Stromstärke 5 A betragen?

Gegeben: Urspannung eines Elementes $E = 1{,}6$ V
Innerer Widerstand eines Elementes $R_i = 0{,}6\ \Omega$
Äußerer Widerstand $R_a = 0{,}12\ \Omega$
Stromstärke $I = 5$ A

Gesucht: Anzahl der Elemente n

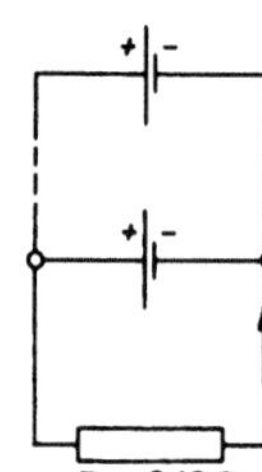

Lösung:

$$I = \frac{E}{R_a + \frac{R_i}{n}}$$

$$IR_a + I\frac{R_i}{n} = E$$

$$I\frac{R_i}{n} = E - IR_a$$

$$\frac{1}{n} = \frac{E - IR_a}{IR_i}$$

$$n = \frac{IR_i}{E - IR_a}$$

$$n = \frac{5\ \text{A} \cdot 0{,}6\ \Omega}{1{,}6\ \text{V} - 5\ \text{A} \cdot 0{,}12\ \Omega}$$

$$n = \frac{3\ \text{V}}{1{,}6\ \text{V} - 0{,}6\ \text{V}}$$

$$n = \frac{3\ \text{V}}{1\ \text{V}}$$

Ergebnis: $n = 3$

191. Die nicht gegebenen Größen sind zu berechnen!

	a)	b)	c)	d)	e)	f)	g)	
I =	–	–	1	1	0,5	0,8	0,3	A
E =	1,2	1,4	–	1,5	1,5	1,6	0,96	V
R_i =	1,6	2,0	2,4	0,9	1,2	–	2,2	Ω
R_a =	0,4	1,0	0,9	1,2	–	1,5	2,1	Ω
n =	4	5	4	–	6	3	–	

192. Wieviel Elemente mit einer Urspannung von 1,2 V und einem inneren Widerstand von 0,8 Ω müssen parallelgeschaltet werden, wenn die Stromstärke 0,5 A in einem äußeren Widerstand von 2 Ω betragen soll?

193. Wie groß wird die Stromstärke, wenn der äußere Widerstand des Stromkreises 0,5 Ω und 6 Elemente mit je 1,6 V Urspannung und einem inneren Widerstand von je 0,8 Ω parallelgeschaltet sind?

194. Wieviel Elemente müssen parallelgeschaltet werden, wenn die Urspannung je Element 1,5 V, der innere Widerstand je 2,4 Ω und die Stromstärke im Stromkreis 1 A betragen soll? Widerstand des äußeren Stromkreises: 1,1 Ω.

195. 3 Elemente mit je 1,2 V Urspannung und einem inneren Widerstand von je 2,7 Ω sind parallelgeschaltet. Der äußere Widerstand des Stromkreises beträgt 0,6 Ω. Wie groß ist die Stromstärke im Stromkreis?

196. Welcher Strom fließt in einem Stromkreis mit dem äußeren Widerstand von 2 Ω, wenn 6 Elemente mit einem inneren Widerstand von 2,4 Ω und einer Urspannung von 1,6 V je Element parallelgeschaltet sind?

1.9.4. Gemischte Schaltung von Elementen

Diese Schaltung kommt zur Anwendung, wenn bei höherer Leistung am Außenwiderstand R_a der Spannungsverlust in der Batterie U_{vi} klein gehalten werden muß. Bei gemischter Schaltung findet man m und n bei gegebener Anzahl X (Gesamtzahl der Elemente = X), aus dem Verhältnis von R_i und R_a!

$m = \sqrt{X \frac{R_i}{R_a}}$ und $n = \sqrt{X \frac{R_a}{R_i}}$, also $R_i : R_a$ wird umgekehrt! $m \mathrel{\hat{=}}$ Anzahl der parallelen Zweige

Nun ergibt sich für diese Schaltung $I_{ges} = \dfrac{nE}{R_a + \dfrac{nR_i}{m}}$.

● *Lösungsbeispiel:*

Für eine Batterie stehen $X = 18$ Elemente zur Verfügung. Die Urspannung je Element ist 1,5 V, der innere Widerstand jeweils 2 Ω, außen wird die Batterie mit 4 Ω belastet.

Gegeben: Urspannung $E = 1{,}5$ V je Element
Innerer Widerstand $R_i = 2\ \Omega$ je Element
Äußerer Widerstand $R_a = 4\ \Omega$
Gesamtzahl aller Elemente $X = 18$ Elemente

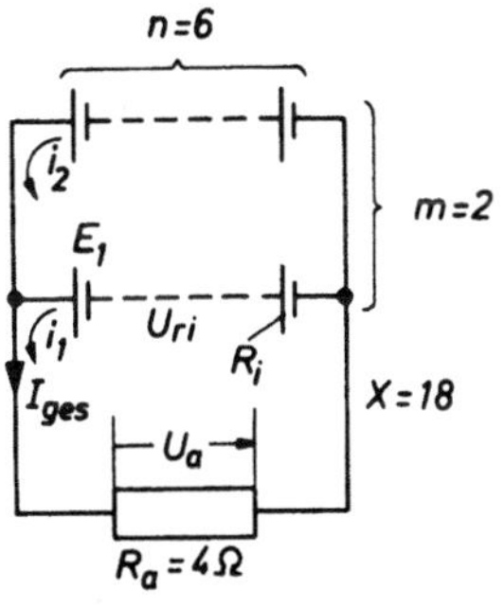

Gesucht: a) I, U_{vi}, U an R_a und P an R_a, wenn alle Elemente in Reihe geschaltet sind!

b) Werden alle Elemente parallelgeschaltet, wie groß sind dann I_{ges}, U_{vi}, U_{Ra} und P_{Ra}?

c) Berechne für eine gemischte Schaltung m und n aus X und daraus I_{ges}, U_{vi}, U an R_a und P an R_a!

d) Was ist aus den 3 Rechengängen zu erkennen?

Lösung a):

$$I = \frac{nE}{R_a + nR_i}$$

$$I = \frac{18 \cdot 1{,}5\ \text{V}}{4\ \Omega + 18 \cdot 2\ \Omega}$$

$$I = \frac{27\ \text{V}}{40\ \Omega}$$

$$I = 0{,}675\ \text{A}$$

$$U_{vi} = IR_{ig}$$

$$U_{vi} = 0{,}675\ \text{A} \cdot 36\ \Omega$$

$$U_{vi} = 24{,}3\ \text{V}$$

$$U_{Ra} = E - U_{vi}$$

$$U_{Ra} = 27\ \text{V} - 24{,}3\ \text{V}$$

$$U_{Ra} = 2{,}7\ \text{V}$$

$$P_{Ra} = U_{Ra} I$$

$$P_{Ra} = 2{,}7\ \text{V} \cdot 0{,}675\ \text{A}$$

Ergebnis: $P_{Ra} = 1{,}82\ \text{W}$

Lösung b)

$$I = \frac{E}{R_a + \frac{R_i}{m}}$$

$$I_{ges} = \frac{1{,}5\ \text{V}}{4\ \Omega + \frac{2\ \Omega}{18}}$$

$$I_{ges} = \frac{1{,}5\ \text{V}}{4{,}1111\ \Omega}$$

$$I_{ges} = 0{,}365\ \text{A}$$

$$U_{vi} = IR_{ig}$$

$$U_{vi} = 0{,}365\ \text{A} \cdot 0{,}1111\ \Omega$$

$$U_{vi} = 0{,}0405\ \text{V}$$

$$U_{Ra} = E - U_{vi}$$

$$U_{Ra} = 1{,}5\ \text{V} - 0{,}0405\ \text{V}$$

$$U_{Ra} = 1{,}4595\ \text{V}$$

$$P_{Ra} = U_{Ra} I_{ges}$$

$$P_{Ra} = 1{,}4595\ \text{V} \cdot 0{,}365\ \text{A}$$

Ergebnis: $P_{Ra} = 0{,}53\ W$

Lösung c)

$$n = \sqrt{X \frac{R_a}{R_i}} \qquad m = \sqrt{X \frac{R_i}{R_a}}$$

$$n = \sqrt{18 \cdot \frac{4\ \Omega}{2\ \Omega}} \qquad m = \sqrt{18 \cdot \frac{2\ \Omega}{4\ \Omega}}$$

$$n = \sqrt{36} \qquad m = \sqrt{9}$$

$n = 6$ Elemente in Reihe $\qquad m = 3$ Elementreihen parallel

$$I_{ges} = \frac{nE}{R_a + \frac{nR_i}{m}}$$

$$I_{ges} = \frac{6 \cdot 1{,}5\ \text{V}}{4\ \Omega + \frac{6 \cdot 2\Omega}{3}}$$

$$I_{ges} = \frac{9\ \text{V}}{8\ \Omega}$$

$$I_{ges} = 1{,}125\ \text{A}$$

$$U_{vi} = I_{ges} R_{ig}$$

$$U_{vi} = 1{,}125\ \text{A} \cdot 4\ \Omega$$

$$U_{vi} = 4{,}5\ \text{V}$$

$$U_{Ra} = E - U_{vi}$$

$$U_{Ra} = 9 - 4{,}5$$

$$U_{Ra} = 4{,}5\ \text{V}$$

$$P_{Ra} = U_{Ra} I_{ges}$$

$$P_{Ra} = 4{,}5\ \text{V} \cdot 1{,}125\ \text{A}$$

Ergebnis: $P_{Ra} = 5{,}06\ \text{W}$

Lösung d): Das Beispiel zeigt: Bei Parallelschaltung ist zwar U_{vi} niedriger, doch auf Grund der geringen Spannung fließt der geringste Strom. Nur wenn m und n dem Verhältnis aus R_i und R_a angepaßt sind, erreicht man den höchsten Strom und damit die höchstmögliche Leistung!

197. Es stehen für eine Signalanlage 20 Elemente mit $E = 1{,}2$ V Urspannung je Element, bei R_i jeweils 1 Ω zur Verfügung! Der Außenwiderstand ist 5 Ω.
a) Wie hoch sind Strom, Spannung und Leistung am Außenwiderstand bei Reihenschaltung aller Elemente?
b) Berechne die vorgenannten Werte für reine Parallelschaltung!
c) Es soll an R_a die höchste Leistung auftreten! Zu berechnen sind m, n, I_{ges}, U an R_a und P an R_a!

198. Eine Alarmanlage soll für das Läutewerk, $R_a = 3$ Ω, eine Batterie erhalten. Zur Verfügung stehen 24 Trockenelemente, $E = 1{,}5$ V und $R_i = 0{,}5$ Ω, je Element. Der Monteur erprobt etliche Schaltungsmöglichkeiten, bis das Läutewerk laut genug anschlägt.
a) Wie groß sind Strom, U_k und Leistung an R_a, wenn alle Elemente in Reihe liegen?
b) Welche Werte ergeben sich, wenn alle Elemente parallelgeschaltet sind?
c) Durch welche Schaltung erreicht der Monteur den höchsten Strom in R_a, und wie hoch sind dann U_k und Leistung?

1.9.5. Ladestromstärke von Sammlern

● *Lösungsbeispiel:*
Wie groß ist die zulässige Ladestromstärke eines Akkumulators, dessen 5 positive Platten eine Oberfläche von je 3,2 dm² haben, wenn die höchstzulässige Belastbarkeit (Stromdichte) $J = 0{,}75$ A/dm² beträgt?

Gegeben: Anzahl der positiven Platten $n = 5$
Fläche je Platte $A = 3{,}2$ dm²
Belastbarkeit $J = 0{,}75$ A/dm²

Gesucht: Zulässige Ladestromstärke I

Lösung: $I = nAJ$
$$I = 5 \cdot 3{,}2\ \text{dm}^2 \cdot 0{,}75\ \frac{\text{A}}{\text{dm}^2}$$

Ergebnis: $I = 12$ A

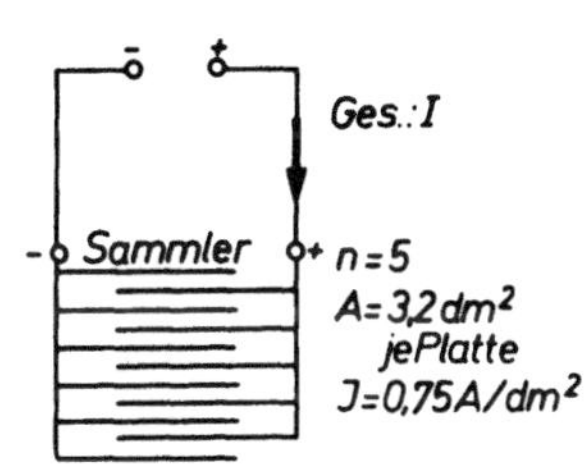

199. Die nicht gegebenen Größen sind zu berechnen.

	a)	b)	c)	d)	e)	f)	g)	
A =	1,5	2,4	1,2	8,4	–	–	4,5	dm²
n =	2	3	–	–	3	2	4	
J =	0,7	0,65	0,7	0,75	0,75	0,75	–	A/dm²
I =	–	–	4,2	44,1	7,2	1,2	12,4	A

200. Wie groß ist die maximale Ladestromstärke einer Akkumulatorenbatterie, wenn in jeder Zelle 3 positive Platten mit einer Oberfläche von je 4,2 dm² vorhanden sind und die Stromdichte 0,6 A/dm² der Plattenoberfläche nicht überschritten werden soll?

201. Bestimme die Stromdichte, wenn die höchstzulässige Ladestromstärke des Sammlers mit 3,46 A angegeben ist und je Zelle 2 positive Platten mit einer Oberfläche von je 2,4 dm² vorhanden sind!

202. Wie groß muß die Plattenoberfläche der positiven Platten sein, wenn die elektrische Belastung 0,7 A/dm^2 Plattenoberfläche und die maximale Ladestromstärke bei 2 Platten 4,9 A beträgt?

203. Eine Sammlerbatterie hat je Zelle 3 positive Platten mit einer wirksamen Oberfläche von je 2,4 dm^2. Wie groß ist die maximale Ladestromstärke dieser Batterie, wenn die höchstzulässige Belastung 0,75 A/dm^2 beträgt?

204. Für eine Sammlerbatterie ist die maximale Ladestromstärke mit 21,7 A angegeben. Die Batterie hat je Zelle 5 positive Platten mit einer wirksamen Oberfläche von je 5,6 dm^2. Wie groß ist die elektrische Oberflächenbelastung?

1.9.6. Kapazität von Sammlern

- *Lösungsbeispiel:*

Eine Akkumulatorenbatterie hat eine Kapazität von 65 Ah bei 13 A Stromentnahme. Wieviel Stunden kann diese Batterie in Betrieb sein?

Gegeben: Kapazität $C = 65$ Ah
Stromstärke $I = 13$ A

Gesucht: Entladezeit t

Lösung: $C = It$

$$t = \frac{C}{I} \qquad t = \frac{65 \text{ Ah}}{13 \text{ A}}$$

Ergebnis: $t = 5$ h

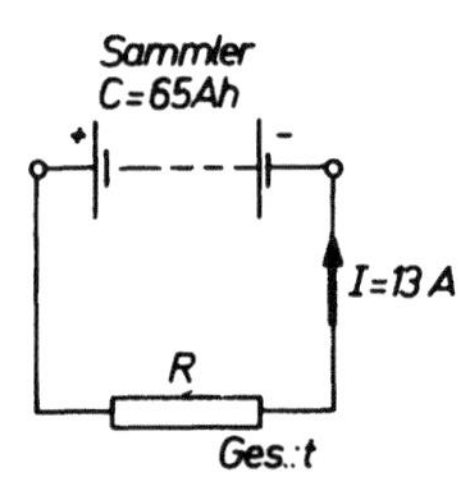

205. Wie groß ist die Kapazität eines Sammlers, wenn 10 h und 50 min lang 6 A entnommen werden können?

206. Ein Sammler mit einer Kapazität von 120 Ah wird gleichbleibend mit 0,4 A entladen. Wie lange dauert die Entladung?

207. Ein Sammler speist 15 d lang eine Anlage mit einer gleichbleibenden Stromstärke von 1,3 A. Wie groß ist die Kapazität des Sammlers?

208. Ein Sammler mit einer Kapazität von 120 Ah speist eine Alarmanlage mit einem Ruhestrom $I = 140$ mA. Nach welcher Zeit muß der Sammler wieder aufgeladen werden?

1.9.7. Spannung von Sammlern

- *Lösungsbeispiel 1:*

Eine Bleisammlerbatterie mit einer Nennspannung von 60 V hat 30 Zellen und soll über einen Vorschaltwiderstand von 5 Ω aus einer Spannungsquelle mit einer Klemmenspannung von 110 V aufgeladen werden.

a) Wie groß ist die Ladestromstärke zu Beginn der Ladung?
b) Wie groß ist die Ladestromstärke am Ende der Ladung?

Gegeben: Batterie-Nennspannung $U_b = 60$ V
Zellenzahl $n = 30$
für Bleisammler: $U_{b\,max} = 2{,}75$ V
$U_{b\,min} = 1{,}83$ V
Vorschaltwiderstand $R_v = 5\ \Omega$
Klemmenspannung des Ladegerätes $U = 110$ V

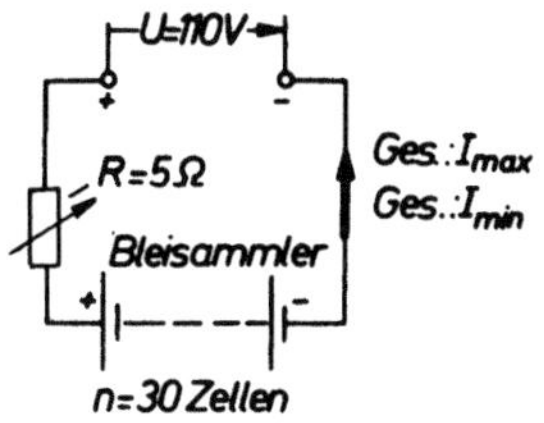

Gesucht: a) Stromstärke I_{max}
b) Stromstärke I_{min}

Lösung a): $$I = \frac{U - U_b}{R_v}$$

$$I_{max} = \frac{U - U_{b\,min}}{R_v}$$

$U_{b\,max} = 1{,}83$ V/Zelle · 30 Zellen $U_{b\,min} = 54{,}9$ V

$$I_{max} = \frac{110\text{ V} - 54{,}9\text{ V}}{5\ \Omega}$$

$$I_{max} = \frac{55{,}1\text{ V}}{5\ \Omega}$$

Ergebnis: $I_{max} = 11{,}0$ A

Lösung b): $$I_{min} = \frac{U - U_{b\,max}}{R_v}$$

$U_{b\,max} = 2{,}75$ V/Zelle · 30 Zellen $U_{b\,max} = 82{,}5$ V

$$I_{min} = \frac{110\text{ V} - 82{,}5\text{ V}}{5\ \Omega}$$

$$I_{min} = \frac{27{,}5\text{ V}}{5\ \Omega}$$

Ergebnis: $I_{min} = 5{,}5$ A

● *Lösungsbeispiel 2:*

Eine Stahlsammlerbatterie mit einer Nennspannung von 42 V hat 35 Zellen zu je 1,2 V. Sie soll über einen veränderbaren Vorschaltwiderstand mit einer Ladestromstärke von 5 A aufgeladen werden. Wie groß muß der Gesamtwiderstand sein, wenn die Spannungsquelle eine Spannung von 72 V liefert? In welchen Grenzen muß der Widerstand einstellbar sein?

Gegeben: Batterie-Nennspannung $U_b = 42$ V
Zellenzahl $n = 35$ Zellen
Stahlsammler $U_{b\,max} = 1{,}85$ V
$U_{b\,min} = 0{,}90$ V
Ladestromstärke $I = 5$ A
Klemmenspannung des Ladegerätes $U = 72$ V

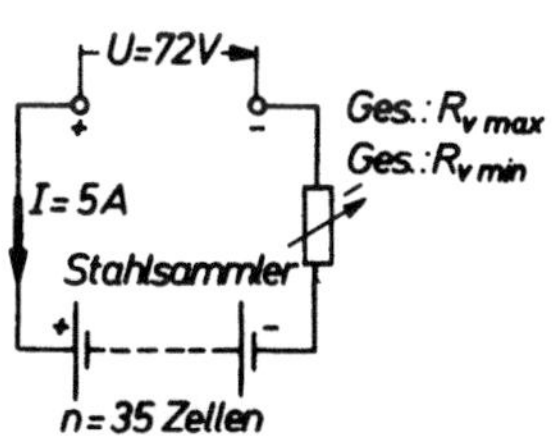

Gesucht: a) Gesamtwiderstand $R_{v\,max}$
b) Minimum des Stellbereiches $R_{v\,min}$

Lösung a): $R_v = \frac{U - U_b}{I}$

$R_{v\,max} = \frac{U - U_{b\,min}}{I}$

$U_{b\,min} = 0{,}90\ \text{V/Zelle} \cdot 35\ \text{Zellen}$ $\qquad U_{b\,min} = 31{,}5\ \text{V}$

$R_{v\,max} = \frac{72\ \text{V} - 31{,}5\ \text{V}}{5\ \text{A}}$

$R_{v\,max} = \frac{40{,}5\ \text{V}}{5\ \text{A}}$

Ergebnis: $R_{v\,max} = 8{,}1\ \Omega$

Lösung b): $R_{v\,min} = \frac{U - U_{b\,max}}{I}$

$U_{b\,max} = 1{,}85\ \text{V/Zelle} \cdot 35\ \text{Zellen}$ $\qquad U_{b\,max} = 64{,}75\ \text{V}$

$R_{v\,min} = \frac{72\ \text{V} - 64{,}8\ \text{V}}{5\ \text{A}}$

$R_{v\,min} = \frac{7{,}25\ \text{V}}{5\ \text{A}}$

Ergebnis: $R_{v\,min} = 1{,}45\ \Omega$

209. Eine Bleisammlerbatterie mit einer Nennspannung von 24 V bei 12 Zellen soll über einen Vorschaltwiderstand von einer Spannungsquelle mit einer Klemmenspannung von 60 V mit 4 A geladen werden. Wieviel Widerstand muß vorgeschaltet werden:

a) zu Beginn der Ladung,

b) am Ende der Ladung?

210. Die Größen, die den Leerfeldern entsprechen, sind zu berechnen.

	a)	b)	c)	d)	e)	f)	g)	
$C =$	105	–	–	60	–	–	–	Ah
$I =$	30	3	–	–	3	19	–	A
$t =$	–	–	–	5	–	5	–	h
$U =$	–	42	40	–	60	–	72	V
$U_b =$	–	33	36	–	48	–	68	V
$R_v =$	–	–	2	–	–	–	0,5	Ω

211. Ein Bleisammler mit 3 Zellen soll an einer Gleichspannung von 12 V geladen werden. Am Ende der Ladung ist die Größe des Vorschaltwiderstandes 1 Ω. Wie lange dauert bei gleichbleibender Stromstärke die Ladung, wenn die Kapazität des Sammlers 75 Ah beträgt? Wie groß war der Vorschaltwiderstand zu Beginn der Ladung?

212. Ein Stahlsammler, bestehend aus 10 Zellen, soll an einer Gleichspannung von 20 V über einen Widerstand von 1 Ω aufgeladen werden. Wie groß ist die Ladestromstärke

a) zu Beginn der Ladung,

b) am Ende der Ladung?

213. Ein Sammler hat am Ende der Ladung eine Spannung $U_{b\,max} = 35{,}15$ V. Wie groß ist der Vorschaltwiderstand, wenn am Ende der Ladung bei einer Klemmenspannung von 42 V ein Ladestrom von 4,5 A fließt? Wie groß ist bei unverändertem Vorschaltwiderstand die Ladestromstärke zu Beginn der Ladung?

214. Eine Notlichtbatterie (Bleisammler) mit 24 Zellen soll durch Stahlsammler (160 Ah) ersetzt werden.
a) Wieviel Zellen muß die neue Batterie haben?
b) Wie groß war die maximale Batteriespannung?
c) Wie groß ist die neue maximale Batteriespannung?
d) In wieviel Stunden ist die Batterie, bei 11,5 A mittlerer Ladestromstärke und $\eta = 0{,}6$, geladen?

1.10. Leistung und Arbeit des elektrischen Stromes

1.10.1. Elektrische Leistung

● *Lösungsbeispiel:*

Mit einem Leistungsmesser wird die Leistung eines Heizgerätes gemessen. Sie beträgt 1588,04 W. Das Heizgerät hat einen Widerstand von 116 Ω. Welche Stromstärke erfordert das Gerät?

Gegeben: Leistung $P = 1588{,}04$ W
Widerstand $R = 116\ \Omega$

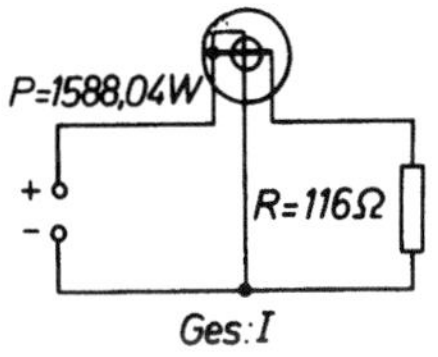

Gesucht: Stromstärke I

Lösung: $P = I^2 R$

$$I^2 = \frac{P}{R}$$

$$I = \sqrt{\frac{P}{R}}$$

$$I = \sqrt{\frac{1588{,}04\ \text{W}}{116\ \Omega}}$$

$$I = \sqrt{13{,}69}\ \text{A}$$

Ergebnis: $I = 3{,}7$ A

215. Welcher Strom fließt in der Steigleitung eines Wohnhauses bei 220 V Spannung, wenn nachstehende Verbraucher eingeschaltet werden? 2 Glühlampen von je 15 W, 5 Glühlampen von je 40 W, 2 Glühlampen von je 60 W, 1 Kochplatte von 500 W.

216. In einem Werk werden 300-MW-Turbogeneratoren für 6 kV gebaut. Wieviel kW sind das und mit welchem Strom sind sie belastbar?

217. Im Stromrichterlabor eines großen Werkes wurden Stromrichter für 100 kV und 600 A entwickelt. Für welche Leistung sind sie bestimmt?

218. In einer Spezialfabrik wird ein Vibrations-Massage-Gerät gefertigt, das bei einer Spannung von 110 V eine Leistung von 40 W aufweist. Wie groß müßte ein Vorwiderstand sein, wenn das Gerät an 220 V angeschlossen werden soll?

219. Im Institut für Hochspannungstechnik einer Hochschule wurde ein Bandgenerator für 2,4 MV und 1 mA gebaut. Welche Leistung kann der Generator abgeben?

220. Eine elektrische Güterzuglokomotive 120 t Co-Co besitzt sechs Reihenschlußmotoren mit einer Leistung von je 530 kW. Welcher Gesamtstrom fließt bei einer Fahrdrahtspannung von 3000 V?

221. Ein Strommesser für 6 A/1 W soll Stromstärken bis 40 A messen. Wieviel Ohm muß ein parallelgeschalteter Nebenwiderstand haben?

222. Wieviel Ohm Innenwiderstand besitzt ein Schalttafelinstrument, das bei einem Instrumentenstrom von 59 mA Spannung bis 60 V messen kann?

223. Ein Thermoelektrogenerator setzt Wärme in elektrische Energie um. Er dient als Spannungsquelle für Rundfunkgeräte und liefert eine Heizspannung von 1,8...2,2 V bei 0,5 A oder 1,1 ... 1,4 V bei 0,52 A. Zwischen welchen Grenzen liegt die von dem Thermoelektrogenerator abgegebene Leistung?

224. In einem Hochspannungslabor befindet sich für Isolationsprüfungen ein Stoßgenerator, der bei einer Spannung von $4{,}3 \cdot 10^6$ V eine Energie von 165 kWs abgibt.

a) Wie groß ist die Leistung, wenn sie von dem Generator in 0,15 s abgegeben wird?
b) Wie hoch ist die während dieser Zeit bestehende mittlere Stromstärke?

225. Eine elektrisch betriebene Beregnungsanlage hat bei der Beregnung von 1 ha und einem Wasserverbrauch von 1800 m^3 jährlich eine Energieaufnahme von 735 kWh. Welche Leistung nimmt die Anlage auf, wenn sie an 250 d im Jahr je 8 h in Betrieb ist?

226. Ein Gleichstrommotor nimmt an 220 V 0,37 A (8,15 A) auf! Wie groß ist die von dem Motor aufgenommene Leistung in Watt?

227. Mit einem Aggregat werden zwei Bohrmaschinen 1 kW, 125 V und 600 W, 125 V gespeist. Welcher Strom fließt durch den Generator, wenn beide Maschinen in Betrieb sind?

228. Ein Druckgas-Säulenschalter kann bei einer Nennspannung von 110 kV mit einem Nennstrom von 1250 A belastet werden. Die im Kurzschlußfall abschaltbare Leistung beträgt 4000 MW. Wieviel Prozent dieser Abschaltleistung beträgt die Nennleistung?

229. Eine Küchenmaschine nimmt eine Leistung von 150 W auf. Sie kann an 220 V und nach Umschaltung an 110 V angeschlossen werden. Welcher Strom fließt bei beiden Spannungen?

Ein Druckgas-Wandschalter hat eine maximale Abschaltleistung von 1500 MW. Welche Stromstärke besteht in diesem Fall, wenn die Spannung 30 kV beträgt?

Zur Formung plastischer Massen hat ein Patronenheizkörper bei einer Nennspannung von 220 V (380 V) eine Nennaufnahme von 3200 W. Ermittle

a) den Widerstand und

b) die Stromaufnahme des Patronenheizkörpers!

Bei einer Netzspannung von 220 V nimmt ein Bügeleisen einen Strom von 2 A auf.

a) Wie groß ist der Widerstand des Bügeleisens?

b) Wieviel Ampere fließen durch den Heizwiderstand, wenn in den Spitzenbelastungszeiten das Bügeleisen eingeschaltet ist und die Netzspannung nur 194 V beträgt?

c) Welche Auswirkungen haben die geringe Spannung und die dabei niedrigere Stromstärke auf die Leistung des Bügeleisens?

3. Im Einschaltmoment liegt eine Betriebsspannung U_B = 230 V an den Widerständen R_i = 0,1 Ω und R_{anl} = 2,9 Ω. Berechne den Anlaufstrom I_A, die Teilspannungen U_A und U_i, sowie die kurzzeitig aufgenommene Leistung P_v des Anlassers!

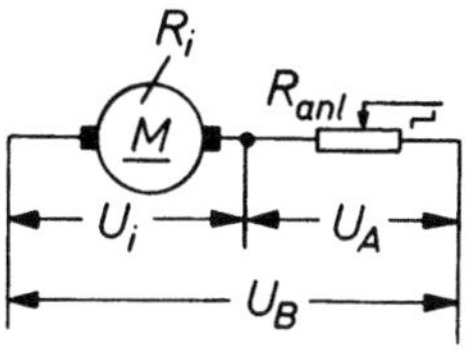

34. Ein Heizlüfter soll anstelle von 1000 W nur noch 500 W Leistung aufnehmen. Deshalb wird beim Umschalten ein Vorwiderstand R_v zugeschaltet.

a) Wie groß muß R_v sein?

b) Welche Leistung nimmt R_v auf?

c) Berechne die Gesamtleistung beider Widerstände!

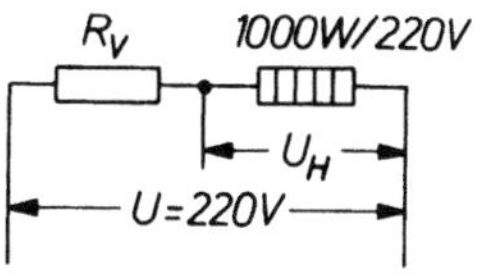

1.10.2. Elektrische Arbeit

● *Lösungsbeispiel:*

In einer Klinik nimmt eine Bestrahlungslampe bei 220 V Netzspannung einen Strom von 2,28 A auf. Welche Arbeit verrichtet der Strom monatlich, wenn die Lampe durchschnittlich 2,5 h täglich in Gebrauch ist und der Monat zu 26 Arbeitstagen gerechnet wird?

Gegeben: Spannung U = 220 V
Stromstärke I = 2,28 A
Betriebsdauer t = 26 d je 2,5 h

Gesucht: Stromarbeit W

Lösung: $W = Pt$

$W = UIt$

t = 26 · 2,5 h t = 65 h

W = 220 V · 2,28 A · 65 h

W = 32 604 Wh

Ergebnis: W = 32,6 kWh

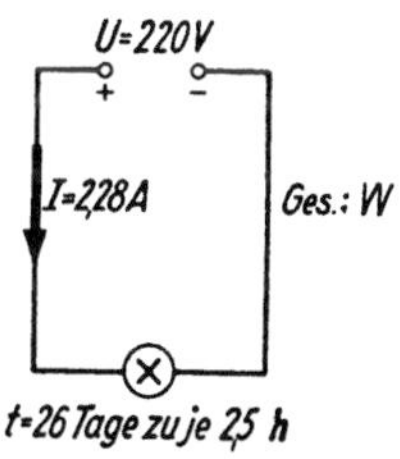

235. Wieviel Kilowattstunden verbraucht eine 40-W-Glühlampe, wenn sie 4,5 h in Betrieb ist?

236. Ein elektrischer Kühlschrank für 220 V Netzspannung nimmt 0,91 A auf. Wieviel Kilowattstunden werden monatlich verbraucht, wenn der Kühlschrank von dem eingebauten Temperaturregler in 24 h 6mal je 25 min eingeschaltet wird? (Der Monat ist mit 30 d zu rechnen.)

237. Ein Kranmotor nimmt an einem 440-V-Gleichstromnetz einen Strom von 17 A auf. Wieviel Kilowattstunden werden benötigt, wenn der Motor je Schicht 5 h läuft?

238. Nach wieviel Stunden hat eine 220-V-Glühlampe mit einer Leistung von a) 15 W, b) 25 W, c) 40 W, d) 60 W, e) 100 W 1 kWh verbraucht?

239. a) Wieviel Kilowattstunden werden im Winterhalbjahr monatlich in einer Berufsschule verbraucht, wenn in 20 Klassenzimmern je 4 Glühlampen zu 100 W und 2 Glühlampen zu je 60 W täglich 1,5 h eingeschaltet sind? (Der Monat ist mit 25 d zu rechnen.)
b) Wieviel Kilowattstunden werden eingespart, wenn je Klassenzimmer je eine 100-W-Glühlampe außer Betrieb gesetzt wird?
c) Welche Ersparnis in kWh erreicht man, wenn statt 4 Glühlampen zu 100 W 4 Leuchtstofflampen à 40 W eingesetzt werden?

240. Die Turbine eines Wasserkraftwerkes hat eine Leistung von 105 000 kW. Welche Arbeit verrichtet die Maschine in einem Monat mit 30 d, wenn sie ununterbrochen vollausgelastet in Betrieb ist?

1.10.3. Wirkungsgrad

● *Lösungsbeispiel 1:*

Ein Elektromotor entnimmt dem Netz eine Leistung von 2,5 kW und gibt 2,05 kW als mechanische Leistung ab. Wie groß ist sein Wirkungsgrad?

Gegeben: Zugeführte Leistung $P_i = 2{,}5$ kW
abgegebene Leistung $P_e = 2{,}05$ kW

Gesucht: Wirkungsgrad η

Lösung:

$$\eta = \frac{P_e}{P_i}$$

$$\eta = \frac{2{,}05\ \text{kW}}{2{,}5\ \text{kW}}$$

$$\eta = 0{,}82$$

Ergebnis: $\eta = 82\ \%$

● *Lösungsbeispiel 2:*

Wie groß ist der Leistungsverlust einer elektrischen Bohrmaschine, wenn der Gesamtwirkungsgrad 0,75 und die zugeführte Leistung 1 kW betragen?

Gegeben:	Wirkungsgrad	$\eta = 0{,}75$
	zugeführte Leistung	$P_\mathrm{i} = 1$ kW

Gesucht: Leistungsverlust P_V

Lösung:
$P_\mathrm{V} = P_\mathrm{i} \cdot (1 - \eta)$
$P_\mathrm{V} = 1\ \mathrm{kW} \cdot (1 - 0{,}75)$
$P_\mathrm{V} = 1\ \mathrm{kW} \cdot 0{,}25$

Ergebnis: $P_\mathrm{V} = 0{,}25\ \mathrm{kW}$

● *Lösungsbeispiel 3:*

Die Bohrmaschine des Lösungsbeispiels 2 arbeitet 12 h. Wie groß ist der Arbeitsverlust?

Gegeben:	Wirkungsgrad	$\eta = 0{,}75$
	zugeführte Leistung	$P_\mathrm{i} = 1$ kW
	Zeit	$t = 12$ h

Gesucht: Arbeitsverlust W_V

Lösung:
$W_\mathrm{V} = P_\mathrm{i} \cdot (1 - \eta)\, t$
$W_\mathrm{V} = 1\ \mathrm{kW} \cdot (1 - 0{,}75) \cdot 12\ \mathrm{h}$
$W_\mathrm{V} = 1\ \mathrm{kW} \cdot 0{,}25 \cdot 12\ \mathrm{h}$

Ergebnis: $W_\mathrm{V} = 3\ \mathrm{kWh}$

241. Bestimme den Leistungsverlust und den Wirkungsgrad einer Bauwinde, wenn die Nutzleistung 2 kW und die zugeführte elektrische Leistung 3 kW betragen?

242. Wie groß ist der Leistungsverlust, wenn die aufgenommene Leistung 12 kW und der Wirkungsgrad 73 % betragen?

243. Ein Schweißgenerator liefert bei einer Spannung von 20 V einen Schweißstrom von 200 A. Welche Antriebsleistung ist erforderlich, wenn der Wirkungsgrad des Generators 0,65 ist?

244. Ein Motor hat einen Wirkungsgrad von 0,84. Seine aufgenommene elektrische Leistung ist 8,5 kW. Welche Leistung gibt der Motor an die Riemenscheibe ab?

245. Welche elektrische Arbeit muß aufgewendet werden, um die Gesamtverluste einer elektrischen Fräsmaschine mit einem Gesamtwirkungsgrad von 0,75 bei einer Leistungsaufnahme von 4 kW in 8 h zu decken?

246. Ein Transformator nimmt 25 kVA auf und gibt bei induktionsfreier Belastung 23 kVA ab. Wie groß ist die in 24 h aufzuwendende Arbeit, um die Verluste zu decken? Welchen Wirkungsgrad hat er?

247. Wie groß ist die Verlustarbeit in einem Transformator, wenn 10 h lang bei 220 V 5 A aufgenommen und bei 20 V 50 A abgegeben werden, und wie groß ist sein Wirkungsgrad in %?

248. Eine Motorenfabrik hat einen Gleichstrommotor für Gleisrückfahrzeuge mit einer Nennleistung von 37 kW bei 750 U/min und einer Fahrdrahtspannung von 600 V entwickelt. Wie groß ist die Stromaufnahme des Motors bei einem Wirkungsgrad von $\eta = 0{,}86$?

249. Ein elektromagnetischer Hammer hat einen Wirkungsgrad von 74 %. Der Hammer gibt eine Leistung von 0,4 kW ab. Wie groß sind die aufgenommene Leistung und der Strom, bei $U = 42$ V?

250. Ein Fahrzeuganlasser (Reihenschlußmotor) gibt eine Leistung von 1,32 kW (3,2 kW) ab. Er wird mit 12 V (24 V) gespeist. Welche Stromstärke entnimmt der Anlasser der Batterie, wenn er mit einem Wirkungsgrad von 0,82 (0,69) arbeitet?

251. Mit einem Dieselmotor ist ein Gleichstromgenerator, 80 kW/230 V, gekuppelt. Der Generatorwirkungsgrad beträgt 83 %.

a) Welche Leistung in kW muß ihm der Dieselmotor zuführen?

b) Berechne den Arbeitsverlust in Kilowattstunden in 16 Betriebsstunden!

252. Welche Antriebsleistung in kW benötigt ein Turbogenerator, $P = 200$ MW, $\eta = 0{,}89$ ($\eta = 0{,}95$)?

1.10.4. Joulesches Gesetz

● *Lösungsbeispiel 1:*

Ein Heizgerät für chemische Bäder gibt in 2 h und 40 min eine Wärmemenge von $10{,}12 \cdot 10^6$ J ab. Das Gerät hat einen Widerstand von 46 Ω. Wie groß ist die Stromstärke?

Lösungshinweis: Beim Rechnen mit großen Zahlenwerten empfiehlt sich die Schreibweise von Zehnerpotenzen!

Gegeben: Wärmemenge $Q = 10{,}12 \cdot 10^6$ J
Widerstand $R = 46\ \Omega$
Zeit $t = 2\,\text{h}\ 40\,\text{min} = 2^2/3$ h

Gesucht: Stromstärke I

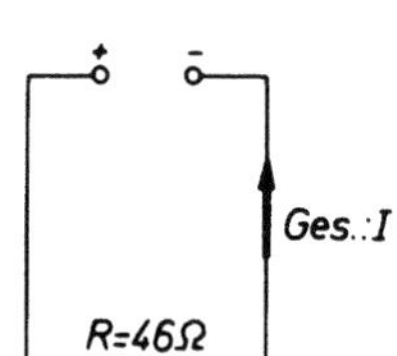

Lösung:

$$Q = 3{,}6 \cdot 10^6 \frac{\text{J}}{\text{kWh}} \cdot \frac{I^2 R t}{1000}$$

$$I^2 = \frac{Q \cdot 1000}{3{,}6 \cdot 10^6 \frac{\text{J}}{\text{kWh}} \cdot R t}$$

$$I^2 = \frac{10{,}12 \cdot 10^6\,\text{J} \cdot 10^3}{3{,}6 \cdot 10^6 \frac{\text{J}}{\text{kWh}} \cdot 46\,\Omega \cdot \frac{8}{3} \cdot \text{h}} \qquad I^2 = \frac{10{,}12 \cdot 10^3}{4{,}41 \cdot 10^2}\,\text{A}^2$$

$$I = \sqrt{22{,}95\,\text{A}^2}$$

Ergebnis: $I = 4{,}79$ A

● *Lösungsbeispiel 2:*

Welche Wärmemenge wird von einer elektrischen Kochplatte an den Kochtopf abgegeben, wenn sie bei 220 V 4,5 A aufnimmt und 30 min eingeschaltet ist? Der Wirkungsgrad beträgt 60 %.

Gegeben: Spannung $U = 220$ V
Stromstärke $I = 4{,}5$ A
Zeit $t = 30$ min $= 0{,}5$ h
Wirkungsgrad $\eta = 60\,\% = 0{,}6$

Gesucht: abgegebene Wärmemenge Q

Lösung: $Q = 3{,}6 \cdot 10^6 \, \frac{\text{J}}{\text{kWh}} \cdot W$

$W = U I t \eta$
$W = 220\,\text{V} \cdot 4{,}5\,\text{A} \cdot 0{,}5\,\text{h} \cdot 0{,}6$
$W = 297$ Wh $\qquad Q \approx 0{,}3$ kWh

$Q \approx 3{,}6 \cdot 10^6 \, \frac{\text{J}}{\text{kWh}} \cdot 0{,}3\,\text{kWh}$

Ergebnis: $Q \approx 1{,}08 \cdot 10^6$ J

253. Die nicht gegebenen Größen sind zu berechnen.

	a)	b)	c)	d)	e)	f)	
U =	220	–	–	125	–	125	V
I =	5,5	4	5	–	6,4	–	A
R =	–	–	44	–	–	–	Ω
P =	–	500	–	100	800	3500	W
t =	35	42	45	50	–	–	min
Q =	–	–	–	–	1,204	2,532	$\cdot 10^6$ J

254. Ein elektrischer Lötkolben nimmt 120 W auf. Wie groß ist die in 25 min erzeugte Wärmemenge?

255. Wie lange muß ein elektrisches Heizgerät mit 1 kW Leistung eingeschaltet sein, wenn es $2{,}713 \cdot 10^6$ J liefern soll?

256. In einem Widerstand von 25 Ω fließt ein Strom von 5 A. Wie groß ist die in 21 min erzeugte Wärmemenge?

257. Welche Stromstärke erzeugt in einem Widerstand von 20 Ω in 5 min $0{,}729 \cdot 10^6$ J?

258. Um wieviel Kelvin werden 2 l Wasser durch einen Tauchsieder erwärmt, wenn die Spannung 125 V, die Stromstärke 4 A und die Zeit des Stromflusses 15 min betragen?

259. Berechne den Widerstand einer Heizspirale, die bei einer Spannung von 220 V in 10 min $0{,}530 \cdot 10^6$ J erzeugt!

260. Wie groß ist der Gleichstromwiderstand einer Feldwicklung, in der ein Strom von 5 A in 8 h und 20 min $3{,}466 \cdot 10^6$ J erzeugt?

261. Die Wärmemenge, die in 2 h und 30 min in einem elektrischen Bügeleisen mit einer Leistungsaufnahme von 450 W entwickelt wird, ist zu berechnen!

262. Ein elektrischer Härteofen nimmt bei 220 V eine Leistung von 5,5 kW auf. Welche Wärmemenge gibt er in 8 h ab?

263. Ein Öltransformator gibt in 24 h $2{,}170 \cdot 10^6$ J an die Kühlflüssigkeit ab. Wie groß ist der in Wärme umgesetzte Leistungsverlust des Transformators?

264. Berechne die Stromstärke, die eine Kochplatte bei 220 V aufnimmt, wenn sie in 42 min $2{,}228 \cdot 10^6$ J Wärme entwickelt?

265. Für welche Leistung ist ein Heizkissen bemessen, das in 1 h $0{,}126 \cdot 10^6$ J erzeugt?

266. In welcher Zeit werden von einem Tauchsieder mit 1 kW Leistung $0{,}904 \cdot 10^6$ J an das Wasser abgegeben?

267. In einem elektrischen Kammerofen für 220 V Spannung sind 12 Silitstäbe mit je 22,8 Ω parallelgeschaltet.

a) Berechne den Gesamtwiderstand des Kammerofens!
b) Berechne die von ihm aufgenommene Stromstärke und Leistung!
c) Welche Wärmemenge wird in dem Ofen stündlich erzeugt?

268. Welche Nutzwärme gibt ein Bügeleisen in 20 min ab, durch dessen Heizkörper bei Anschluß an 220 V ein Strom von 2,27 A fließt? ($\eta = 0{,}75$)

269. Eine elektrische Kochplatte liegt an einer Netzspannung von 125 V und nimmt 6,5 A auf. Ihr Wirkungsgrad beträgt 0,55. Wie groß ist die Wärmemenge, die in 30 min an den Kochtopf abgegeben wird?

270. Bestimme die Wärmemenge, die in Geräten mit nachstehenden Betriebswerten (durch – und ~ Strom) nutzbar abgegeben wird!

	a)	b)	c)	d)	e)	f)	g)	h)	
$U =$	220	220	125	235	100	110	380	380	V
$I =$	1,5	2,5	4,8	6	9,1	4,5	2,5	4,6	A
$t =$	2	0,3	1,5	0,75	2,1	7,5	4	8	h
$\eta =$	0,8	0,7	0,8	0,6	0,05	0,72	0,7	0,55	

271. Durch einen Heizwiderstand von 100 Ω fließen 2,2 A. Welche nutzbare Wärmemenge wird entwickelt, wenn der Widerstand 26 min in Betrieb ist? ($\eta = 0{,}72$)

272. Ein Heißwasserbereiter mit 100 l Wasserinhalt nimmt an 220 V Spannung einen Strom von 10 A auf.

a) Welche Wärmemenge wird im Heizkörper des Ofens in 1 h entwickelt?
b) In welcher Zeit wird das Wasser mit einer Anfangstemperatur von 283 K auf 358 K erwärmt, wenn der Wirkungsgrad 0,8 beträgt?

273. Ein Schnellwassererhitzer bringt 2 l Wasser in 9 min von 288 K zum Sieden. Das Gerät nimmt eine Leistung von 1600 W auf. Wie groß ist der Wirkungsgrad?

274. In 75 min soll ein Badeboiler 90 l Wasser von 283 K auf 353 K, bei $\eta = 0{,}8$, erwärmen.
   a) Für welche Leistung ist der Heizwiderstand berechnet?
   b) Welche Sicherung muß gewählt werden beim Anschluß an 220 V bzw. 380 V (2-Phasen)?

275. Auf welche Endtemperatur t_w kommt eine Schnellkochplatte aus Stahl ($c = 0{,}115$), $m = 2{,}8$ kg, $\eta = 0{,}6$, Raumtemperatur $t_k = 293$ K, in 5 min, bevor der Thermostat abschaltet, bei $P = 2$ kW?

276. Der Kupfereinsatz eines Elektrolötkolbens, $P = 300$ W, $t_k = 293$ K, erreicht in 25 min eine Temperatur von 613 K ($c = 0{,}09$ für Kupfer). Wieviel Gramm wiegt der Kupfereinsatz, wenn der Lötkolben einen Wirkungsgrad von $\eta = 60\,\%$ hat?

1.10.5. Stromdichte

● *Lösungsbeispiel:*

Berechne die Stromdichte in einer Spule, die aus 400 m langem Kupferdraht gewickelt ist und an einer Spannung von 24,5 V liegt!

Gegeben: Leiterlänge $l = 400$ m
Spannung $U = 24{,}5$ V
Leitermaterial: Kupfer
Aus Tabelle: $\rho = 0{,}01786 \dfrac{\Omega\,\text{mm}^2}{\text{m}}$

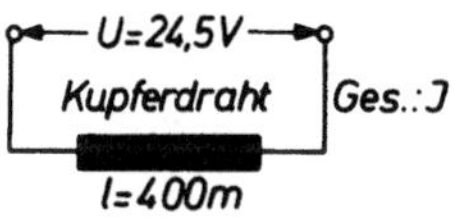

Gesucht: Stromdichte J

Lösung: $J = \dfrac{I}{A}$ $\qquad I = \dfrac{U}{R}$ $\qquad R = \rho \dfrac{l}{A} = \dfrac{l}{\kappa A}$

$$J = \frac{UA}{\rho l A} = \frac{U}{\rho l} = \frac{U\kappa}{l} \qquad I = \frac{UA}{\rho l}$$

$$J = \frac{24{,}5\ \text{V}}{0{,}01786 \frac{\Omega\text{mm}^2}{\text{m}} \cdot 400\ \text{m}}$$

$$J = \frac{24{,}5\ \text{V}}{7{,}13\ \Omega\text{mm}^2}$$

Ergebnis: $J = 3{,}43\ A/\text{mm}^2$

277. Berechne die nicht gegebenen Größen!

	a)	b)	c)	d)	e)	f)	g)	
d =	1,2	7	2	–	4	6	0,1	mm
J =	3	–	–	3	2,8	–	3,2	A/mm²
I =	–	62,8	10,36	1,5	–	76,3	–	A

278. Wie groß ist die Stromdichte in einem Spulendraht von 0,6 mm Durchmesser, wenn die Stromstärke 0,9 A beträgt?

279. Welcher Drahtdurchmesser muß zum Wickeln einer Feldspule gewählt werden, damit bei einer Stromstärke von 0,34 A die Stromdichte 2,7 A/mm^2 nicht übersteigt?

280. Eine Magnetspule ist mit Draht von 1 mm Durchmesser gewickelt; die zulässige Stromdichte im Draht ist 2,8 A/mm^2. Mit welcher Stromstärke darf die Spule belastet werden?

281. Mit welcher Gesamtstromstärke darf die Wicklung einer Feldspule belastet werden, wenn der Durchmesser des Drahtes 1,5 mm und die zulässige Stromdichte 3,6 A/mm^2 betragen?

282. Wie groß ist die Stromdichte in einer Sammelschiene von 45 mm Höhe und 8 mm Breite, durch die ein Strom von 600 A fließt?

283. Eine Spule ist aus 560 m langem Kupferdraht gewickelt und liegt an einer Gleichspannung von 42 V. Wie groß ist die Stromdichte in der Spule?

284. Aus welchem Material besteht ein Spulendraht von 2000 m Länge, wenn an einer Gleichspannung von 120 V die Stromdichte 3,36 A/mm^2 beträgt?

285. Eine Spule, deren Kupferdraht 3000 m lang ist, hat eine Stromdichte von 4 A/mm^2. Wie groß ist die Betriebsspannung?

286. Wie lang muß ein Kupferdraht sein, wenn die Stromdichte bei einer Gleichspannung von 18 V 5 A/mm^2 betragen soll?

287. Wie groß ist die Stromdichte in einem Kupferdraht (Aluminiumdraht), der 250 m lang und an eine Spannung von 18 V angeschlossen ist?

288. Eine Spule aus Kupferdraht soll bei einer Betriebsspannung von 220 V (380 V) eine Stromdichte von 3,3 A/mm^2 haben. Wie lang muß der Wickeldraht sein?

289. Der Wickeldraht einer Spule ist 570 m (46 m) lang. Aus welchem Material besteht die Wicklung, wenn bei einer Spannung von 50 V die Stromdichte 5 A/mm^2 (8,533 A/mm^2) beträgt?

290. Ein Leitungsdraht aus Kupfer, 1000 m lang, 300 mm^2 Querschnitt, kann mit einem Strom von 470 A belastet werden. Wie groß ist die Stromdichte bei dieser Höchstbelastung; welchen Widerstand hat der Draht und an welcher Spannung liegt er?

291. Der Glühdraht einer 40-W-Lampe hat eine Drahtdicke von 0,025 mm und wird von einem Strom von 0,18 A durchflossen.
a) Wie groß ist die Stromdichte im Glühdraht?
b) Welche Stromdichte ist in der Zuleitung vorhanden, deren Querschnitt 0,75 mm^2 beträgt?

292. Durch eine Speiseleitung (Kupfer von 16 mm^2) werden folgende Zweige gespeist:
I. Zweig mit 18,5 A (Kupferleitung),
II. Zweig mit 11,5 A (Kupferleitung),
III. Zweig mit 25 A (Aluminiumleitung).
a) Wie groß ist die Stromdichte der Speiseleitung?
b) Welche Leiterquerschnitte sind für die Zweigleitungen zu wählen?
c) Wie hoch sind die einzelnen Leitungen abzusichern?

293. Ein Hausanschluß hat einen Querschnitt von 10 mm^2 Kupfer. Die durchschnittliche Belastung beträgt bei den Teilnehmern:
I. 12 A, II. 3 A, III. 17 A.
a) Welche Leiterquerschnitte sind zu wählen für Kupfer?
b) Wie hoch sind die Leitungen abzusichern?
c) Wie hoch ist die Stromdichte in den einzelnen Leitungen?

294. In einem Betrieb werden in den einzelnen Abteilungen folgende Stromstärken benötigt (Leitermaterial: Kupfer):
I. 24 A, II. 32 A, III. 8,5 A, IV. 16,5 A.
a) Welche Leiterquerschnitte müssen nach den Normen gewählt werden, wenn die Stromdichte höchstens 4 A/mm^2 betragen soll?
b) Wieviel beträgt die tatsächliche Stromdichte in jeder Leitung? Wieviel beträgt sie in der Zuleitung?
c) Wie hoch sind der Hauptanschluß und wie sind die einzelnen Zweige abzusichern?

295. Bei einer Stromverzweigung beträgt die Stromdichte in den einzelnen Zweigen:
I. Leiterquerschnitt 1,5 mm^2, Stromdichte 3,5 A/mm^2,
II. Leiterquerschnitt 4 mm^2, Stromdichte 3,2 A/mm^2,
III. Leiterquerschnitt 6 mm^2, Stromdichte 3,0 A/mm^2,
IV. Leiterquerschnitt 10 mm^2, Stromdichte 2,7 A/mm^2.
Zu berechnen sind
a) die Gesamtstromstärke in der Zuleitung,
b) der erforderliche genormte Leiterquerschnitt der Zuleitung,
c) die Stromdichte der Zuleitung,
d) die erforderliche Sicherung für jede Leitung!

296. In einem Betrieb nehmen die Maschinen und Geräte folgende Stromstärken auf:
I. 2,4 A, II. 35 A, III. 3,6 A, IV. 9 A.
Für die Beleuchtung werden außerdem in zwei Stromkreisen V. und VI. je 7 A benötigt.
Zu berechnen sind
a) die erforderlichen Leiterquerschnitte unter Beachtung der Normquerschnitte für isolierte Kupferleitungen,
b) die Stromdichte in jedem einzelnen Stromkreis,
c) Leiterquerschnitt und Stromdichte in der Zuleitung,
d) die erforderlichen Sicherungen für jede einzelne Leitung!

297. In einer Elektromagnetwicklung soll eine Stromdichte von 2,7 A/mm² nicht überschritten werden. Welcher Drahtdurchmesser ist zu wählen, wenn die Stromstärke 10,8 A beträgt?

298. In einem Kupferdraht von 2 mm Durchmesser fließt ein Strom von 10 A.
a) Wie groß ist die Stromdichte?
b) Wie lang ist die zweiadrige Leitung, wenn 17,06 V anliegen?

299. In einer Gleichstrommaschine sind 4 Feldwicklungen parallelgeschaltet und nehmen insgesamt 7 A auf.
a) Wie groß muß der Leiterdurchmesser dieser Spulen sein, wenn die Stromdichte 3,5 A/mm² betragen soll?
b) Für die Wicklung aller 4 Spulen werden 7039,2 m Kupferdraht benötigt. An welcher Spannung liegt jede Spule?

300. Der Wicklungsdraht eines Relais hat einen Durchmesser von 0,08 mm.
a) Wie groß ist die Betriebsstromstärke, wenn die Stromdichte 2,4 A/mm² beträgt?
b) Wieviel Meter Kupferdraht benötigt man zur Neuwicklung des Relais, wenn die Betriebsspannung 220 V beträgt?

301. Die Messung ergibt bei $I = 60$ A eine Spannung von 178,5 mV je 100 cm Leiterlänge des Kupferdrahtes.
a) Berechne Querschnitt und Durchmesser des Leiters!
b) Wie groß ist die Stromdichte?

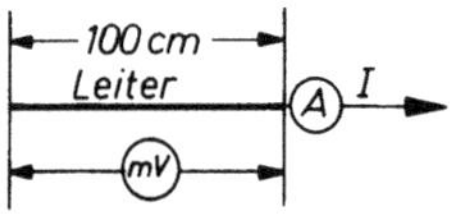

1.10.6. Stromkostenrechnung – Relative Einschaltdauer

● *Lösungsbeispiel 1:*

Zur Allgemeinbeleuchtung einer Werkhalle $A = 30\ \text{m}^2$ sind 3 Glühlampen zu je 100 W täglich 5 h eingeschaltet. Wie hoch sind die täglichen Beleuchtungskosten bei einem Kilowattstundenpreis von 0,10 DM/kWh?

Gegeben: Leistung einer Lampe $P = 100$ W
Anzahl der Lampen $n = 3$
Einschaltdauer $t = 5$ h
Kilowattstundenpreis $k = 0{,}10\ \frac{\text{DM}}{\text{kWh}}$

Gesucht: Stromkosten K

Lösung: $K = Wk$

$W = nPt$ $\qquad$ $W = 1{,}5$ kWh

$W = 3 \cdot 0{,}1\ \text{kW} \cdot 5\ \text{h}$

$K = 1{,}5\ \text{kWh} \cdot 0{,}10\ \frac{\text{DM}}{\text{kWh}}$

Ergebnis: $K = 0{,}15$ DM

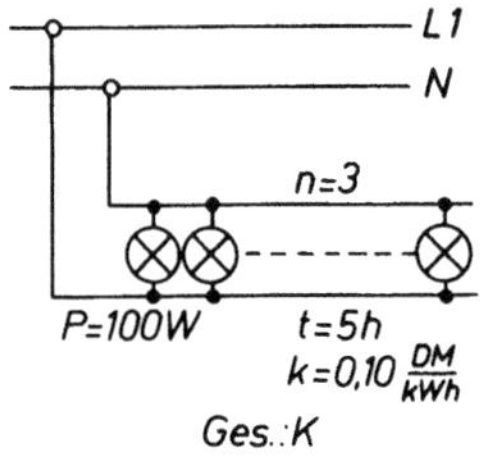

● *Lösungsbeispiel 2:*

Eine Drehmaschine wird im direkten Antrieb von einem Elektromotor mit einer Leistung von 4 kW angetrieben. Die Arbeitszeit dauert 8 h, die relative Einschaltdauer beträgt 80 %.

a) Wie groß ist die tägliche elektrische Gesamtarbeit?

b) Wie hoch belaufen sich die reinen Stromkosten bei einem Kilowattstundenpreis von 0,08 DM/kWh?

Gegeben: Leistung $P = 4$ kW
Zeit $t = 8$ h
relative Einschaltdauer $p = 80$ %

$k = 0{,}08 \dfrac{\text{DM}}{\text{kWh}}$

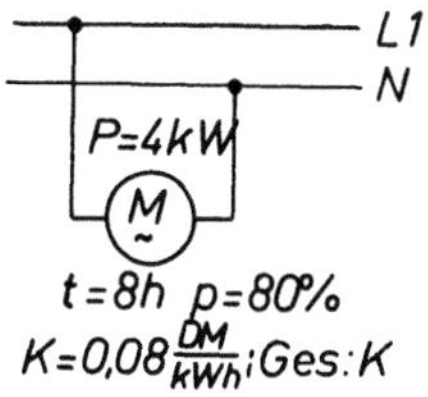

Gesucht: elektrische Arbeit W_i

Lösung: a) $W_i = Ptp$

$W_i = 4 \text{ kW} \cdot 8 \text{ h} \cdot 0{,}80$ $\quad W_i = 25{,}6$ kWh

b) $K = W_i k$

$k = 25{,}6 \text{ kWh} \cdot 0{,}08 \dfrac{\text{DM}}{\text{kWh}}$

Ergebnis: $K = 2{,}05$ DM (ohne G + M)

302. Wieviel Stunden kann ein Elektromotor in aussetzendem Betrieb arbeiten, wenn seine Leistung 5 kW, die relative Einschaltdauer 80 % und die elektrische Arbeit 48 kWh betragen?

303. Ein Elektromotor, dessen Leistung 12 kW beträgt, arbeitet in einer Werkstatt in aussetzendem Betrieb täglich 8 h. Die Arbeitskosten betragen täglich 2,88 DM bei einem Kilowattstundenpreis von 0,06 DM. Wie groß ist die relative Einschaltdauer?

304. Ein Gleichstrommotor für 220 V nimmt 5 A auf. Wie groß ist die relative Einschaltdauer des Motors bei einer Arbeitszeit von 8 h, wenn in dieser Zeit 6,6 kWh verbraucht werden?

305. Ein Motor (Wirkungsgrad 83 %) gibt bei einer relativen Einschaltdauer von 90 % in 5 h 7,6 kW ab. Wie groß ist die aufgenommene Leistung und die elektrische Arbeit dieses Motors?

306. Wieviel beträgt der Preis je kWh, wenn nach 50stündiger Arbeitszeit bei einer relativen Einschaltdauer von 75 % die Arbeitskosten für einen 8-kW-Motor (effektiv) im aussetzenden Betrieb 12,00 DM betragen ($\eta = 0{,}81$)?

307. Ein Werk bezahlt je kWh 0,03 DM. Wie groß sind die Arbeitskosten beim Abdrehen von Wellen in 8 h, wenn der Arbeitsplatz ständig durch eine 100-W-Lampe beleuchtet wird und wenn die Drehbank im aussetzenden Betrieb mit einer relativen Einschaltdauer von 90 % arbeitet? Die effektive Motorleistung beträgt bei einem Wirkungsgrad von 78 % 3,5 kW.

308. Wie groß ist die Leistungsabgabe eines Elektromotors mit einem Wirkungsgrad von 0,86, wenn bei aussetzendem Betrieb des Motors die relative Einschaltdauer 90 % und nach 8 h Arbeitszeit die Stromkosten 5,40 DM bei einem Kilowattstundenpreis von 0,05 DM betragen?

309. Ein Wasserkocher bringt bei einer Leistungsaufnahme von 1600 W in 8 min 2 l Wasser zum Sieden.

a) Wie hoch ist die Stromaufnahme des Schnellkochers bei einer Anschlußspannung von 220 V?

b) Wie hoch belaufen sich die Arbeitskosten, wenn das Gerät 15 min eingeschaltet ist und der Energieversorgungsbetrieb für eine Kilowattstunde 8 Pf berechnet?

c) Wie groß ist der Widerstand des Heizkörpers?

d) Berechne die Kosten für einen Arbeitstag ($7\frac{1}{2}$ h), wenn das Gerät mit einer relativen Einschaltdauer von 16 % (Thermostat), arbeitet?

310. In einer feinmechanischen Werkstatt ist für eine Arbeitsplatzbeleuchtung eine 40-W-Lampe vorhanden. Der Arbeitnehmer an diesem Arbeitsplatz fordert wegen der besseren Sichtverhältnisse eine 100-W-Lampe.

Berechne die auftretenden Mehrkosten

a) für einen Arbeitsplatz,

b) für 25 Arbeitsplätze dieser Abteilung, wenn die Kilowattstunde mit 0,10 DM berechnet wird und alle Lampen täglich 3 h eingeschaltet sind!

c) Ist die relative Einschaltdauer der 100-W-Lampen nur 65 %, welche Ersparnis entsteht?

d) Warum sind die auftretenden Mehrkosten betriebsökonomisch rentabel?

311. Ein Gleichstrom-Netzwinden-Antriebsmotor hat eine relative Einschaltdauer von 40 %.

a) Wie groß ist die vom Motor aufgenommene Energie, wenn seine aufgenommene Leistung 220 kW beträgt und er 20 d zu 8 h in Betrieb ist?

b) Schaltet man den Motor nicht ab und nimmt er in den Leerlaufpausen (60 %) 12 % seiner Normalleistung auf, wieviel kWh nimmt er monatlich mehr auf?

c) Welche Kosten entstehen je Monat (20 d) mit und ohne Abschaltpausen, wenn k = 0,07 DM je kWh beträgt?

d) Welchen Kupferquerschnitt muß die Zuleitung (Nach Gruppe II) erhalten, bei U_R = 440 V und wie hoch ist sie abzusichern?

1.11. Lichttechnik

● *Lösungsbeispiel 1:*

Wie groß ist die Beleuchtungsstärke E_v, wenn auf eine Fläche von 36 m² ein Lichtstrom von 480 Lumen senkrecht einstrahlt?

Gegeben: Lichtstrom $\Phi_v = 480$ lm
Fläche $A = 36$ m²

Gesucht: Beleuchtungsstärke E_v

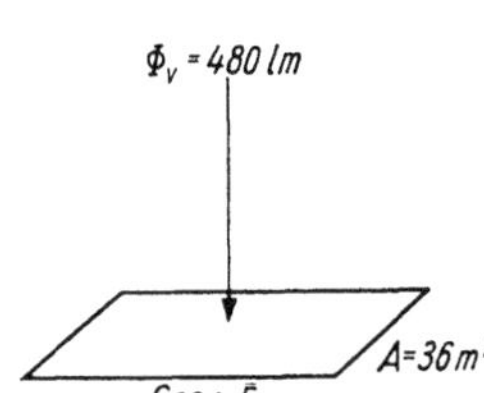

Lösung: $E_V = \frac{\Phi}{A}$

$$E_V = \frac{480\,\text{lm}}{36\,\text{m}^2}$$

$$E_V = 13{,}3\,\frac{\text{lm}}{\text{m}^2}$$

Ergebnis: $E_V = 13{,}3\,\text{lx}$

● *Lösungsbeispiel 2:*

Welche Beleuchtungsstärke wird durch eine Glühlampe von 1000 cd auf einer horizontalen Fläche in 5 m Entfernung erzielt?

Gegeben: Lichtstärke $I_V = 1000\,\text{cd}$
Entfernung $r = 5\,\text{m}$

Gesucht: Beleuchtungsstärke E_V

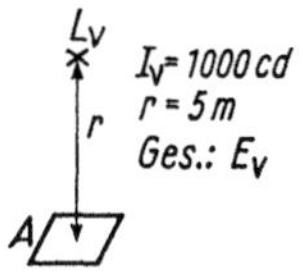

Lösung: $E_V = \frac{I_V}{r^2}$

$$E_V = \frac{1000\,\text{cd}}{25\,\text{m}^2}$$

Ergebnis: $E_V = 40\,\text{lx}$

● *Lösungsbeispiel 3:*

Ein Arbeitsraum, in dem feine Arbeiten verrichtet werden, hat eine Fläche von 20 m^2. Die Lichtausbeute, η_{LA}, soll 12 Lumen je Watt und der Beleuchtungswirkungsgrad 0,54 betragen. Wie groß muß die Leistungsaufnahme der Glühlampe sein?

Gegeben:

Beleuchtungsstärke (aus Tafel 6)	$E_V = 150\,\text{lx}$
Arbeitsraumfläche	$A = 20\,\text{m}^2$
Lichtausbeute	$\eta_{LA} = 12\,\text{lm/W}$
Wirkungsgrad*	$\eta_B = 0{,}54$

* $\eta_B = \eta_R \eta_L$
η_B = Beleuchtungswirkungsgrad
η_R = Raumwirkungsgrad
η_L = Leuchtenwirkungsgrad

Gesucht: Leistungsaufnahme P der Glühlampe

Lösung: $P = \frac{\Phi_V}{\eta_{LA}}$

$$\Phi = \frac{\Phi_{Vn}}{\eta_B}$$

$$P = \frac{\Phi_{Vn}}{\eta_{LA}\,\eta_B}$$

$$\Phi_{Vn} = E\,A$$

$$P = \frac{E_V A}{\eta_{LA}\,\eta_B}$$

$$P = \frac{150\,\text{lx} \cdot 20\,\text{m}^2}{12\,\frac{\text{lm}}{\text{W}} \cdot 0{,}54}$$

Ergebnis: $P = 463\,\text{W}$, gewählt: 500 W, $2 \cdot 150$ W und $1 \cdot 200$ W

● *Lösungsbeispiel 4:*

Es soll ein Zeichenraum, 9 m lang, 6 m breit und 3 m hoch mit Metallrasterleuchten, L 65 W/32 beleuchtet werden. Laut Angabe der Hersteller ist der Lampenwirkungsgrad $\eta_L = 81\ \%$ bei 298 K Raumtemperatur. Aus Tafel entnimmt man für Zeichenarbeit bei Sehstufe B $E_m = 500$ lx. Als Verschmutzungsfaktor wird $V = 0{,}8$ angenommen, d. h. ca. 4–6 Wochen nach der Montage kann mit der Verminderung des Lichtstromes um ca. 20 % gerechnet werden.

Zu berechnen sind
a) der Raumwirkungsgrad nach Tafel 8,
b) der erforderliche Lichtstrom für diesen Raum,
c) die Anzahl der L-Lampen zu 65 W, wenn je Lampe 3300 Lumen abgegeben werden,
d) der Anschlußwert in kW, wenn je L-Lampe 78 W mit Drossel aufgenommen werden und
e) der Anschlußwert, falls anstelle der L-Lampen Glühlampen à 200 W installiert wären!

Gegeben: Raummaße $l = 9$ m, $b = 6$ m, $h = 3$ m
$\eta_L = 0{,}81$
$E_{vm} = 500$ lx
$V = 0{,}8$
$\Phi_{v1} = 3300$ lm
$P_1 = 78$ W
$P_2 = 200$ W

Gesucht: a) Raumwirkungsgrad $\eta_{R_{ges}}$
b) Lichtstrom Φ_{vg}
c) Zahl der L-Lampen n
d) Anschlußwert in kW
e) Anschlußwert in kW für Glühlampen

Lösung a): für $\frac{l}{h-1} = \frac{9}{3-1} = 4{,}5$ nach Tafel 8 $\eta_l = 0{,}51$

für $\frac{b}{h-1} = \frac{6}{3-1} = 3$ nach Tafel 8 $\eta_b = 0{,}44$

$$\eta_{R_{ges}} = \eta_b + \frac{\eta_l - \eta_b}{3} = 0{,}44 + \frac{0{,}51 - 0{,}44}{3} = 0{,}463$$

Ergebnis: $\eta_{R_{ges}} = 0{,}463$

Lösung b): $$\Phi_{vg} = \frac{E_{vm} A}{\eta_{R_{ges}} \eta_L V} = \frac{500 \cdot 54}{0{,}463 \cdot 0{,}81 \cdot 0{,}8} = 90\,000\ \text{lm}$$

Ergebnis: $\Phi_{vg} = 90\,000$ lm

Lösung c): $$n = \frac{\Phi_{vg}}{\Phi_{v1}} = \frac{90\,000}{3\,300} = 27{,}27$$

Ergebnis: $n = 28$ Lampen 14 Leuchten in Duo-Schaltung

Lösung d): $P_{Anschluß} = P_1 n = 78\ \text{W} \cdot 28 = 2{,}18$ kW

Ergebnis: $P_{L-L} = 2{,}18$ kW

Lösung e): $P_{Anschluß} = P_1 n = 200\ \text{W} \cdot 29 = 5{,}8$ kW

Ergebnis: $P_{Gl} = 5{,}8$ kW, also das 2,66-fache

312. Ein Raum mit einer Grundfläche von 27,6 m² ist für grobe Arbeiten mit 2 Glühlampen zu je 40 W/220 V ausgeleuchtet. Wie groß sind Lichtausbeute und Beleuchtungsstärke?

313. In der Halle einer Gießerei mit einer Fläche von 16 m x 25 m sind zur Allgemeinbeleuchtung 6 Glühlampen zu je 500 W/220 V vorhanden. Wie groß ist die mittlere Beleuchtungsstärke a) ohne Verluste, b) bei $\eta_B = 0{,}3$ und $V = 0{,}5$?

314. Ein Arbeitszimmer von 5 m x 5 m wird durch 5 Stück 60-W-220-V-Lampen beleuchtet. Wie groß ist die mittlere Beleuchtungsstärke?

315. Ein Platz, dessen Länge 50 m und dessen Breite 34,2 m beträgt, soll mit 200-W-220-V-Lampen so beleuchtet werden, daß die mittlere Beleuchtungsstärke 12 lx beträgt. Wieviel solcher Lampen sind erforderlich? (η bleibt unberücksichtigt!)

316. Ein Schaufenster mit 8 m² Grundfläche soll durch 100-W-/125-V-Lampen so beleuchtet werden, daß die mittlere Beleuchtungsstärke 300 lx beträgt. Wieviel Lampen sind erforderlich?

317. Eine Werkstatt mit einer Fläche von 100 m² wird durch 10 Glühlampen à 100 W/220 V beleuchtet. Leuchten- und Raumwirkungsgrad ergeben gemeinsam einen Wert von 0,6. Wie groß ist die errechnete Beleuchtungsstärke?

318. Eine Schreibtischlampe soll eine Arbeitsfläche von 2 m² mit einer Beleuchtungsstärke von 200 lx beleuchten. Welche Leistung muß die Glühlampe für 220 V aufnehmen, wenn der Leuchtenwirkungsgrad mit 0,5 angenommen wird?

319. Eine Bahnhofshalle, 100 m lang und 45 m breit, soll mit einer Beleuchtungsstärke von 40 lx beleuchtet werden. Wieviel Lampen zu je 2000 W/220 V sind erforderlich, wenn der Beleuchtungswirkungsgrad 0,38 beträgt?

320. Eine Bäckerei von 80 m² Fläche soll vorschriftsmäßig (vgl. Tafel 6) beleuchtet werden. Zur Verwendung kommen 2 Brennstellen. Der Wirkungsgrad der Beleuchtung beträgt 0,52. Welche Glühlampen zu 125 V sind zu wählen?

321. In einem Lichtbildgerät beträgt die Leuchtdichte der Projektionslampe mit 2 cm² Ausstrahlfläche 2520 Stilb. Wie groß ist die Lichtstärke der Lampe?

322. Berechne die Leuchtdichte einer Glühlampe von 1000 cd, wenn die Fläche der Leuchtdrahtwendel 0,8 cm² beträgt!

323. Die Beleuchtungsstärke an einem Arbeitsplatz soll 150 lx betragen. Die Lampe kann aus technischen Gründen nicht tiefer als 1,5 m über dem Arbeitsplatz aufgehängt werden. Welche Lichtstärke muß die Lampe haben? Wie groß ist ihr Lichtstrom?

324. Eine Passage, 600 m^2 Fläche, soll eine Hochspannungs-Leuchtröhren-Reklamebeleuchtung erhalten. Der Beleuchtungsanspruch ist mittelfein (E_V = 120 lx), der Wirkungsgrad 30 %. Es sollen Röhren, Type LL-GeW 200, 75 mA, verwendet werden.

a) Welche Gesamtröhrenlänge ist erforderlich?

b) Berechne n, die Anzahl der Leuchtröhren!

c) Wieviel Streufeldtransformatoren sind nötig bei 560 V Betriebsspannung je Meter Röhre?

325. In 8 m Höhe wird eine Natrium-Dampflampe, Na 140 W/220 V~, für Straßenbeleuchtung angebracht. Die Lichtausbeute beträgt 65 lm/W.

a) Welchen Lichtstrom gibt die Lampe ab?

b) Wie groß ist ihre Lichtstärke?

c) Berechne die Beleuchtungsstärke 1 m über der Straße, genau unter der Lampe! (Fremdlichteinfall unberücksichtigt!)

326. Anstelle von 2 Glühlampen wird für Hofbeleuchtung eine HQA-Lampe, 110 W/220 V~, mit einer Lichtausbeute von 52 lm/W verwendet.

a) Welchen Lichtstrom gibt die Lampe ab?

b) Welche mittlere Beleuchtungsstärke ist vorhanden, wenn der Hof eine Fläche von 200 m^2 hat, bei η_B = 0,26?

c) Wie groß ist die ersparte Leistung gegenüber den Glühlampen?

d) Berechne die Kosten für beide Lampenarten bei 500 Arbeitsstunden, wenn 1 kWh = 0,10 DM kostet!

327. Mit einer Leuchtstofflampe 40 W/220 V wird ein Schaufenster beleuchtet. Die Lampe gibt 2300 lm ab, der Beleuchtungswirkungssgrad ist 40 %, die Beleuchtungsstärke 120 lx.

a) Berechne die Lichtausbeute der Lampe (ohne Drossel)!

b) Wie groß ist die beleuchtete Schaufensterfläche?

328. 4 Leuchtstofflampen zu je 40 W, mit einer Lichtausbeute von 55 lm/W beleuchten einen Verkaufsraum mit 8 m^2 zu beleuchtender Fläche. Der Nutzlichtstrom aller Lampen beträgt 2200 lm.

a) Welchen Lichtstrom erzeugt jede der 4 Lampen?

b) Wie groß ist der Beleuchtungswirkungsgrad?

c) Berechne die Beleuchtungsstärke!

329. Ein kreisförmiger Ausstellungsraum d = 12 m ϕ, Lichtpunkthöhe 5 m, soll durch 3 im Mittelpunkt angebrachte Hg-Mischlichtlampen, HWA 500 W, Lichtausbeute 20 lm/W, beleuchtet werden. Die Beleuchtungsart ist vorwiegend direkt η_B = 0,49 (Decke weiß, Wände Glas).

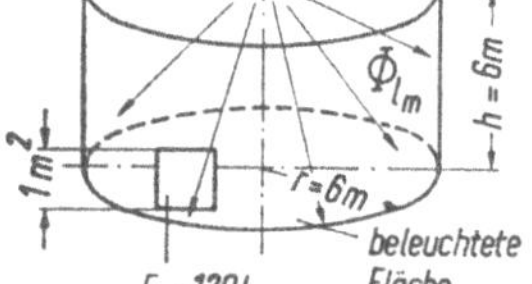

a) Welcher Lichtstrom wird abgestrahlt?

b) Wird eine Mindestbeleuchtungsstärke von 120 lx erreicht?

330. An 220 V, 50 Hz, nimmt eine Leuchtstofflampe L 65 W, 78 W (mit Drossel) und einen Strom von 0,7 A auf.

a) Berechne die aufgenommene Scheinleistung,
b) den $\cos\varphi$ der Lampe,
c) den $\sin\varphi$ und die Blindleistung,
d) die Größe des Kompensationskondensators, damit der $\cos\varphi = 0{,}95$ wird! (Parallelkompensation!)

331. Ein Zeichensaal, 12 m x 8 m, 3,70 m hoch, weiße Decke, hellgraue Wände, soll eine Beleuchtungsanlage erhalten. Der Installateur macht 2 Kostenanschläge, einmal für Glühlampen, dann für Leuchtstofflampen, damit der Kunde wählen kann. Dazu berechnet er die Jahreskilowattstundenkosten. Die Beleuchtungsart soll gleichförmig sein, der Wirkungsgrad ist nach Tafel 8 zu berechnen. Für einen Zeichensaal sind die Beleuchtungsansprüche sehr hoch, wegen großer Sauberkeit ist $V = 0{,}85$!

a) Wie groß ist der Beleuchtungswirkungsgrad?
b) Welchen Gesamtlichtstrom benötigt der Saal, wenn $\eta_L = 0{,}79$ sein soll?
c) Wieviel Glühlampen zu 500 W/220 V werden benötigt?
d) Berechne die Anzahl der Leuchtstofflampen L 65 W/15 T (mit Drossel 78 W)!
e) Für beide Lampenarten ist die Gesamtleistungsaufnahme zu berechnen!
f) Bei 1000 Betriebsstunden im Jahr und einem Kilowattstundenpreis von 0,10 DM entstehen jeweils welche Kosten?

332. Mit 100 lx beleuchtet eine 65-W-Leuchtstofflampe einen Werkraum. Der Raumwirkungsgrad ist 0,5; die Lichtausbeute der Lampe 49,2.

a) Wie groß ist die beleuchtete Fläche?
b) Welchen Lichtstrom gibt die Lampe ab?

333. Eine Leuchtstofflampe nimmt an 220 V, 50 Hz, 0,2 A auf. Ihr Lichtstrom beträgt 820 lm, bei einer Lichtausbeute von 51,2 lm/W.

a) Berechne Wirk- und Scheinleistung der Lampe!
b) Welche Wirkleistung hat die Vorschaltdrossel bei $\cos\varphi = 0{,}478$?

334. Eine Quecksilberdampf-Hochdrucklampe, $P = 50$ W (mit Drossel), nimmt an 220 V, 50 Hz, $I = 0{,}63$ A auf. Ihr Lichtstrom beträgt 1650 lm.

a) Welche Lichtausbeute hat sie?
b) Berechne Scheinleistung, $\cos\varphi$ und $\sin\varphi$!
c) Auf welchen Wert steigt $\cos\varphi$, wenn die Lampe mit $C = 7\ \mu$F kompensiert wird?

335. Wieviel Glühlampen à 100 W/220 V, für eine Hofbeleuchtung, kann man durch eine Na-Dampflampe 140 W (mit Umspanner 163 W), $\eta_{LA} = 78$ lm/W, $I = 2{,}1$ A ersetzen und welchen Lichtstrom gibt die Na-Lampe ab?

336. Die Na-Lampe, Aufgaben 335, erhält einen Komp.-Kondensator, $C = 26\ \mu$F.

a) Berechne den $\cos\varphi$ vor und nach der Kompensation!
b) Auf welchen Wert sinkt der Betriebsstrom nach der Kompensation?
c) Welche Kostenersparnis ergibt sich bei 1000 Betriebsstunden, wenn eine kWh = 0,11 DM kostet?

2. Elektromagnetismus

2.1. Magnetische Durchflutung und Feldstärke

● *Lösungsbeispiel:*

Durch eine Ringspule mit 300 Windungen fließt ein Strom von 0,4 A. Die mittlere Feldlinienlänge beträgt 0,2 m. Bestimme die magnetische Feldstärke!

Gegeben: Windungen $N = 300$
Stromstärke $I = 0{,}4$ A
Feldlinienlänge $l_m = 0{,}2$ m

Gesucht: Feldstärke H

Lösung: $H = \frac{IN}{l_m}$

$H = \frac{0{,}4\ \text{A} \cdot 300}{0{,}2\ \text{m}}$

Ergebnis: $H = 600\ \frac{\text{A}}{\text{m}}$

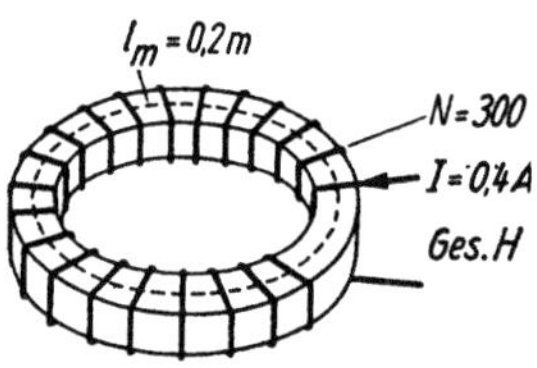

337. Bestimme die magnetische Durchflutung einer Spule mit 480 Windungen, bei einem Strom von 1,8 A!

338. Errechne die Durchflutung der nachstehenden Spulen mit den angegebenen Windungszahlen und Stromstärken!

	a)	b)	c)	d)	e)	f)	g)	h)	
N =	280	310	340	400	470	530	565	620	
I =	2,5	2,1	0,95	4,6	2,3	1,4	5,1	5,5	A

339. Berechne die Feldstärke H einer Spule von 400 mm Länge, deren 840 Windungen von einem Strom von 0,15 A durchflossen werden!

340. Für Spulen mit den nachstehenden Werten für die Windungszahl N, den Strom I und die Länge l ist die Feldstärke zu berechnen.

	a)	b)	c)	d)	e)	f)	g)	h)	i)	
N =	250	280	330	375	420	480	525	650	720	
I =	4	2,5	3,6	4,2	3	0,5	2,4	0,8	0,2	A
l =	27	25	12,0	157,6	8,4	1,2	12,6	40	6	cm

341. Der mittlere Feldlinienweg im Kern eines Transformators beträgt 24 cm. Welche magnetische Durchflutung ist erforderlich, wenn im Eisenkern eine Feldstärke von 3,5 A/cm herrschen soll?

2.2. Magnetfluß und magnetische Induktion

● *Lösungsbeispiel:*

Welcher Kraftfluß Φ ist in einem Eisenkern mit den Querschnittabmaßen 120 mm x 180 mm bei einer magnetischen Induktion (Magnetflußdichte) von $8 \cdot 10^{-1}$ T vorhanden?

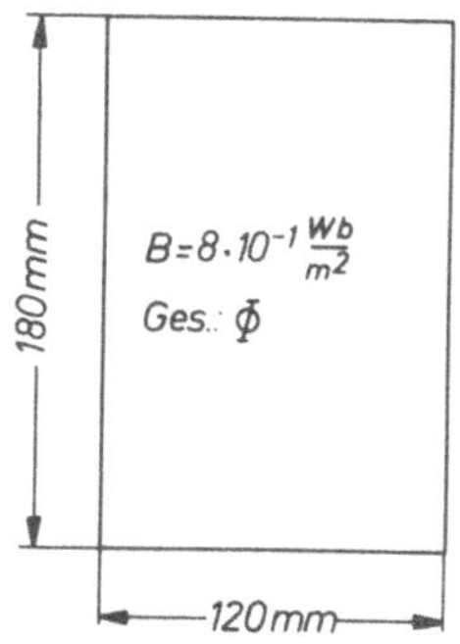

Gegeben: Magnetische Induktion $B = 8 \cdot 10^{-1} \frac{\text{Wb}}{\text{m}^2}$

Querschnitt $A = 0{,}12 \text{ m} \cdot 0{,}18 \text{ m}$

Gesucht: Kraftfluß Φ

Lösung: $\Phi = BA$

$A = 0{,}12 \text{ m} \cdot 0{,}18 \text{ m}$

$A = 0{,}0216 \text{ m}^2$

$\Phi = 8 \cdot 10^{-1} \frac{\text{Wb}}{\text{m}^2} \cdot 0{,}0216 \text{ m}^2$

Ergebnis: $\Phi = 0{,}01728$ Wb

342. Ein Elektromagnet hat eine Polfläche von 12 cm². Wie groß ist der Kraftfluß bei einer magnetischen Induktion von $5{,}5 \cdot 10^{-1}$ T?

343. Berechne den Kraftfluß in einem Elektromagnet, dessen Polfläche 40 mm lang und 35 mm breit ist! Die magnetische Induktion beträgt $68 \cdot 10^{-2}$ Wb m^{-2}.

344. Im Kern eines Elektromagneten ist ein Magnetfluß von $18 \cdot 10^{-4}$ Wb vorhanden. Die Polfläche des Elektromagneten beträgt 16 cm². Wie groß ist die magnetische Induktion?

2.3. Beziehungen zwischen den Feldgrößen B und H

● *Lösungsbeispiel 1:*

Der Kern eines Transformators besteht aus legiertem Eisenblech. Der mittlere Feldlinienweg im Eisenkern beträgt 24 cm. Welche magnetische Durchflutung ist erforderlich, um im Eisenkern eine Induktion von 1 T zu erregen?

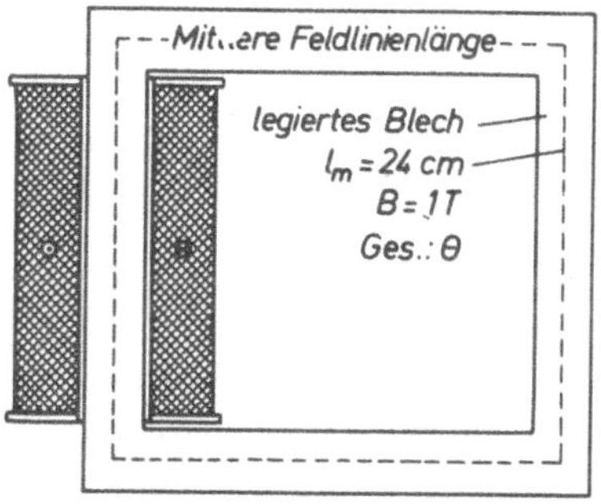

Gegeben: Kernmaterial: legiertes Blech

Feldlinienlänge $l = 24$ cm

Induktion $B = 1 \text{ T} = \frac{1 \text{ Wb}}{\text{m}^2}$

Gesucht: Magnetische Durchflutung Θ

Lösung: $H = \frac{\Theta}{l}$

$\Theta = Hl$

Aus der Magnetisierungskurve erhält man für $B = 1 \frac{\text{Wb}}{\text{m}^2}$

$H = 350 \frac{\text{A}}{\text{m}}$

$\Theta = 350 \frac{\text{A}}{\text{m}} \cdot 0{,}24 \text{ m}$

Ergebnis: $\Theta = 84$ A

● *Lösungsbeispiel 2:*

Im Luftspalt des im Bild skizzierten Eisenkerns soll ein Magnetfluß von $4 \cdot 10^{-3}$ Wb erregt werden. Material: Stahlguß, Querschnitt des Kernes 40 cm², Gesamtlänge des Feldlinienweges 72 cm, Länge des Luftspaltes 5 mm. Gesucht ist die erforderliche Durchflutung.

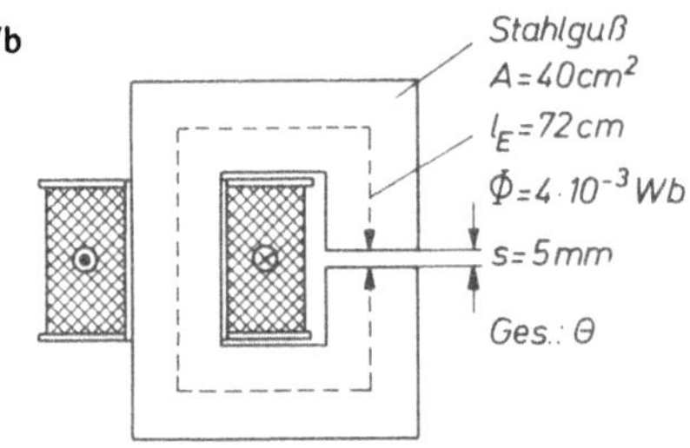

Gegeben: Magnetfluß $\Phi = 4 \cdot 10^{-3}$ Wb
Material: Stahlguß
Querschnitt des Kernes $A = 40$ cm²
Feldlinienlänge im Eisen $l_E = 72$ cm
Feldlinienlänge im Luftspalt $l_L = 0{,}5$ cm

Gesucht: Magnetische Durchflutung Θ

Lösung: $B = \frac{\Phi}{A}$

$B = \frac{4 \cdot 10^{-3}\,\text{Vs}}{40 \cdot 10^{-4}\,\text{m}^2}$ $B = 1\,\frac{\text{Wb}}{\text{m}^2} = 1\,\text{T}$

a) Magnetischer Spannungsabfall im Kern: 1 Wb = 1 Vs

$V_E = H_E l_E$

Nach der Magnetisierungskurve für Stahlguß ist für eine magnetische Induktion von 1 Vs/m² eine Feldstärke von 300 A/m erforderlich.

$V_E = 300\,\frac{\text{A}}{\text{m}} \cdot 0{,}72\,\text{m}$ $V_E = 216\,\text{A}$

b) Magnetischer Spannungsabfall im Luftspalt:

$B = \mu_0 \mu_r H$

$H = \frac{B}{\mu_0 \mu_r}$

Für Luft ist $\mu_r = 1$:

$H_L = \frac{1\,\text{Vs/m}^2 \cdot \text{m}}{1{,}256\,\text{Vs/A} \cdot 10^{-6}}$ $H_L = 796\,178\,\frac{\text{A}}{\text{m}}$

$V_L = H_L l_L$

$V_L = 796\,178\,\frac{\text{A}}{\text{m}} \cdot 0{,}005\,\text{m}$ $\Theta_L = 3980{,}89\,\text{A}$

Gesamtdurchflutung:

$\Theta = 216\,\text{A} + 3980{,}89\,\text{A}$

Ergebnis: $\Theta = 4196{,}89\,\text{A}$

345. Bestimme an Hand der Magnetisierungskurve für Dynamobleche die magnetischen Induktionen für die Feldstärken $3{,}5 \cdot 10^2$ A/m; $5{,}5 \cdot 10^2$ A/m; $7{,}5 \cdot 10^2$ A/m; $9{,}5 \cdot 10^2$ A/m und $12 \cdot 10^2$ A/m!

346. Ermittle aus der Magnetisierungskurve für Transformatorblech (legiertes Blech) die Feldstärken für folgende Induktionen: $6{,}5 \cdot 10^{-1}$ Wb/m²; $8{,}1 \cdot 10^{-1}$ Wb/m²; 0,9 Wb/m²; 1,1 Wb/m²; 1,3 Wb/m²; 1,6 Wb/m²!

347. Wie groß ist der Magnetfluß in einem Transformatorkern aus legiertem Blech mit einer Querschnittsfläche von 16 cm^2, wenn auf diesen eine Feldstärke von $5 \cdot 10^2$ A/m wirkt?

348. Wie groß wäre der Magnetfluß des Transformatorkernes der Aufgabe 347, wenn dieser bei sonst gleichen Daten aus Gußeisen hergestellt wäre?

349. Welchen Aufschluß über den Permeabilitätsfaktor geben die Lösungen der Aufgaben 347 und 348?

350. Welche magnetische Induktion erregt eine Spule mit 850 Windungen bei einem Strom von 1,2 A in einem Magnetkern aus legiertem Blech, wenn dieser eine Gesamtlänge von 30 cm hat und der Magnetkern geschlossen ist?

351. Welchen Magnetfluß führt ein Kern aus Dynamoblech, der bei einer mittleren Feldlinienlänge von 80 cm eine Querschnittsfläche von 24 cm^2 hat? Der Magnetfluß wird erregt durch eine Spule mit 800 Windungen, durch die ein Strom von 0,5 A fließt. Der Magnetkern ist geschlossen.

352. Den Magnetfluß in einem Kern von 120 cm^2 Querschnitt erregt eine Spule mit 1200 Windungen. Die Spule hat einen ohmschen Widerstand von 400 Ω und liegt an einer Gleichspannung von 220 V. Das Kernmaterial ist Stahlguß. Gesucht sind die magnetische Induktion und der Magnetfluß bei 100 cm Feldlinienlänge, bei geschlossenem Magnetkern.

353. Welche magnetische Induktion entsteht in Dynamoblech bei einer Feldstärke von 200 A/m, wenn der Permeabilitätsfaktor $\mu = 4 \cdot 10^{-5}$ Ωs/cm ist?

354. In einem Kern aus Gußstahl wird der Magnetfluß durch eine Spule mit 1200 Windungen erregt. Die Spule hat einen Widerstand von 400 Ω und liegt an einer Gleichspannung von 220 V Abmaße in mm.

Gesucht sind die magnetische Induktion und der Magnetfluß.

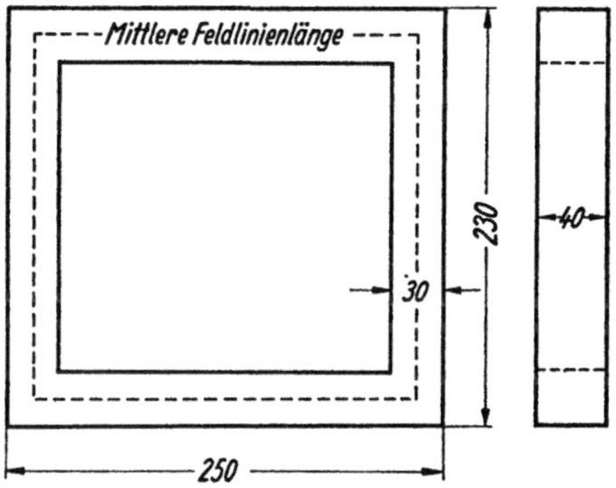

355. Ein Eisenkern aus legiertem Blech hat eine Querschnittsfläche von 38 cm^2. Bei einer mittleren Feldlinienlänge von 70 cm Eisenweg hat der Kern einen Luftspalt von 3 mm. Welche magnetische Durchflutung ist erforderlich, wenn ein Magnetfluß von $418 \cdot 10^{-5}$ Wb gefordert wird?

356. In einer elektrischen Maschine besteht der Feldlinienweg aus folgenden Teilen: 150 mm in Dynamoblech von 80 cm^2 Querschnittsfläche, 750 mm in Stahlguß mit einer Querschnittsfläche von 120 cm^2 und zwei Luftspalten von je 0,65 mm Länge, in denen die gleiche Induktion besteht wie im Dynamoblech. Im Magnetkreis soll ein Magnetfluß von $3{,}6 \cdot 10^{-3}$ Wb erregt werden. Errechne die erforderliche magnetische Durchflutung!

357. Welche magnetische Durchflutung ist erforderlich, um in dem im Bild skizzierten Kern einen Magnetfluß von $9{,}2 \cdot 10^{-4}$ Wb zu erregen? (Material: Transformatorblech.) Maße in mm.

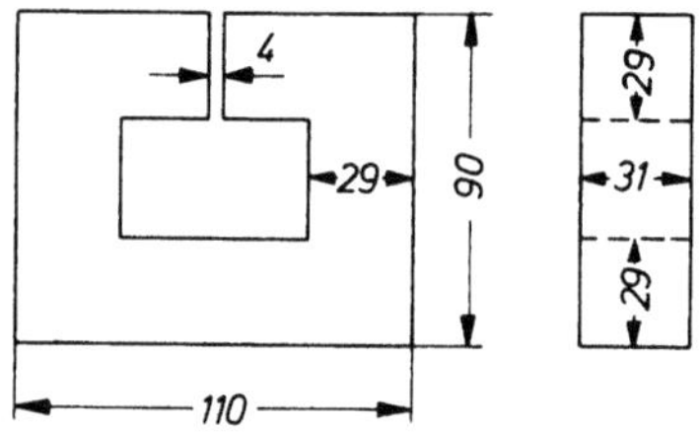

358. Bestimme für den im Bild skizzierten Eisenkern die magnetische Durchflutung, die notwendig ist, um einen Magnetfluß von $0{,}81 \cdot 10^{-3}$ Wb zu erregen! (Material: Dynamoblech.) Maße in mm.

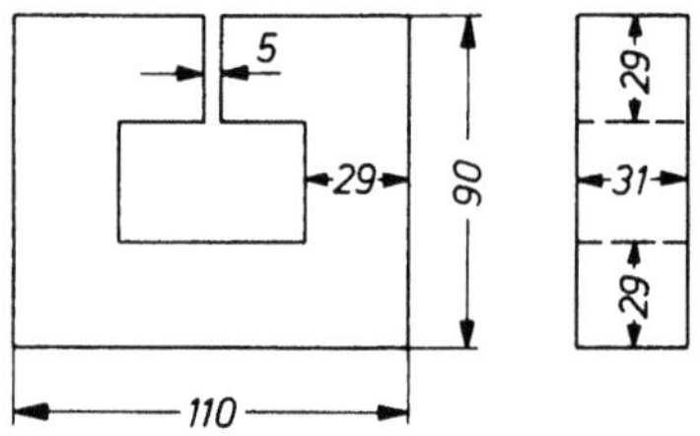

2.4. Tragkraft von Elektromagneten

● *Lösungsbeispiel:*

Ein Elektromagnet hat eine magnetische Induktion von 1 T und eine Polfläche von 20 cm^2. Wie groß ist die Tragkraft des Magneten?

Gegeben: Induktion $B = 1\,\frac{\text{Wb}}{\text{m}^2} = 1\,\frac{\text{Vs}}{\text{m}^2}$

Polfläche $A = 20 \cdot 10^{-4}\,\text{m}^2$

Gesucht: Tragkraft F

Lösung: $F = \frac{A\,B^2}{2\,\mu_0}$

$$F = \frac{20 \cdot 10^{-4}\,\text{m}^2 \cdot 1\,\text{Vs} \cdot 1\,\text{Vs} \cdot \text{A} \cdot \text{m}}{2 \cdot 1{,}256 \cdot 10^{-6}\,\text{Vs} \cdot \text{m}^2 \cdot \text{m}^2}$$

$$F = \frac{2 \cdot 10^{-3}\,\text{Vs} \cdot \text{A}}{2{,}512 \cdot 10^{-6} \cdot \text{m}}$$

$$F = \frac{2 \cdot 10^{3}\,\text{VsA}}{2{,}512\,\text{m}}$$

Ergebnis: $F = 796{,}17\,\text{N} = 79{,}617\,\text{daN}$

359. Welche Tragkraft hat ein Elektromagnet, dessen magnetische Induktion 0,9 T beträgt, wenn seine Polfläche 24 cm^2 groß ist?

360. Die Polfläche eines Elektromagneten beträgt 36 cm^2. Welche Tragkraft wird entwickelt, wenn die magnetische Induktion $13 \cdot 10^{-1}$ T ist?

361. Bei einer magnetischen Induktion von $15 \cdot 10^{-1}$ T hat ein Elektromagnet eine Polfläche von 18 cm^2. Wie groß ist seine Tragkraft?

362. Die magnetische Induktion des Magneten der Aufgabe 361 wird um 20 % gesenkt. Wieviel Prozent beträgt die Minderung der Tragkraft bei gleicher Polfläche?

363. Wie verhält sich die Tragkraft eines Elektromagneten von 25 cm^2 Polfläche bei einer magnetischen Induktion von 1,1 T zur Tragkraft eines Magneten mit gleicher Induktion, aber mit einer um 20 % größeren Polfläche?

364. Ermittle die Tragkraft von Elektromagneten!

	a)	b)	c)	d)	
A	8	14	34	39	$\cdot 10^{-4} m^2$
B	$8{,}5 \cdot 10^{-1}$	$9{,}0 \cdot 10^{-1}$	1,2	$8 \cdot 10^{-1}$	T

	e)	f)	g)	h)	
A	2251	2222	16	225	$\cdot 10^{-4} m^2$
B	1,05	$7{,}5 \cdot 10^{-1}$	1	1,65	T

365. Welche Polfläche hat ein Elektromagnet mit einer magnetischen Induktion von 1 T, wenn seine Tragkraft 980,66 N beträgt?

366. Bei einer magnetischen Induktion von $9 \cdot 10^{-1}$ T soll ein Elektromagnet eine Tragkraft von 1176,8 N entwickeln. Berechne die erforderliche Polfläche!

367. Ein Elektromagnet hat eine magnetische Induktion von $12 \cdot 10^{-2}$ T. Berechne die erforderliche Polfläche, wenn eine Tragkraft von 5884 N aufgebracht werden muß!

368. Die Tragkraft eines Hufeisenmagneten beträgt 981 N bei einer Gesamtpolfläche von 0,4 m^2. Berechne die magnetische Induktion in Wb/m^2!

2.5. Kraftwirkung im Magnetfeld

● *Lösungsbeispiel 1:*

Ein Leiter, der von 10 A durchflossen wird, befindet sich mit einer Länge von 20 cm in einem Magnetfeld mit der Induktion von $6 \cdot 10^{-1}$ T. Welche Kraft wirkt auf den Leiter?

Gegeben: Stromstärke $I = 10$ A
Leiterlänge $l = 20$ cm
Induktion $B = 6 \cdot 10^{-1}$ T

Gesucht: Kraft F

Lösung: $F = BIl$

$$F = \frac{0{,}6\ \text{Vs} \cdot 10\ \text{A} \cdot 0{,}2\ \text{m}}{\text{m}^2}$$

Ergebnis: $F = 120\,\frac{\text{Ws}}{\text{m}} = 120\ \text{N}$

● *Lösungsbeispiel 2:*

Ein Elektromotor hat im Luftspalt eine magnetische Induktion von $7 \cdot 10^{-1}$ T. Welche Umfangskraft greift am Anker an, wenn dieser bei einer Länge von 25 cm 822 wirksame Leiter hat, die von einem Ankerstrom von 15 A durchflossen werden?

Gegeben:

Induktion	$B = 7 \cdot 10^{-1}$ T
Leiterlänge	$l = 25$ cm
Anzahl der wirksamen Leiter	$z = 822$
Ankerstrom	$I = 15$ A

Gesucht: Umfangskraft F

Lösung: $F = BIlz$

$$F = \frac{0{,}7\ \text{Vs} \cdot 15\ \text{A} \cdot 0{,}25\ \text{m} \cdot 822}{\text{m}^2}$$

Ergebnis: $F = 2157{,}75\,\frac{\text{Ws}}{\text{m}} = 2157{,}75\ \text{N}$

369. Der Anker eines Gleichstrommotors hat eine Länge von 200 mm. In 664 wirksamen Leitern fließt ein Ankerstrom von 20 A. Welche Umfangskraft wirkt am Anker des Motors, wenn dieser im Luftspalt eine Induktion von $8 \cdot 10^{-1}$ T hat?

370. Welche Umfangskraft entsteht an dem 15 cm langen Anker eines Gleichstrommotors, wenn der Ankerstrom 14 A beträgt und bei 744 wirksamen Leitern im Luftspalt eine Induktion von $9 \cdot 10^{-1}$ T herrscht?

371. Die Induktion im Luftspalt eines Elektromotors beträgt $65 \cdot 10^{-2}$ T. Von 1364 Ankerleitern, durch die ein Ankerstrom von 18 A fließt, liegen 75 % im Magnetfeld. Die im Feld liegende Ankerlänge beträgt 22 cm. Wie groß ist
a) die Anzahl der wirksamen Leiter,
b) die Umfangskraft?

372. Der Anker eines Gleichstrommotors ist 120 mm lang. Von 340 Windungen liegen nur 65 % unter den Magnetpolen. Die Induktion beträgt $6 \cdot 10^{-1}$ T, der Ankerstrom 8 A. Wie groß ist
a) die Anzahl der wirksamen Leiter,
b) die Umfangskraft?

373. Bei einer Luftspaltinduktion von $8{,}5 \cdot 10^{-1}$ T hat der 14 cm lange Anker eines Gleichstrommotors 260 Windungen, die von einem Ankerstrom von 4,5 A durchflossen werden. Das Verhältnis der Polbreite zur Polteilung ist 3:4. Wie groß ist
a) die Anzahl der wirksamen Ankerleiter,
b) die Umfangskraft des Motors?

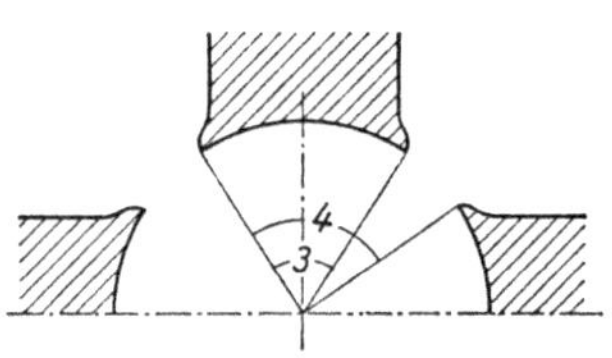

2.6. Spannungserzeugung im Magnetfeld

● *Lösungsbeispiel:*

Durch ein Kraftfeld mit der magnetischen Induktion von 1 T bewegt sich ein 20 cm langer Leiter senkrecht zu den Feldlinien mit einer Geschwindigkeit von 1500 cm/s. Wie groß ist die induzierte Urspannung?

Gegeben: Induktion $B = 1$ T
Leiterlänge $l = 20$ cm
Geschwindigkeit $v = 1500$ cm/s

Gesucht: Induzierte Urspannung U_0

Lösung: $U_0 = Blv$

$U_0 = 1 \cdot \text{Vs}\,\text{m}^{-2} \cdot 0{,}2\ \text{m} \cdot 15\,\text{m}\,\text{s}^{-1}$

Ergebnis: $U_0 = 3$ V

374. Ein 25 cm langer Leiter wird mit 1200 cm/s senkrecht durch ein Magnetfeld von $8 \cdot 10^{-1}$ T bewegt. Wie groß ist die induzierte Urspannung?

375. Welche Urspannung wird in einem 30 cm langen Leiter induziert, wenn die magnetische Induktion $9{,}5 \cdot 10^{-1}$ T und die Leitergeschwindigkeit 1000 cm/s betragen?

376. 200 in Reihe geschaltete Leiter von je 20 cm Länge werden mit einer Geschwindigkeit von 1250 cm/s durch ein Magnetfeld mit einer magnetischen Induktion von $88 \cdot 10^{-1}$ T bewegt. Wie groß ist die induzierte Spannung?

377. Wie groß ist die Urspannung, die in 375 Leitern von je 18 cm Länge erzeugt wird, wenn die Leiter mit einer Geschwindigkeit von 975 cm/s durch ein Magnetfeld von $12 \cdot 10^{-1}$ T bewegt werden?

378. Ein Hochspannungs-Generator hat 240 Ankerleiter, je 800 mm lang, wovon immer 70 % das Magnetfeld durcheilen. Der Ankerdurchmesser d_A beträgt 600 mm bei $n = 1500$ 1/min die magnetische Induktion B 1,2 · T. Berechne die erzeugte Urspannung!

379. Welche magnetische Induktion in T ist erforderlich, wenn ein Gleichstromgenerator mit 160 Ankerleitern, davon immer 80 % im Magnetfeld, je Leiter 30 cm lang, eine Urspannung von 346 V erzeugen soll. Die Leitergeschwindigkeit beträgt 10 m/s!

3. Kapazität-Kondensatorschaltungen

● *Lösungsbeispiel:*

Zwei Kondensatoren von 3,5 μF und 2,0 μF sind in Reihe geschaltet. Wie groß ist die Gesamtkapazität?

Gegeben: Einzelkapazitäten $C_1 = 3{,}5\ \mu F$
$C_2 = 2{,}0\ \mu F$

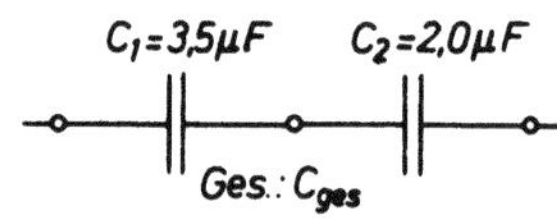

Gesucht: Gesamtkapazität C

Lösung:
$$C = \frac{C_1 C_2}{C_1 + C_2}$$
$$C = \frac{3{,}5\ \mu F \cdot 2{,}0\ \mu F}{3{,}5\ \mu F + 2{,}0\ \mu F}$$
$$C = \frac{7{,}0\ (\mu F)^2}{5{,}5\ \mu F}$$

Ergebnis: $C = 1{,}27\ \mu F$

380. Einem Kondensator mit 300 pF ist ein zweiter derart zuzuschalten, daß eine Gesamtkapazität von 200 pF entsteht. Wie groß muß der zweite Kondensator sein, und wie wird er geschaltet?

381. Vier Kondensatoren mit 3,8 μF, 0,8 μF, 0,5 μF und 2,0 μF sind einmal parallel und einmal in Reihe geschaltet! Wie groß ist die Gesamtkapazität und X_C bei 50 Hz?

382. Wie groß ist die Gesamtkapazität und X_c bei f = 10 kHz, dreier hintereinandergeschalteter Kondensatoren mit den Einzelkapazitäten C_1 = 100 pF, C_2 = 60 pF und C_3 = 200 pF?

383. Wie groß ist die Gesamtkapazität zweier Kondensatoren von 6 μF und 8 μF und an welcher Spannung liegt jeder bei f = 50 Hz?
   a) Bei Parallelschaltung ist I_{C_1} = 0,716 A; I_{C_2} = 0,954 A!
   b) Bei Reihenschaltung ist I_C = 0,54 A!

384. Die Gesamtkapazität von drei Kondensatoren mit 0,000 01 F, 2 μF und 500 nF ist zu berechnen, außerdem, wie groß wird I_C bei U = 220 V, 50 Hz?
   a) bei Parallelschaltung,
   b) bei Reihenschaltung.

4. Grundlagen der Wechselstrom- und Drehstromtechnik

4.1. Periode – Frequenz – Winkelgeschwindigkeit – Kreisfrequenz

● *Lösungshinweis:*

Periodendauer $T = \frac{1}{f}$

Bei Frequenz $f = 50$ Hz dauert 1 Periode $\frac{1}{50}$, Einheit: $\frac{1}{\text{Sekunde}}$

Winkelgeschwindigkeit oder Kreisfrequenz $\omega = 2\pi f$, Einheit: $\frac{1}{\text{Sekunde}}$

385. In einer Lampenfabrik werden Leuchtstofflampen-Zugbeleuchtungsanlagen u.a. für Wechselströme mit Frequenzen von 400...500 Hz entwickelt. Wie lange dauert bei den beiden Grenzfrequenzen ein Schwingungsteil von der Länge $\pi/4$?

386. Eine Ultraschallbohrmaschine arbeitet mit einer Frequenz von 20 kHz. Wie lange dauert bei dieser Frequenz eine halbe Periode?

387. Wie groß ist die Kreisfrequenz eines Wechselstroms von $16\frac{2}{3}$ (60) Hz?

388. Welche Frequenz hat ein Fernsprechwechselstrom, dessen Kreisfrequenz $9420\ \frac{1}{s}$ beträgt?

389. Die Dauer einer halben Periode $\left(\frac{T}{2}\right)$ eines Wechselstroms beträgt $\frac{1}{266}$ s. Zu berechnen sind die Frequenz und die Kreisfrequenz!

4.2. Frequenz und Drehzahl

● *Lösungsbeispiel:*

Ein Wechselstromgenerator hat 2 Polpaare. Wie groß ist die Frequenz des Wechselstromes, wenn der Generator mit 1500 Umdrehungen je Minute läuft?

Gegeben: Polpaare $p = 2$

Drehzahl $n = 1500\ \frac{1}{\text{min}}$

Gesucht: Frequenz f

Lösung:

$$f = \frac{p\,n\ \frac{1}{\text{min}}}{60}$$

$$f = \frac{2 \cdot 1500\ \frac{1}{\text{min}}}{60}$$

$$f = 50\ \frac{1}{s}$$

Ergebnis: $f = 50$ Hz

390. Eine Wechselstrommaschine mit 12 Polpaaren läuft mit einer Drehzahl von 400 $\frac{1}{\text{min}}$. Wie groß ist

a) die erzeugte Frequenz,

b) die Kreisfrequenz des erzeugten Wechselstromes?

391. Ein Wechselstromgenerator hat 4 Pole und läuft mit einer Drehzahl von 750 $\frac{1}{\text{min}}$. Berechne

a) die Frequenz,

b) die Kreisfrequenz des erzeugten Wechselstromes!

392. Eine Wechselstrommaschine wird mit 1000 Umdrehungen je Minute angetrieben. Die Maschine hat 12 Polpaare. Zu berechnen sind

a) die erzeugte Frequenz,

b) die Kreisfrequenz,

c) die Periodendauer des erzeugten Wechselstromes!

393. Eine Hochfrequenzmaschine hat bei 90 Polpaaren im Ständer und Läufer eine Drehzahl von 10 000 $\frac{1}{\text{min}}$. Wie groß ist die Frequenz der Wechselspannung?

394. Die Generatoren in einem Bahnkraftwerk haben 8 Pole und laufen mit 250 Umdrehungen je Minute.

a) Welche Frequenz hat der Wechselstrom?

b) Wie groß ist die Periodendauer des Wechselstromes?

395. Ein Generator soll einen Wechselstrom von 60 Hz erzeugen. Mit welcher Drehzahl muß die Maschine angetrieben werden, wenn sie 8 Pole hat?

396. Eine Maschine soll mit einer Drehzahl von 500 $\frac{1}{\text{min}}$ laufen. Berechne die Anzahl der Polpaare, die für einen Wechselstrom von 50 Hz erforderlich ist!

397. Ein achtpoliger Wechselstromgenerator soll einen Wechselstrom von 333 Hz erzeugen. Mit welcher Drehzahl muß die Maschine angetrieben werden?

398. Der Wechselstromgenerator in Aufgabe 397 soll mit einem Gleichstrommotor angetrieben werden, der mit einer vorhandenen Keilriemenübersetzung dem Generator eine Drehzahl von 4500 $\frac{1}{\text{min}}$ erteilt.

a) Um wieviel Prozent weicht die Drehzahl vom Sollwert ab?

b) Um wieviel Prozent weicht die Frequenz vom Sollwert ab?

399. In welchen Grenzen darf die Drehzahl eines 12poligen Generators schwanken, wenn die Nennfrequenz von 50 Hz mit ± 1 % Genauigkeit eingehalten werden soll?

400. Ein zweipoliger Drehstrom-Synchronmotor benötigt zum Antrieb einer Kreiselkompaßanlage 400 Hz. Wie hoch ist seine synchrone Drehzahl?

401. Welche Frequenz erzeugt ein achtpoliger Drehstrom-Synchrongenerator für $3 \cdot 130$ V bei 5000 $\frac{1}{\text{min}}$?

4.3. Effektivwert – Scheitelwert

● *Lösungsbeispiel:*

Ein Dreheisenstrommesser zeigt einen Wechselstrom von 10 A an. Wie groß ist der Scheitelwert dieses Stromes?

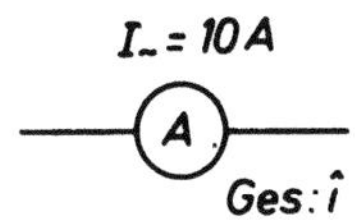

Gegeben: Effektivwert I = 10 A

Gesucht: Scheitelwert $\hat{i}$

Lösung: $\hat{i} = 1{,}414 I$

$\hat{i} = 1{,}414 \cdot 10$ A

Ergebnis: $\hat{i} = 14{,}14$ A

402. Wie groß ist der Scheitelwert einer Wechselspannung von 220 kV?

403. Welche Scheitelwerte treten an einem Rapidschalter für 3100 V und 2,6 kA auf?

404. Die Wicklung elektrischer Maschinen muß nach VDE 0530 „Regeln für elektrische Maschinen" zur Feststellung ausreichender Isolation der Wicklungsprüfung unterzogen werden. Für Maschinen über 1 kW und einer Spannung bis 1000 V beträgt die Prüfspannung 2 · Nennspannung + 1000 V, mindestens aber 1500 V. Welche Scheitelwerte hat die Prüfspannung für eine Maschine von

a) 230 V
b) 600 V?

405. Für Maschinen mit einer Nennspannung von 2 kV bis 6 kV beträgt die Prüfspannung 2,5 · Nennspannung. Wie groß sind Effektiv- und Scheitelwert der Prüfspannung für einen Hochspannungsmotor von 3000 V?

406. Die Spannung eines Wechselstromgenerators hat einen Scheitelwert von 566 V. Wie groß ist

a) die Nennspannung (Effektivwert) der Maschine,
b) der Scheitelwert der Prüfspannung?

407. Erdkabel müssen nach VDE 0255 „Vorschriften für Papierbleikabel in Starkstromanlagen" im Herstellerbetrieb und nach der Verlegung einer Spannungsprüfung unterzogen werden.

Ein Erdkabel NAKBA für 15 kV muß mit einer Wechselspannung von $2U$ + 1000 V geprüft werden. Wie groß ist

a) der Effektivwert der Prüfspannung,
b) der Scheitelwert der Prüfspannung?

408. Gummiaderisolierte Leitungen NGA und kunststoffisolierte Leitungen NYA müssen nach VDE 0250 „Vorschriften für isolierte Starkstromleitungen" und VDE 0472 „Regeln für die Durchführung von Prüfungen isolierter Leitungen und Kabel" einer Prüfung mit 2 kV Prüfspannung unterzogen werden. Diese Leitungen sind zulässig bis zu einer Nennspannung von 1000 V. Wie groß ist

a) der Scheitelwert der Prüfspannung,
b) der Scheitelwert der Nennspannung?

4.4. Induktivität, induktiver Widerstand und Scheinwiderstand

- *Lösungsbeispiel 1:*

Eine Spule mit einer Induktivität von 1,5 H liegt an einer Wechselspannung von 50 Hz. Wie groß ist der induktive Blindwiderstand?

Gegeben: Induktivität $L = 1{,}5\ \text{H}$
Frequenz $f = 50\ \text{Hz}$

Gesucht: Induktiver Blindwiderstand X_L

Lösung: $X_L = 2\pi f L$

$X_L = 2 \cdot 3{,}14 \cdot 50 \frac{1}{\text{s}} \cdot 1{,}5\ \Omega\text{s}$

Ergebnis: $X_L = 471\ \Omega$

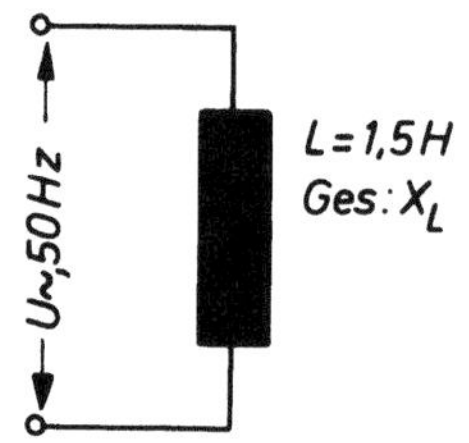

- *Lösungsbeispiel 2:*

Der Scheinwiderstand einer Spule ist 120 Ω, der Wirkwiderstand wurde zu 8 Ω gemessen. Wie groß ist der induktive Blindwiderstand?

Gegeben: Scheinwiderstand $Z = 120\ \Omega$
Wirkwiderstand $R = 8\ \Omega$

Gesucht: Induktiver Blindwiderstand X_L

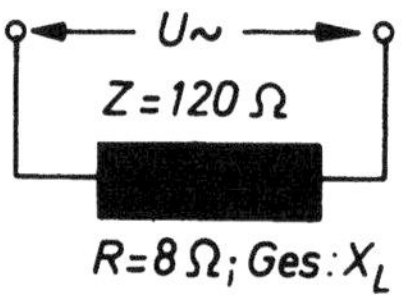

Lösung:

$$Z = \sqrt{R^2 + X_L^2}$$
$$Z^2 = R^2 + X_L^2$$
$$X_L^2 = Z^2 - R^2$$
$$X_L = \sqrt{Z^2 - R^2}$$
$$X_L = \sqrt{(120\ \Omega)^2 - (8\ \Omega)^2}$$
$$X_L = \sqrt{14\,400\ \Omega^2 - 64\ \Omega^2}$$
$$X_L = \sqrt{14\,336\ \Omega^2}$$
$$X_L = \sqrt{14\,336}\ \Omega$$

Ergebnis: $X_L = 119{,}73\ \Omega$

- *Lösungsbeispiel 3:*

Zwei Drosselspulen mit den Induktivitäten 2,4 H und 3,2 H sind parallelgeschaltet. Wie groß ist die Gesamtinduktivität?

Gegeben: Induktivität $L_1 = 2{,}4\ \text{H}$
$L_2 = 3{,}2\ \text{H}$

Gesucht: Gesamtinduktivität L_{ges}

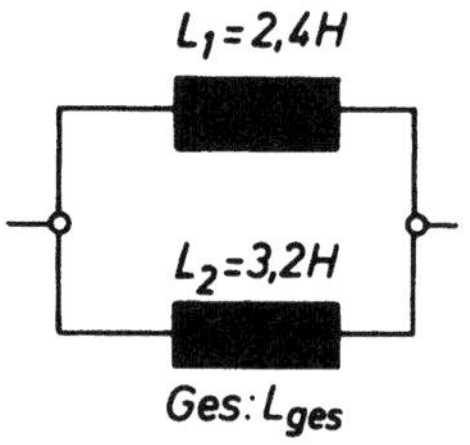

Lösung:

$$L_{ges} = \frac{L_1 L_2}{L_1 + L_2}$$

$$L_{ges} = \frac{2{,}4\ \text{H} \cdot 3{,}2\ \text{H}}{2{,}4\ \text{H} + 3{,}2\ \text{H}}$$

$$L_{ges} = \frac{7{,}68\ \text{H}^2}{5{,}6\ \text{H}}$$

Ergebnis: $L_{ges} = 1{,}4\ \text{H}$

409. Eine Spule liegt an einer Wechselspannung mit der Frequenz von 50 Hz und hat eine Induktivität von 0,5 H. Wie groß ist ihr induktiver Widerstand?

410. Die Induktivität einer Spule ist 0,75 H. Wie groß ist der induktive Widerstand, wenn die Spule an einer Wechselspannung mit der Frequenz $16\frac{2}{3}$ Hz liegt?

411. Berechne den induktiven Widerstand einer Drosselspule, die eine Induktivität von 2 H besitzt und von einem Wechselstrom von der Frequenz 25 Hz durchflossen wird!

412. Eine Drosselspule hat die Induktivität 4 H. Wie groß ist der induktive Widerstand bei einem Wechselstrom von

a) 25 Hz,
b) 50 Hz,
c) 800 Hz?

413. Der induktive Widerstand einer Spule ist 785 Ω. Wie groß ist die Induktivität, wenn die Spule an einer Wechselspannung von 50 Hz liegt?

414. Die Kreisfrequenz eines Wechselstromes ist $314\,\frac{1}{s}$. Der induktive Widerstand einer Spule ist 471 Ω. Wie groß ist ihre Induktivität?

415. Eine Drosselspule liegt an einer Wechselspannung mit der Kreisfrequenz $376{,}8\,\frac{1}{s}$. Der induktive Widerstand der Spule beträgt 1884 Ω. Wie groß ist

a) die Induktivität der Spule,
b) die Frequenz der Wechselspannung?

416. An einer Wechselspannung mit der Kreisfrequenz $628\,\frac{1}{s}$ liegt eine Drosselspule mit einem induktiven Widerstand von 3140 Ω. Wie groß ist

a) die Induktivität der Spule,
b) die Frequenz der Wechselspannung?

417. Eine Spule, $L = 0{,}2$ H, liegt an der Kreisfrequenz $\omega = 56\,500\,\frac{1}{s}$. Wie groß sind Blindwiderstand und Frequenz in Kilohertz?

418. Der Blindwiderstand einer Spule beträgt 120 Ω, der Wirkwiderstand 22 Ω. Wie groß ist der Scheinwiderstand?

419. Eine Spule mit einem Wirkwiderstand von 12 Ω hat einen induktiven Widerstand von 85 Ω. Wie groß ist der Scheinwiderstand?

420. Eine Drosselspule mit einer Induktivität von 1,75 H liegt an einer Wechselspannung mit der Frequenz von 50 Hz. Wie groß ist der Scheinwiderstand der Spule, wenn deren Wirkwiderstand mit 30,5 Ω gemessen wurde?

421. Die Induktivität einer Drosselspule beträgt an einer Wechselspannung von 25 Hz 1,35 H. Wie groß ist der Wirkwiderstand, wenn der Scheinwiderstand $Z = 222$ Ω beträgt?

422. An einer Gleichspannung von 24 V fließt durch eine Drosselspule ein Strom von 0,75 A. Wie groß ist der Scheinwiderstand der Spule an einer Wechselspannung von 50 Hz, wenn die Induktivität 1,5 H beträgt?

423. Eine Messung ergab bei einer Drosselspule an 24 V Gleichspannung einen Strom von 1,5 A. An einer Wechselspannung von 220 V/50 Hz zeigte der Strommesser 1 A. Berechne
a) den Wirkwiderstand,
b) den Blindwiderstand,
c) den Scheinwiderstand!

424. Eine Drosselspule mit einem Wirkwiderstand von 6 Ω hat einen Scheinwiderstand von 13,42 Ω. Bestimme den Blindwiderstand durch Berechnung!

425. Durch eine Gleichstrommessung wurde der Wirkwiderstand einer Drosselspule zu 14 Ω bestimmt. An einer Wechselspannung 125 V/25 Hz zeigte der Strommesser 0,8 A. Berechne
a) den Scheinwiderstand bei 25 Hz,
b) den Blindwiderstand bei 25 Hz,
c) die Induktivität,
d) den Blindwiderstand bei 50 Hz,
e) den Scheinwiderstand bei 50 Hz!

426. Vergleiche aus den Ergebnissen der Aufgaben 418 bis 425 die Verhältnisse der ohmschen zu den Blind- und Scheinwiderständen und ziehe daraus die Schlußfolgerung!

427. Der Scheinwiderstand einer Spule beträgt 45 Ω, ihr Blindwiderstand 43,8 Ω. Sie nimmt an Gleichstrom 2 A, und an Wechselstrom, 50 Hz, auch 2 A auf.
a) Berechne den Wirkwiderstand;
b) an welchen Spannungen lag die Spule?

428. Eine Drosselspule mit der Induktivität 2,25 H ist mit einer zweiten Drosselspule von 4,5 H in Reihe geschaltet. Wie groß ist bei einer Frequenz von 100 Hz
a) der induktive Widerstand der Drosselspule 1,
b) der induktive Widerstand der Drosselspule 2,
c) der induktive Gesamtwiderstand beider Drosselspulen?

429. Zwei Drosselspulen mit einer Induktivität von je 0,5 H sind parallelgeschaltet. Wie groß ist an einer Wechselspannung von 50 Hz
a) der induktive Widerstand einer Drosselspule,
b) der induktive Gesamtwiderstand beider Drosselspulen?

430. An einer Wechselspannung von 120 V mit der Frequenz von 25 Hz liegen zwei parallelgeschaltete Drosselspulen von je 0,2 H und 1,3 H. Wie groß ist
a) der induktive Widerstand je einer Drosselspule,
b) der induktive Gesamtwiderstand beider Drosselspulen?
c) I_b, I_{b_1} und I_{b_2}?

431. Über eine Leitung wird einmal Gleichstrom 220 V/0,1 A und einmal Wechselstrom von 200 V, 800 Hz geführt. In der Leitung liegt eine Drosselspule von 4 H. Wie groß ist

a) der Wirkwiderstand der Drosselspule für Gleichstrom,
b) der induktive Widerstand der Drosselspule für Wechselstrom?
c) der Scheinwiderstand und der Strom bei $f = 800$ Hz!

432. An einer Wechselspannung von 220 V/50 Hz liegen zwei Drosselspulen von 0,15 H und 50 mH. Wie groß ist

a) der induktive Widerstand je einer Drosselspule,
b) der induktive Widerstand der in Reihe geschalteten Drosselspulen,
c) der induktive Widerstand der parallelgeschalteten Drosselspulen,
d) bei Vernachlässigung des ohmschen Widerstandes der Strom bei Reihenschaltung beider Drosselspulen,
e) bei Parallelschaltung beider Drosselspulen?

4.5. Kapazitiver Widerstand

● *Lösungsbeispiel:*

Ein Kondensator mit einer Kapazität von 10 µF liegt an einer Wechselspannung mit einer Frequenz 50 Hz. Wie groß ist der kapazitive Blindwiderstand?

Gegeben: Kapazität $C = 10\ \mu F$
Frequenz $f = 50$ Hz

Gesucht: Kapazitiver Blindwiderstand X_C

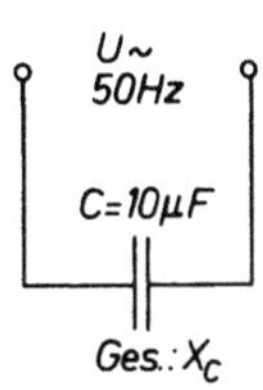

Lösung:

$$X_C = \frac{1}{\omega C}$$

$$\omega = 2\pi f$$

$$\omega = 2 \cdot 3{,}14 \cdot 50 \frac{1}{s} \qquad \omega = 314 \frac{1}{s}$$

$$X_C = \frac{1}{314 \frac{1}{s} \cdot 10 \cdot 10^{-6} \frac{s}{\Omega}}$$

$$X_C = \frac{1\,000\,000\ \Omega}{3140}$$

Ergebnis: $X_C = 318\ \Omega$

433. Wie groß ist der kapazitive Widerstand eines Kondensators mit einer Kapazität von 2 µF an einer Wechselspannung mit der Frequenz von 50 Hz?

434. Ein Kondensator mit einer Kapazität von 60 µF liegt an einer Wechselspannung mit der Frequenz von 50 Hz.

a) Wie groß ist der kapazitive Widerstand?
b) Welcher Blindstrom tritt auf, bei $U = 220$ V?

435. Berechne den kapazitiven Widerstand eines Kondensators mit der Kapazität von 400 µF in einem Wechselstromkreis mit der Frequenz von 50 Hz! An welcher Spannung liegt er, wenn $I_C = 5{,}276$ A ist?

436. Ein Kondensator hat eine Kapazität von 10 μF. Wie groß ist sein kapazitiver Widerstand,
a) bei Wechselstrom von 25 Hz,
b) bei Wechselstrom von 50 Hz,
c) bei Wechselstrom von 100 Hz,
d) bei Wechselstrom von 800 Hz?
e) Wie ändert sich der Strom, wenn U = 220 V konstant bleibt?

437. Wie groß ist die Kapazität eines Kondensators, der bei Wechselstrom mit der Frequenz von 50 Hz (333 Hz) einen kapazitiven Widerstand von 530 Ω hat?

438. Ein Kondensator mit einem kapazitiven Widerstand von 64 Ω liegt an einer Wechselspannung, veränderlich von 220 V bis 380 V, mit der Frequenz von 50 Hz.
a) Wie groß ist die Kapazität des Kondensators?
b) Welche Änderung hat der Kondensatorstrom?

439. An Wechselspannung, 125 V 60 Hz, liegt ein Kondensator C = 0,5 μF. Wie hoch werden an ihm Spitzenspannung und Spitzenstrom und X_C sein?

Gemischte Aufgaben:

440. Welchen Widerstand hat ein Kondensator, C = 5 nF, an einer Frequenz von 8000 Hz?

441. Eine Drosselspule, L = 2 H, liegt mit einer Glühlampe, R = 628 Ω, in Reihe an 220 V, 50 Hz. Berechne Scheinwiderstand, Stromstärke und Spannung an der Drossel und an der Lampe!

442. An 220 V, 50 Hz liegen ein Kondensator, C = 20 μF, und ein Widerstand, R = 200 Ω, in Reihe. Es sind X_C, Z, I, U_C und U_W zu berechnen.

443. In einer Reihenschaltung an 220 V, 50 Hz, finden wir einen Kondensator, C = 20 μF, eine Spule, L = 2 H, und einen ohmschen Widerstand R = 200 Ω. Wie groß sind Z, I, U_C, U_L und U_W?

444. Ein Widerstand R = 1200 Ω liegt mit einer Spule, L = 4,3231 H, und einem Kondensator in Reihe an Wechselstrom 380 V 50 Hz. Der Scheinwiderstand Z beträgt 2000 Ω.
a) Welchen Blindwiderstand und welche Kapazität hat der unbekannte Kondensator?
b) Wie groß wird I und welche Spannungen fallen an R, X_L, X_C ab?
c) Welche Höhe erreicht U_{max} zeitlich an den Widerständen?

445. Parallel liegen an 200 V, 50 Hz eine Glühlampe, P = 200 W, eine Spule, L = 637 mH und ein Kondensator, C = 15,9 μF.
Zu berechnen sind R, X_L, X_C, Z, der fließende Strom, der Lampenstrom, der Spulen- und der Kondensatorstrom!

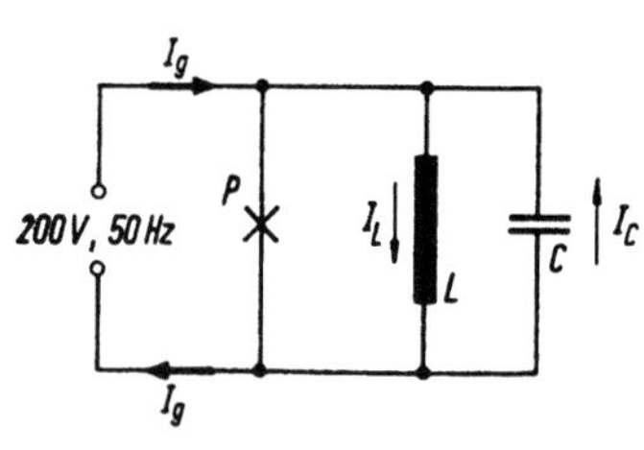

446. Für die gemischte Schaltung sind Z_1, Z_2, I_1, I_2, I_g, Z, U_W, U_L und U_C zu berechnen.

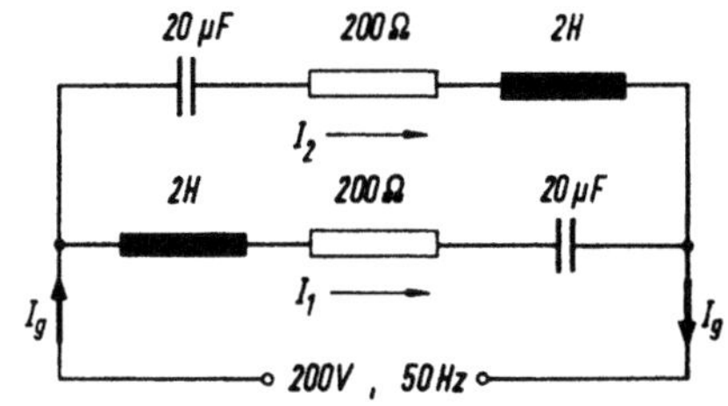

447. An 220 V Wechselstrom, 50 Hz, nimmt eine Schaltspule 50 VA auf. Der Wattmesser zeigt 30 W an. Wie groß sind die Blindleistung, der $\cos\varphi$, der $\sin\varphi$?

448. Die Lampe eines Bildwerfers, 200 W/42 V, soll wegen der Wärmeentwicklung nicht über einen Vorwiderstand, sondern über einen Vorkondensator an 110 V/50 Hz, angeschlossen werden. Welchen Widerstand X_L und welche Kapazität C muß der Kondensator haben?

4.6. Resonanz

449. Für die dargestellte Schaltung ist

a) die Resonanzfrequenz;
b) der Strom im Resonanzfall;
c) die Spannung bei Resonanz zu bestimmen.

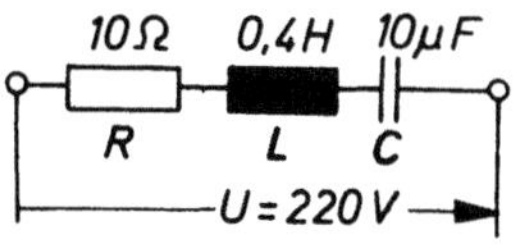

450. Die Spule besitzt eine Induktivität von 20 mH, bei einer Frequenz von 100 Hz. Welche Kapazität muß der Kondensator C_X besitzen, um die von der Spule bedingte Phasenverschiebung auf 0° zu kompensieren?

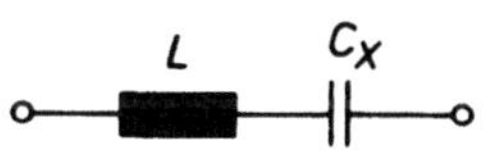

451. Wie hoch ist die Resonanzfrequenz dieser Schaltung?

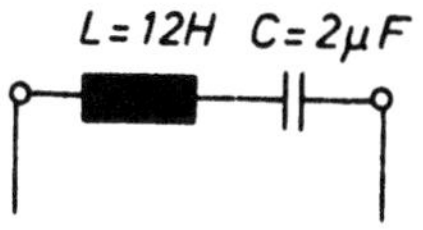

452. Die Eigenfrequenz des verlustlosen Schwingkreises ist zu bestimmen.

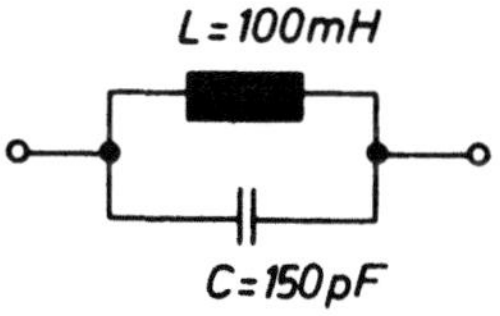

453. Unter der Forderung, einen Parallelschwingkreis mit der Eigenfrequenz von 1500 kHz zu dimensionieren, wird eine Spule mit einer Induktivität von 85 µH verwendet. Welche Kapazität muß der zugehörige Kondensator besitzen (Verluste bleiben unberücksichtigt).

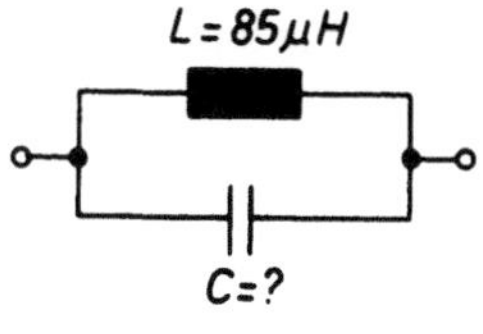

4.7. Komplexe Darstellung von Wechselstromgrößen

4.7.1. Reihenschaltung

454. Der komplexe Widerstand einer Reihenschaltung ist mit $\underline{Z} = (5 + j\,7)\ \Omega$ bekannt. Zu berechnen ist der ohmsche Anteil, die Induktivität der Spule sowie der Phasenwinkel bei einer Netzfrequenz von $f = 50$ kHz.

455. Eine Reihenschaltung besteht aus einem Widerstand $R = 100\ \Omega$ und einer Spule mit der Induktivität $L = 0{,}4$ H. Wie groß ist der Gesamtwiderstand $\underline{Z}$ bei einer Frequenz von 50 Hz?

456. Geben Sie die in Reihe geschalteten Widerstände und den Phasenwinkel des komplexen Widerstandes $\underline{Z} = \frac{2 - j}{2 + j}\ \Omega$ an. ($f = 10$ kHz).

457. Ein Kondensator mit der Kapazität 2 μF ist mit einem Widerstand von $R = 100\ \Omega$ in Reihe geschaltet. Bestimmen Sie den Gesamtwiderstand $\underline{Z}$ bei einer Frequenz von 50 Hz.

458. Der komplexe Leitwert $\underline{Y} = \left(\frac{5 + j\,10}{10 + j\,4}\right)$ S einer Reihenschaltung, bestehend aus Widerstand und Kondensator ist bekannt. Berechnen Sie

a) Widerstand und Kapazität bei einer Frequenz von $f = 10$ kHz;

b) den Phasenwinkel.

459. Berechnen Sie den komplexen Widerstand und Phasenwinkel einer Spule ($R = 1$ kΩ; $L = 10$ H) mit dem in Reihe geschalteten Kondensator $C = 2\ \mu$F. ($f = 50$ Hz).

460. Der Blindwiderstand der Reihenschaltung $\underline{Z} = (8 + j\,10)\ \Omega$ soll als konstant betrachtet werden. Wie groß ist der Wirkwiderstand zu wählen, wenn der Betrag des Widerstandes $|\underline{Z}|$ um das Doppelte zunimmt?

4.7.2. Parallelschaltung

461. Berechnen Sie den komplexen Gesamtwiderstand sowie den Strom- und die Phasenverschiebung der gegebenen Schaltung. $R_1 = R_2 = 10\ \Omega$; $L = 0{,}1$ H; $f = 50$ Hz; $\underline{U} = 220$ V.

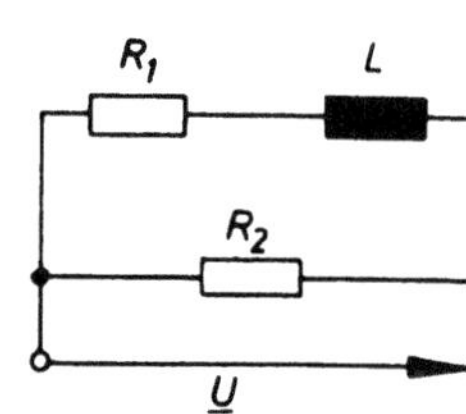

462. Für die gegebene Schaltung ist

a) der komplexe Gesamtwiderstand,

b) die Phasenverschiebung zwischen Strom und Spannung und

c) die Stromstärke zu bestimmen.

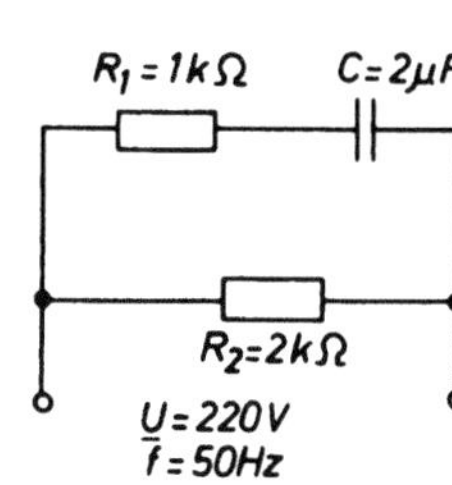

463. Ermitteln Sie für die Parallelschaltung
a) den komplexen Gesamtwiderstand,
b) die Phasenverschiebung,
c) den Strom I.

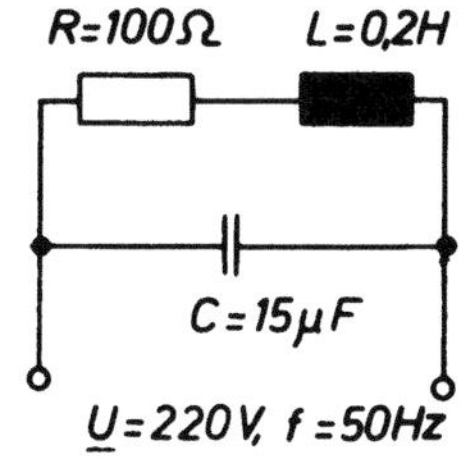

4.8. Phasenverschiebung und Leistungsfaktor

4.8.1. Phasenverschiebung bei induktiver und kapazitiver Belastung

● *Lösungsbeispiel:*

Ein in der Zuleitung eines Wechselstrommotors liegender Strommesser zeigt 10 A an. Auf dem Leistungsschild des Motors ist $\cos\varphi = 0{,}8$ angegeben.

a) Bestimme den Phasenwinkel φ!
b) Zerlege den Gesamtstrom in Wirk- und Blindstrom!

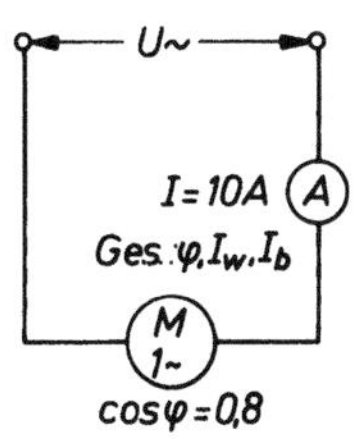

Gegeben: effektive Stromstärke $I = 10$ A, $\cos\varphi = 0{,}8$

Gesucht: a) Phasenwinkel φ
b) Wirkstrom I_W, Blindstrom I_b

Lösung a): $\cos\varphi = 0{,}8$

Ergebnis: $\varphi = 36^\circ\,50'$

Lösung b):

$I_W = I \cdot \cos\varphi$

$I_W = 10\text{ A} \cdot 0{,}8 = 8\text{ A}$

$I_b = I \cdot \sin\varphi$

$\varphi = 36^\circ\,50'$ aus Tabelle: $\sin 36^\circ\,50' = 0{,}6$

$I_b = 10\text{ A} \cdot 0{,}6 = 6\text{ A}$

Ergebnis: $I_W = 8$ A
$I_b = 6$ A

Probe: I_W und I_b bilden die Katheten und I die Hypotenuse eines rechtwinkligen Dreiecks.

Nach Pythagoras:

$I^2 = I_W^2 + I_b^2$

$I^2 = (8\text{ A})^2 + (6\text{ A})^2$

$I^2 = 64\text{ A}^2 + 36\text{ A}^2$

$I^2 = 100\text{ A}^2$

$I = \sqrt{100\text{ A}^2}$ $I = 10$ A

464. Bestimme nach der Tabelle die Sinus für folgende Winkelwerte (2 Stellen): 15°, 20° 30′, 24°, 30°, 37°, 44° 30′, 65°, 75°, 87°, 90°!

465. Bestimme nach der Tabelle die Cosinus für folgende Winkelwerte (2 Stellen): 0°, 5°, 19° 50′, 23°, 30° 40′, 36° 50′, 45° 30′, 60°, 72° 30′, 90°!

466. Bestimme nach der Tabelle die zugehörigen Sinuswerte für $\cos\varphi = 0{,}5; 0{,}55; 0{,}60$; fortschreitend bis $\cos\varphi = 1$!

467. In einem induktiv belasteten Stromkreis zeigt der Strommesser 5 A an. Zerlege diesen Gesamtstrom in Wirk- und Blindstrom, wenn der $\cos\varphi = 0{,}8$ ist!

468. In der Zuleitung eines Phasenschieberkondensators fließt ein Strom von 6,5 A. Wie groß ist der kapazitive Blindstrom bei einer Phasenverschiebung von 90° (86°)?

469. Ein Wechselstrommotor liegt an einer Netzspannung von 220 V. In der Zuleitung fließt ein Strom von 65 A. $\cos\varphi = 0{,}88$; (0,75). Wie groß sind Wirk- und Blindstrom?

470. Welche Spannung wird in dem Motor der Aufgabe 469 zur Überwindung des induktiven Blindwiderstandes benötigt? (Zerlegen in Wirk- und Blindspannung!)

471. Die Leistung eines Drehstrom-Synchron-Phasenschiebers beträgt 25 Mvar bei einer Spannung von 10,5 kV. Wie groß ist der Blindstrom?

472. An eine Wechselspannung von 220 V ist ein Motor angeschlossen, dessen Gesamtstrom 50 A beträgt. Wie groß ist bei $\cos\varphi = 0{,}88$

a) der Wirkstrom,
b) der Blindstrom,
c) die Wirkspannung,
d) die Blindspannung?

473. In einer induktiv belasteten Wechselstromleitung beträgt der Wirkstrom 16 A und der Blindstrom 12 A.

a) Wie groß ist der Gesamtstrom?
b) Wie groß ist der $\cos\varphi$?
c) Wie groß ist der $\sin\varphi$?
d) Bestimme den Gesamtstrom durch Zeichnen des entsprechenden Dreiecks!
e) Prüfe die ermittelten Werte mit Hilfe der Tabelle!

4.8.2. Wechselstromleistung und Leistungsfaktor

● *Lösungsbeispiel 1:*

Ein Wechselstrommotor mit einer Wirkleistung von 4 kW liegt an einer Netzspannung von 220 V und nimmt einen Strom von 22,7 A auf. Wie groß sind Schein- und Blindleistung sowie der Leistungsfaktor?

Gegeben: Wirkleistung $P = 4$ kW
Netzspannung $U = 220$ V
Stromstärke $I = 22{,}7$ A

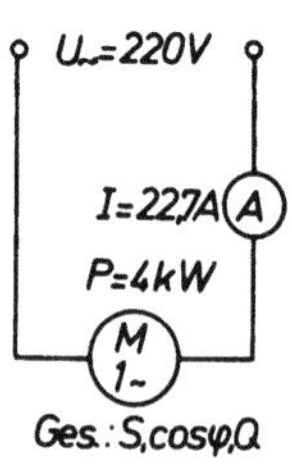

Gesucht: a) Scheinleistung S
b) Leistungsfaktor $\cos\varphi$
c) Blindleistung Q

Lösung a): $S = UI$
$S = 220 \text{ V} \cdot 22{,}7 \text{ A}$

Ergebnis: $S = 4994$ VA

Lösung b): $P = UI\cos\varphi$

$$\cos\varphi = \frac{P}{UI}$$

$$\cos\varphi = \frac{4000\ \text{W}}{4994\ \text{VA}}$$

Ergebnis: $\cos\varphi = 0{,}8$

Lösung c): $Q = UI\sin\varphi$

$\varphi = 36^\circ\ 50'$ (aus der Kosinustabelle)

$\sin\varphi = 0{,}6$ (aus der Sinustabelle)

$Q = 220\ \text{V} \cdot 22{,}7\ \text{A} \cdot 0{,}6$

Ergebnis: $Q = 2996\ \text{var}$

● *Lösungsbeispiel 2:*

Ein Wechselstrommotor nimmt eine Scheinleistung von 5 kVA und eine Wirkleistung von 4 kW auf. Wie groß ist die Blindleistung?

Gegeben: Scheinleistung $S = 5\ \text{kVA}$
Wirkleistung $P = 4\ \text{kW}$

Gesucht: Blindleistung Q

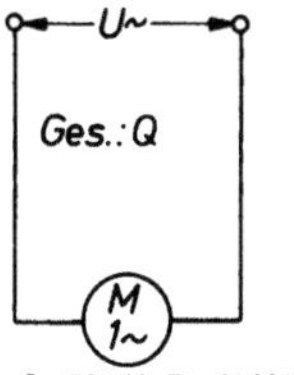

Lösung: $S^2 = P^2 + Q^2$

$Q^2 = S^2 - P^2$

$Q = \sqrt{S^2 - P^2}$

$Q = \sqrt{(5\ \text{kVA})^2 - (4\ \text{kW})^2}$

$Q = \sqrt{25\ (\text{kVA})^2 - 16\ (\text{kW})^2}$

$Q = \sqrt{9\ (\text{kvar})^2}$

Ergebnis: $Q = 3\ \text{kvar}$

474. Eine Drosselspule läßt bei Anschluß an 220 V einen Wechselstrom von 0,91 A fließen. Wie groß ist bei einem Leistungsfaktor 0,5

a) die Scheinleistung,
b) die Wirkleistung,
c) die Blindleistung?

475. Die Betriebsspannung eines Wechselstrommotors ist 220 V. Bei einem Leistungsfaktor 0,82 fließt ein Strom von 12,5 A. Berechne

a) die Scheinleistung,
b) die Blindleistung,
c) die Wirkleistung!

476. Ein Motor liegt an einer Wechselspannung von 220 V. In der Zuleitung fließt ein Strom von 9,1 A bei einem Leistungsfaktor 0,8. Wie groß ist

a) die Scheinleistung,
b) die Wirkleistung,
c) die Blindleistung,
d) der Blindstrom?

477. An einer Netzspannung von 220 V liegt ein Motor mit einer Stromaufnahme von 14 A und einem Leistungsfaktor 0,82 sowie ein Motor, der bei $\cos\varphi = 0{,}8$ einen Strom von 8,5 A fließen läßt.

Berechne für jeden Motor

a) die Scheinleistung,
b) die Wirkleistung,
c) die Blindleistung,
d) den Blindstrom,
e) den Wirkstrom,
f) den in der gemeinsamen Hauptleitung fließenden Strom!

478. Der Leistungsmesser in der Zuleitung eines Repulsionsmotors für 225 V, 50 Hz, zeigt 4524 Watt an. Gesucht sind bei einer Stromaufnahme von 25,78 A

a) die Scheinleistung, der $\cos\varphi$ und der $\sin\varphi$,
b) die Blindleistung,
c) der Wirk- und der Blindstrom!

479. Der Strommesser in der Zuleitung eines Wechselstrommotors zeigt 72 A an, bei $\cos\varphi = 0{,}86$. Wie groß ist

a) der Wirkstrom,
b) der Blindstrom,
c) die Scheinleistung bei einer Netzspannung von 220 V,
d) die Wirkleistung,
e) die Blindleistung?

480. Einer elektrischen Anlage, die 1500 kW benötigt, werden anstelle von 3000 V Gleichstrom über einen Transformator 22 000 V Wechselstrom, bei $\cos\varphi = 0{,}75$, zugeführt.

a) Welcher Strom fließt bei 3000 V und bei 22 000 V in den Zuleitungen?
b) Berechne Schein- und Blindleistung bei Wechselstrom!

481. Bei einem Wirkungsgrad von 86 % und einem Leistungsfaktor von 0,85 gibt ein Generator 72,6 kW an das Netz ab.

Wie hoch ist die Scheinleistung in kVA?

482. Für einen Induktionsschmelzofen werden 150 kVA bei 200 V Wechselspannung benötigt. Der $\cos\varphi$ schwankt zwischen 0,7 ... 0,9.

a) Berechne I, I_w und I_b bei $\cos\varphi = 0{,}7$ und 0,9!
b) Wie groß sind P und Q in beiden Fällen?

483. Ein Wandertransformator, 315 kVA, gibt 20/10/0,4 kV bei $\cos\varphi = 0{,}97$ ab.

a) Welcher Strom fließt bei den einzelnen Spannungen in der Sekundärwicklung?
b) Wie groß sind P und Q?

484. Ein Freiluft-Leistungsschalter ist für 110 kV und 600 A ausgelegt. Welche Blind- und welche Wirkleistung kann er bei einem durchschnittlichen Leistungsfaktor von 0,85 schalten?

485. Generatoren und Transformatoren müssen für die Scheinleistung bemessen sein.

a) Berechne die Scheinleistung eines Transformators für eine Wirkleistung von 200 kW bei den Leistungsfaktoren $\cos\varphi = 1{,}0; 0{,}95; 0{,}9; 0{,}85; 0{,}8; 0{,}75; 0{,}7; 0{,}65; 0{,}6$.

b) Die Abhängigkeit der Scheinleistung vom Leistungsfaktor ist im Schaubild darzustellen!

Maßstab: Waagerechte Achse: 1 mm ≙ 2 kVA
Senkrechte Achse: 10 mm ≙ $\cos\varphi = 0{,}05$

486. Eine Leuchtstofflampe, 49 W (mit Drossel), nimmt an 220 V, 50 Hz, 0,44 A auf. Berechne Scheinleistung, Blindleistung und $\cos\varphi$!

4.9. Phasenkompensation

● *Lösungsbeispiel:*

In der Zuleitung eines Wechselstrommotors für 220 V fließt ein Strom von 40 A. Leistungsfaktor $\cos\varphi = 0{,}85$, Frequenz 50 Hz. Wie groß ist

a) die Scheinleistung,
b) die Wirkleistung,
c) die Blindleistung,
d) die Blindleistung eines Kondensators, der den Leistungsfaktor auf $\cos\varphi' = 0{,}95$ verbessern soll,
e) die Kapazität des Kondensators?

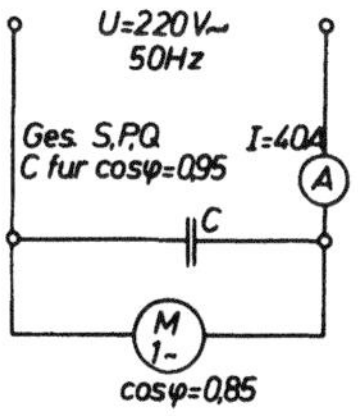

Gegeben:	Spannung	U =	220 V
	Stromstärke	I =	40 A
	Leistungsfaktor	$\cos\varphi$ =	0,85
	Frequenz	f =	50 Hz
	verbesserter Leistungsfaktor	$\cos\varphi'$ =	0,95

Gesucht:
a) Scheinleistung S
b) Wirkleistung P
c) Blindleistung Q
d) Blindleistung des Kondensators Q_C
e) Kapazität des Kondensators C

Lösung a):
$S = UI$
$S = 220\ \text{V} \cdot 40\ \text{A}$
$S = 8800\ \text{VA}$

Ergebnis: $S = 8{,}80\ \text{kVA}$

Lösung b):
$P = UI\cos\varphi$
$P = 220\ \text{V} \cdot 40\ \text{A} \cdot 0{,}85$
$P = 7480\ \text{W}$

Ergebnis: $P = 7{,}48\ \text{kW}$

Lösung c): $Q = UI \sin\varphi$

$\cos\varphi = 0{,}85$

$\varphi = 31^\circ\, 48'$ (aus der Kosinustabelle)

$\sin\varphi = 0{,}527$ (aus der Sinustabelle)

$Q = 220\ \text{V} \cdot 40\ \text{A} \cdot 0{,}527$

$Q = 4638\ \text{var}$

Ergebnis: $Q = 4{,}64\ \text{kvar}$

Lösung d): Bei einem $\cos\varphi' = 0{,}95$ wäre die Gesamtblindleistung

$Q = P \tan\varphi'$

$\cos\varphi' = 0{,}95$

$\varphi' = 18^\circ\, 12'$

$\tan\varphi' = 0{,}329$

$Q = 7480\ \text{W} \cdot 0{,}329$

$Q = 2460{,}9\ \text{var}$ $Q = 2{,}46\ \text{kvar}$

Bei einer induktiven Blindleistung von $Q_L = 4{,}64$ kvar (als Ergebnis des Teiles c) dieser Aufgabe) ergibt sich für die kapazitive Blindleistung aus

$$Q = Q_L - Q_C$$

$$Q_C = Q_L - Q$$

$$Q_C = 4{,}64\ \text{kvar} - 2{,}46\ \text{kvar}$$

Ergebnis: $Q_C = 2{,}18\ \text{kvar}$

Lösung e): $X_C = \frac{1}{2\pi f C}$

$$C = \frac{1}{2\pi f X_C}$$

$$X_C = \frac{U}{I_C}$$

$$I_C = \frac{P_b}{U}$$

$$X_C = \frac{U^2}{Q_C}$$

$$C = \frac{Q_C}{2\pi f U^2}$$

$$C = \frac{2{,}18\ \text{kvar}}{2 \cdot 3{,}14 \cdot 50\ \frac{1}{\text{s}} \cdot (220\ \text{V})^2}$$

$$C = \frac{2{,}18\ \text{kvar}}{314\ \frac{1}{\text{s}} \cdot 48\,400\ \text{V}^2}$$

$$C = \frac{2180\ \text{var s}}{15\,197\,600\ \text{V}^2}$$

$$C = 0{,}000\,144\ \frac{\text{var s}}{\text{V}^2}$$

$$C = 0{,}000\,144\ \frac{\text{s}}{\Omega}$$

$$C = 0{,}000\,144\ \text{F}$$

Ergebnis: $C = 144\ \mu\text{F}$

487. Einem vollbelastetem Wechselstromgenerator für 100 kVA, 220 V und 50 Hz wird von den angeschlossenen Verbrauchern ein Leistungsfaktor $\cos\varphi = 0{,}65$ aufgedrückt. Durch Einbau einer Kondensatorbatterie soll der Leistungsfaktor auf $\cos\varphi = 0{,}95$ verbessert werden. Wie groß ist

a) die abgegebene Wirkleistung bei $\cos\varphi = 0{,}65$,
b) die abgegebene Blindleistung bei $\cos\varphi = 0{,}65$,
c) die Blindleistung mit der Kondensatorbatterie, die den Leistungsfaktor auf 0,95 verbessert,
d) die abgegebene Wirkleistung bei $\cos\varphi = 0{,}95$,
e) die Kapazität des Kondensators?

488. Ein Wechselstrommotor nimmt bei einer Spannung von 220 V und 50 Hz einen Strom von 15 A auf. Die Wirkleistung des Motors ist 2,74 kW. Berechne

a) die Scheinleistung,
b) den Leistungsfaktor,
c) die Blindleistung,
d) die Blindleistung eines Kondensators, der den Leistungsfaktor auf 0,93 verbessert,
e) die Kapazität des Kondensators!

489. An einem Wechselstromnetz 220 V/50 Hz liegen drei Motoren mit nachstehenden Daten:

Motor 1: Stromaufnahme 5 A $\cos\varphi = 0{,}79$, Wirkleistung 870 W
Motor 2: Stromaufnahme 7,5 A, $\cos\varphi = 0{,}8$, Wirkleistung 1320 W
Motor 3: Stromaufnahme 14 A, $\cos\varphi = 0{,}84$, Wirkleistung 2590 W

Berechne die Gesamtwerte der drei Motoren für

a) die Scheinleistung
b) die Wirkleistung
c) die Blindleistung
d) den Leistungsfaktor $\cos\varphi_m$,
e) die Blindleistung für einen Kondensator, der den Leistungsfaktor auf 0,9 verbessert,
f) die Kapazität des Kondensators!

490. In einer Maschinenfabrik betreibt man einen Phasenschieber für 25 Mvar und 10,5 kV. Wie groß müßte die Kapazität eines Kondensators sein, der bei einer Frequenz von 50 Hz die gleiche Blindleistung kompensieren könnte?

491. Eine Freileitung aus Aluminiumseil $3 \cdot 35\ \text{mm}^2$, $1 \cdot 25\ \text{mm}^2$ zu einer Verteiler-Station ist mit 90 A gleichmäßig belastet. Leitungssystem 380 V/3 Mp ~.

a) Welche Wirkleistung kann zusätzlich übertragen werden, wenn bei gleichbleibender Stromstärke von 90 A der Leistungsfaktor der Anlage von $\cos\varphi = 0{,}68$ auf $\cos\varphi = 0{,}95$ verbessert wird?
b) Wie groß sind Scheinleistung, Strom und Leiterquerschnitt, bei $\cos\varphi = 0{,}95$, wenn 40 kW Wirkleistung zu übertragen sind?

492. Ein Betrieb will seine Kapazität vergrößern. Dazu muß ein Motor an das vorhandene, voll ausgelastete Netz angeschlossen werden. Nennleistung des Motors: 5 kW bei 380/220 V, $\cos\varphi = 0{,}86$, $\eta = 0{,}8$. Der Betrieb hat einen Anschlußwert von 30 kW und liegt an einem Drehstromsystem 380 V ~ 3/N. Der Betriebsleistungsfaktor wurde mit $\cos\varphi = 0{,}65$ als unzulässig ermittelt. Der Betriebsingenieur will daher den Leistungsfaktor der Anlage durch Phasenkompensation auf $\cos\varphi = 0{,}95$ erhöhen.

a) Welche Mehrleistung kann durch die Verbesserung des Leistungsfaktors übertragen werden?

b) Kann dabei der 5-kW-Motor ohne Bedenken an das Netz angeschlossen werden?

c) Für welche Kompensationsleistung muß der Kondensator bemessen sein?

d) Wie hoch ist die Kapazität des Kompensationskondensators?

493. 2 Leuchtstofflampen je 40 W (mit Drossel 50 W) nehmen an 220 V, 50 Hz, insgesamt 0,86 A auf. Ihr $\cos\varphi$ soll durch einen Parallelkondensator auf 0,97 gesteigert werden.

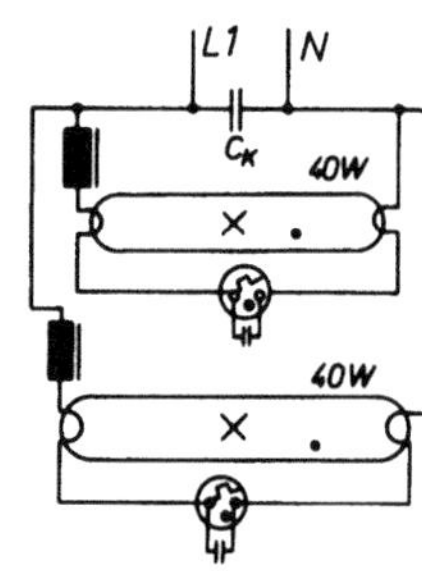

a) Wie groß ist der $\cos\varphi$ vor der Kompensierung?

b) welche Blindleistung ist zu kompensieren?

c) Berechne die Größe des Kondensators!

494. Im kapazitiven Zweig einer Leuchtstoff-Lampen-Duo-Schaltung, werden $I = 0{,}44$ A gemessen, im induktiven Zweig fließt derselbe Strom. Die Lampen nehmen mit Drossel je 50 W auf. Zu berechnen sind

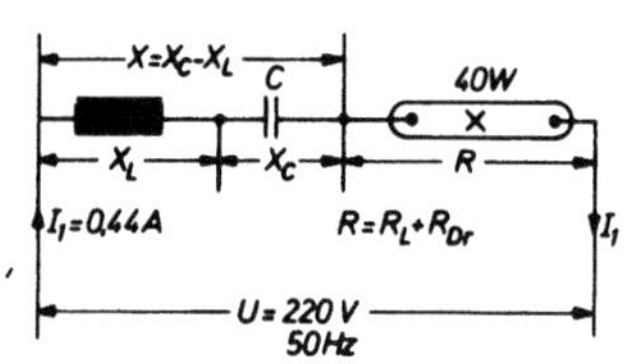

a) die Scheinleistung und der $\cos\varphi$ induktiv!

b) Scheinwiderstand, Wirkwiderstand (Lampe + Drossel), induktiver Blindwiderstand, erforderlicher kapazitiver Blindwiderstand und $\cos\varphi$ im kapazitivem Zweig!

c) Größe des Komp.-Kondensators in μF (vergleiche Tabelle!)

d) Gesamtstrom in der Zuleitung und Spannung am Kondensator!

4.10. Spannung und Stromstärke in verketteten Dreiphasensystemen

● *Lösungsbeispiel:*

In einem Drehstromgenerator in Sternschaltung wird eine Strangspannung von 220 V induziert. Welche Spannung herrscht zwischen den Außenleitern?

Gegeben: Strangspannung $U = 220$ V

Gesucht: Leiterspannung U_L

Lösung: $U_L = 1{,}73\ U$

$U_L = 1{,}73 \cdot 220$ V

Ergebnis: $U_L = 380$ V

495. Ein Drehstromgenerator in Sternschaltung hat eine Strangspannung von 380 V. Wie groß ist die Spannung zwischen den Außenleitern?

496. Zwischen den Außenleitern eines Drehstromnetzes besteht eine Spannung von 225 V. Welche Spannung herrscht zwischen jedem der Außenleiter L1, L2, L3 und dem Mittelleiter N?

497. Die Drehstromgeneratoren (Sternschaltung) eines Kraftwerkes haben eine Leiterspannung von 6000 V. Welche Spannung herrscht an den Spulen der Maschinen?

498. In den Außenleitern eines gleichmäßig belasteten Drehstromgenerators in Dreieckschaltung fließt ein Strom von 96 A. Mit welcher Stromstärke sind die Generatorspulen belastet?

499. Zeichne zu den Werten der Aufgabe 498 das Stromdreieck (Maßstab 1 A ≙ 1 mm)!

500. Ein Drehstrommotor kann bei Dreieckschaltung an 220 V (400 V) gelegt werden. Wie groß ist die Spannung, an die der Motor bei Sternschaltung geschaltet werden darf?

501. 660/380 V steht auf dem Leistungsschild eines Drehstrommotors, der im Stern an ein Netz 380/220 V geschaltet wird. An welcher Spannung liegt jetzt jede Spule und welche Leistung nimmt der Motor auf?

502. Das Leistungsschild eines Drehstrommotors trägt nachstehende Angaben:
220 V/17,3 A
380 V/10 A
a) Welcher Strom fließt bei beiden Schaltmöglichkeiten in den Motorspulen?
b) Welche Spannung liegt bei beiden Schaltmöglichkeiten an den Motorspulen?
c) Begründe weshalb bei 380 V auch 30 A fließen können!

4.11. Drehstromleistung

● *Lösungsbeispiel:*

Wie groß ist die Stromstärke in der Zuleitung eines Drehstrommotors, der bei der Netzspannung von 380 V und einem Leistungsfaktor von 0,84 eine Leistung von 15 kW aufnimmt?

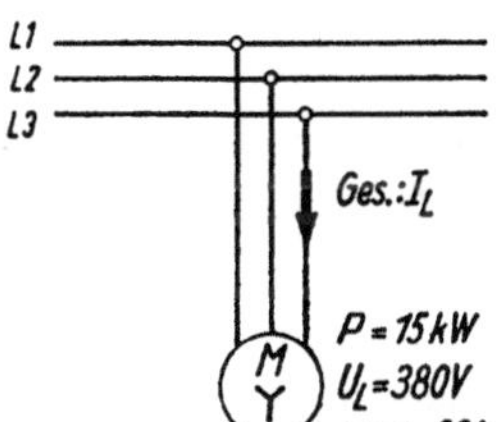

Gegeben: Wirkleistung $P = 15$ kW
Leistungsfaktor $\cos\varphi = 0{,}84$
Leiterspannung $U_L = 380$ V

Gesucht: Leiterstrom I_L

Lösung:

$$P = \sqrt{3}\, U_L I_L \cos\varphi$$

$$I_L = \frac{P}{\sqrt{3}\, U_L \cos\varphi}$$

$$I_L = \frac{15\,000\ \text{W}}{1{,}73 \cdot 380\ \text{V} \cdot 0{,}84}$$

$$I_L = \frac{15\,000\ \text{W}}{552{,}22\ \text{V}}$$

Ergebnis: $I_L = 27$ A

503. Ein Drehstrommotor mit einer Leistung von 10 kW, einem Wirkungsgrad von 0,9 und einem Leistungsfaktor 0,83 ist an 220 V angeschlossen. Welcher Strom fließt in der Zuleitung?

504. Welcher Strom fließt in einer Drehstromleitung, an die ein Drehstrommotor mit einer Leistung von 7,5 kW bei einem Leistungsfaktor 0,83 angeschlossen ist? Die Netzspannung beträgt 380 V, der Wirkungsgrad 0,92.

505. Ein Hochspannungsmotor für 6000 V Drehstrom hat bei einem Leistungsfaktor 0,92 eine Wirkleistungsaufnahme von 200 kW.

a) Welcher Strom fließt in der Zuleitung?

b) Wie hoch wäre der Strom bei 380 V Netzspannung?

506. In einem Stahlwerk wird ein neuer Drehstrom-Walzmotor aufgestellt, der bei einem Leistungsfaktor 0,9 eine Leistung von 500 kW aufnimmt. Als Zuleitung soll ein vorhandenes Hochspannungskabel verwendet werden. Das Kabel ist für eine Dauerbelastung von 107 A verwendbar.

a) Für welche Spannung muß der Motor bemessen sein?

b) Welche Spannung liegt an den Spulen des Motors, wenn diese in Stern geschaltet sind?

507. Ein Drehstrommotor hat eine Leistung von 4 kW und einen Wirkungsgrad 0,88. Bei Anschluß an 220 V fließt ein Strom von 12,54 A. Wie groß ist der Leistungsfaktor?

508. Wie groß ist der Leistungsfaktor eines Drehstrommotors mit 4 kW Leistung bei Anschluß an 380 V, wenn ein eingebauter Strommesser 9,45 A anzeigt ($\eta = 0{,}9$)?

509. An ein Drehstromnetz mit einer Spannung von 500 V ist ein Drehstrommotor mit einem Leistungsfaktor 0,79 angeschlossen. Stromstärke: 8,3 A. Wie groß ist

a) die Scheinleistung,

b) die Wirkleistung?

510. In der Zuleitung eines Drehstrommotors fließt ein Strom von 7,2 A. Der Leistungsfaktor ist 0,8. Die Netzspannung beträgt 440 V. Wie groß ist

a) die Scheinleistung,

b) die Wirkleistung?

511. Der Leistungsfaktor eines Drehstrommotors ist 0,82. Bei einer Netzspannung von 380 V fließt in der Zuleitung ein Strom von 10,2 A. Wie groß ist

a) die Scheinleistung,

b) die Wirkleistung,

c) die Blindleistung?

512. Ein Drehstrommotor kann bei einer Spannung von 380 V mit einer Stromstärke von 450 A belastet werden. Wie groß ist

a) die Scheinleistung,

b) die Wirkleistung bei einem Leistungsfaktor 0,7 oder 0,92?

c) die Blindleistung?

513. In einer Textilfabrik ist zum Antrieb eines Wollreißers ein Drehstrommotor mit einer Leistung von 50 kW in Betrieb. Der Motor ist an 500 V angeschlossen. Er hat einen Leistungsfaktor 0,87 und einen Wirkungsgrad 0,92. Wie groß ist

a) die Scheinleistung,
b) die Blindleistung,
c) der Strom in der Zuleitung?

514. Eine Fräsmaschine wird von einem Drehstrommotor mit einer Wirkleistungsaufnahme von 7,5 kW bei einem Leistungsfaktor 0,87 angetrieben. Die Netzspannung beträgt 660 V. Wie groß ist

a) die Scheinleistung,
b) die Blindleistung,
c) der Strom, den ein in der Zuleitung liegender Strommesser anzeigt?

515. Eine Drehbank ist mit einem Motor ausgerüstet, der bei einer Spannung von 380 V einen Strom von 20 A aufnimmt. Der Leistungsfaktor ist 0,87. Wie groß ist

a) die Scheinleistung,
b) die Wirkleisung,
c) die Blindleistung?
d) die Schein-, Wirk-, und Blindleistung, wenn im Leerlauf der $\cos\varphi$ auf 0,22 absinkt, bei $I = 4$ A!

516. In einem Betrieb mit einem Leistungsbedarf von 400 kW bei 380 V Netzspannung konnte der Gesamt-Leistungsfaktor 0,66 auf 0,9 verbessert werden. Wie groß ist bei $\cos\varphi = 0{,}66$

a) die Scheinleistung,
b) die Blindleistung,
c) der Gesamtstrom, bei $\cos\varphi = 0{,}9$,
d) die Scheinleistung,
e) die Blindleistung,
f) der Gesamtstrom?

517. Ein Drehstromgenerator mit einer Scheinleistung von 5000 kVA hat eine Spannung von 6000 V. Der von den Verbrauchern verursachte Leistungsfaktor beträgt 0,7.

a) Wie groß ist die Wirkleistung,
b) der Generatorstrom beim Leistungsfaktor 0,7?
c) Auf welchen Wert fällt die Stromstärke, wenn bei gleichbleibender Wirkleistung der Leistungsfaktor auf 0,975 steigt?

518. In der Schaltanlage eines Betriebes, deren Netzspannung 380 V ist, wird ein Strom von 913 A gemessen. Leistungsfaktor 0,7. Wie groß ist

a) die Scheinleistung,
b) die Wirkleistung,
c) die Blindleistung?
d) Wieviel Kilowattstunden hat der Zähler nach 8 stündiger Arbeitszeit registriert?
e) Wieviel Kilovarstunden hat der Blindarbeitszähler nach 8stündiger Arbeitszeit registriert?

519. Ein Drehstrommotor nimmt bei 500 V einen Strom von 4 A auf. Der Leistungsfaktor ist 0,78. Berechne

a) die Scheinleistung,

b) die Wirkleistung,

c) die mechanische Leistung in kW, die an der Welle des Motors zur Verfügung steht, wenn dieser einen Wirkungsgrad von 0,81 hat!

520. Bei einem Leistungsfaktor 0,84 nimmt ein Drehstrommotor an 380 V einen Strom von 9,95 A auf. Wirkungsgrad $\eta = 0{,}845$. Wie groß ist

a) die Scheinleistung,

b) die Wirkleistung,

c) die abgegebene mechanische Leistung in kW?

521. Wie groß ist die Leistungsaufnahme eines Drehstrommotors einer Exportserie, der als Sonderausführung mit einem Tropenschutz versehen ist und eine Nennleistung von 11,03 kW bei einem Wirkungsgrad von 87 % hat?

522. Wie hoch ist der Wirkungsgrad eines Drehstrom-Kurzschlußläufer-Motors, Leistungsabgabe 5 kW, Stromaufnahme bei Nennlast 10,7 A, bei 380 V Drehstrom und einem Leistungsfaktor von 0,86?

523. Das Leistungsschild eines Drehstromkurzschlußläufers enthält folgende Angaben: $P = 14$ kW, Y/Δ 380/220 V, $\eta = 0{,}87$, $\cos\varphi = 0{,}88$, $n = 2900\,\frac{1}{\text{min}}$. Gib die Nennstromstärken an!

524. Ein Drehstromkurzschlußläufer gibt eine Nennleistung von 10 kW ab und nimmt an 380 V, 20,7 A auf, bei $\eta = 0{,}845$!

a) Wie groß ist sein Leistungsfaktor?

b) Berechne seine Blindleistung, die er dem Netz entnimmt!

525. Ein elektrischer, stationärer Lufterhitzer hat in Sternschaltung eine Nennaufnahme von 36 kW bei einer Spannung von 380 V. Die Anlage kann in drei Stufen zu 4000 W, 8000 W und 12 000 W Leistungsaufnahme je Heizwiderstand arbeiten. Wieviel Ampere nehmen die Heizelemente des Lufterhitzers bei jeder Stufe auf?

526. 1000 MVA beträgt die Abschaltleistung eines Druckgas-Wandschalters für 30 kV. Wie groß ist der Strom, der bei dieser Abschaltleistung unterbrochen wird?

527. Eine Wechselspannungsprüfanlage gibt eine Drehstromscheinleistung von 4950 kVA ab. Welcher Strom fließt bei der Spannung von 1,3 MV?

528. Bei einer Dreiphasenspannung von 380 V hat eine Schalt- und Steuereinrichtung für Öl-Extraktionsanlagen eine Leistung von 480 kW. Welcher Strom fließt bei einem Leistungsfaktor von 0,93?

529. Hochspannungszellen für 10 kV und 200 MVA werden in einem Umspannerwerk verwendet.

a) Wie groß ist bei dieser Leistung die Stromstärke?

b) Wie groß ist die Blindleistung, wenn der Leistungsfaktor 0,92 beträgt?

530. Vier Schaltstufen hat ein stationärer Elektro-Lufterhitzer. Er wird an 380 V Drehstrom angeschlossen und nimmt bei den verschiedenen Schaltstufen die Leistungen 6 kW, 12 kW, 18 kW und 24 kW auf.

a) Welcher Strom fließt bei den genannten Leistungen?

b) Welche Wärmemenge wird in jeweils 1 h erzeugt?

531. Ein Elektroherd hat eine Gesamtanschlußleistung von 3,4 kW und kann an ein Wechselstromnetz 220 V und an ein Drehstromnetz 3 ~ 380 V angeschlossen werden. Berechne die Stromaufnahme des Elektroherds bei beiden Anschlußspannungen!

532. Die Leistungsaufnahmen einer elektrischen Klimaanlage für ein Schiff beträgt 48 kW bei einer Spannung von 440 V. Der Lufterhitzer hat zwei Schaltmöglichkeiten zu 24 kW und 48 kW. Ermittle

a) die Stromaufnahmen des Heizregisters bei den zwei Schaltmöglichkeiten,

b) die in einer Stunde erzeugte Nutzwärme bei jeder der vier Schaltstellungen, wenn der Wärmewirkungsgrad des Heizregisters 0,92 beträgt und

c) den zu verlegenden Kupferleiterquerschnitt, wenn zu dem Lufterhitzer eine Leitung von 68 m Länge in Isolierrohr zu verlegen ist, wobei $u = 3$ % der Netzspannung betragen darf!

533. Wie groß ist die maximale Drehstromwirkleistung bei einem Leistungsfaktor von 0,78, die über einen dreipoligen Druckluftschalter, 400 kV, 500 A, geführt werden kann?

534. 3 Widerstände von je 20 Ω liegen einmal im Stern, dann im Dreieck an Drehstrom, 380 V, ohne Mittelpunktsleiter.

a) Welcher Strom fließt in den Außenleitern und welche Leistung nehmen die Widerstände insgesamt auf?

b) Berechne Strom und Leistung, wenn ein Außenleiter unterbrochen wird!

c) Wie groß sind Strom und Gesamtleistung, wenn die Widerstände im Dreieck liegen?

d) Zu berechnen sind Strom und Leistung, wenn bei der Dreieckschaltung ein Außenleiter ausfällt!

535. Ein Drehstrommotor, 380/220 V, $\cos\varphi = 0{,}85$, $\eta = 0{,}9$ gibt 3,67 kW ab. Gesucht wird

a) der Betriebsstrom in Sternschaltung,

b) der Betriebsstrom in Dreiecksschaltung.

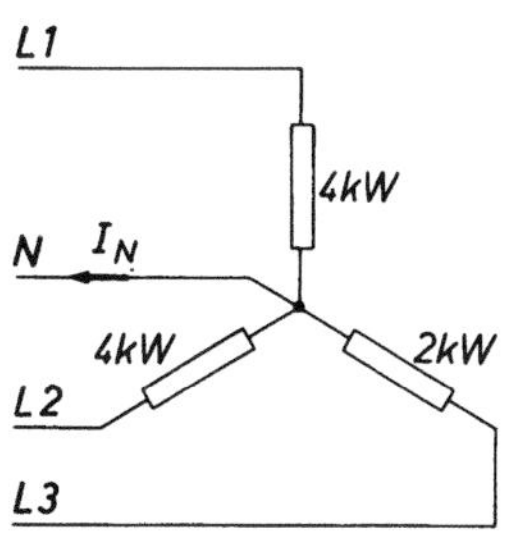

536. Die Außenleiter eines 380/220-V-Drehstromnetzes werden ungleich belastet. Die Phasen L1 und L2 sind jeweils mit 4 kW, die Phase L3 mit 2 kW belastet. Welcher Ausgleichsstrom fließt im Mittelleiter?

537. Mit 4 kW, 3 kW und 2 kW sind die 3 Außenleiter eines Drehstromnetzes 380/220 V gegen den Mittelleiter belastet. Berechne die Außenleiterströme und den Ausgleichsstrom im Mittelleiter (auch zeichnerisch lösbar)!

538. An welcher Außenleiterspannung und Strangspannung liegt ein Drehstrom-Kurzschlußläufer, P_e = 14,05 kW, $\cos\varphi$ = 0,9, η = 0,9, der in der Sternstufe des Sterndreieckschalters 6,68 A aufnimmt?

539. Welche Leistung gibt ein Drehstrommotor, 660/380 V, 10/17,3 A, $\cos\varphi$ = 0,9, und η = 0,85 ab? Versehentlich wird er im Stern an 380 V geschaltet. Wie groß ist jetzt seine Leistung?

540. Ein Drehstrom-Schleifringläufer, U = 380 V, I = 20 A, $\cos\varphi$ = 0,95, η = 0,9 hat eine Ankerspannung, U_2 = 185 V (3-Phasenanker).

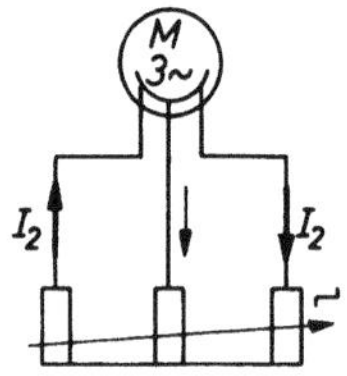

a) Berechne die abgegebene Leistung des Motors.
b) Welcher Ankerstrom I_2 fließt beim Anlauf?
c) Welchen Cu-Querschnitt muß die Anlasserzuleitung erhalten?

541. Die Außenleiter eines Drehstromnetzes 380/220 V, 3/N sind mit 10 kW, 5 kW und 1 kW gegen Mp belastet! Welcher Ausgleichstrom fließt im N?

542. Ein Drehstrom-Schleifringläufer, U = 500 V, I = 24 A, $\cos\varphi$ = 0,95, η = 0,9 hat eine Ankerspannung, U_2 = 215 V (3-Phasenanker).
a) Berechne die abgegebene Leistung des Motors.
b) Welcher Ankerstrom I_2 fließt beim Anlauf?
c) Welcher Kupferquerschnitt ist nach Tafel 1, Gruppe 1 für die Anlasserzuleitung zu wählen?

4.12. Leitungsberechnung nach dem Spannungsabfall und dem Leistungsverlust

Spannungsabfall und Leitungsberechnung nach dem Spannungsabfall:

Spannungsabfall (Spannungsdifferenz) bei gegebenem Leiterstrom

$$\Delta U = \sqrt{3} I_L R \cos\varphi$$

$$\Delta U = \sqrt{3} I_L \frac{\rho l}{A} \cos\varphi$$

Leiterquerschnitt bei gegebenem Leiterstrom

$$A = \frac{\sqrt{3}\,\rho\, l\, I_L \cos\varphi}{\Delta U}$$

Der relative, auf die Leiterspannung U_L bezogene Spannungsabfall ist $u = \frac{U_V}{U_L}$

relativer Spannungsabfall bei gegebenem Leiterstrom $$u = \frac{\sqrt{3}\,\rho\, l\, I_L \cos\varphi}{A\, U_L}$$

Leiterquerschnitt bei gegebenem Leiterstrom $$A = \frac{\sqrt{3}\,\rho\, l\, I_L \cos\varphi}{u\, U_L}$$

Es bedeuten:

u relativer Spannungsabfall

ΔU Spannungsabfall (Spannungsdifferenz zwischen Anfang und Ende der Leitung)

I_L Leiterstrom

P Wirkleistung des Verbrauchers

U_L Leiterspannung

A Leiterquerschnitt

l Leitungslänge

ρ spez. Widerstand des Leiterwerkstoffs

Ist an Stelle des Stroms I_L die Leistung P gegeben, so erhält man aus

$$P = \sqrt{3}\, U_L\, I_L \cos\varphi$$

und

$$I_L = \frac{P}{\sqrt{3}\, U_L \cos\varphi}$$

Spannungsabfall bei gegebener Leistung $$\Delta U = \frac{\rho\, l\, P}{A\, U_L}$$

Leiterquerschnitt bei gegebener Leistung $$A = \frac{\rho\, l\, P}{\Delta U\, U_L}$$

relativer Spannungsabfall bei gegebener Leistung $$u = \frac{\rho\, l\, P}{A\, U_L^2}$$

Leiterquerschnitt bei gegebener Leistung $$A = \frac{\rho\, l\, P}{u\, U_L^2}$$

Der relative Spannungsabfall wird meist in Prozent angegeben:

z. B. $u = 0{,}04 = \frac{4}{100} = 4\,\%$.

Leistungsverlust und Leitungsberechnung nach dem Leistungsverlust:

Der Leistungsverlust errechnet sich aus dem Spannungsverlust. Dieser steht zu dem bereits bekannten Spannungsabfall in der Beziehung $U_V = \frac{\Delta U}{\cos\varphi}$; $P_V = \frac{\sqrt{3}\,\Delta U\, I_L}{\cos\varphi}$.

Aus $I_L = \frac{P}{\sqrt{3}\, U_L \cos\varphi}$ und $U_V = \frac{\rho\, l\, P}{A\, U_L \cos\varphi}$ erhält man durch

Einsetzen in die Gleichung $P_V = \sqrt{3}\, U_V\, I_L$:

Leistungsverlust $$P_V = \frac{\rho\, l\, P^2}{A\, U_L^2 \cos^2\varphi}$$

relativer Leistungsverlust $$p = \frac{P_V}{P} = \frac{\rho\, l\, P}{A\, U_L^2 \cos^2\varphi}$$

Der relative Leistungsverlust wird meist in % angegeben.

● *Lösungsbeispiel:*

Ein Drehstrommotor mit einer Leistungsaufnahme von 10 kW befindet sich 760 m vom Transformator entfernt. Die Kupferleitung hat einen Querschnitt von 35 mm², Spannung 380 V. Wieviel Prozent beträgt der Leistungsverlust bei einem Leistungsfaktor 0,8?

Gegeben: Leistungsaufnahme $P = 10\ \text{kW}$
Leiterlänge $l = 760\ \text{m}$
Leiterquerschnitt $A = 35\ \text{mm}^2$
Leiterspannung $U_L = 380\ \text{V}$
Leistungsfaktor $\cos\varphi = 0{,}8$

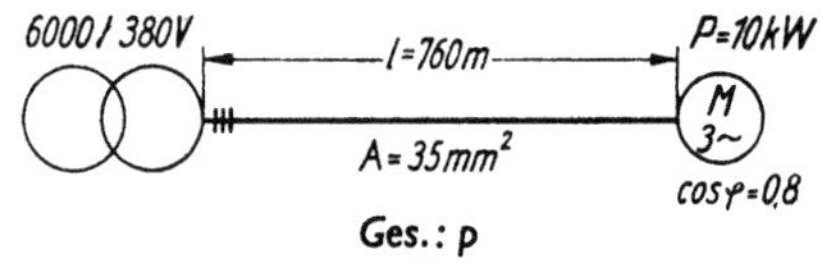

Gesucht: Leistungsverlust p in %

Lösung: $p = \dfrac{\rho\, l\, P}{A\, U_L^2 \cos^2\varphi}$ Einheitswiderstand (aus Tabelle): $\rho = 0{,}01786\ \dfrac{\Omega\ \text{mm}^2}{\text{m}}$

$$p = \frac{0{,}01786\ \frac{\Omega\ \text{mm}^2}{\text{m}} \cdot 760\ \text{m} \cdot 10\,000\ \text{W}}{35\ \text{mm}^2 \cdot (380\ \text{V})^2 \cdot 0{,}8^2}$$

$$p = \frac{0{,}01786\ \frac{\Omega\ \text{mm}^2}{\text{m}} \cdot 760\ \text{m} \cdot 10\,000\ \text{W}}{35\ \text{mm}^2 \cdot 144\,400\ \text{V}^2 \cdot 0{,}64}$$

$$p = \frac{13\,357\ \frac{\Omega\ \text{mm}^2}{\text{m}}\ \text{m W}}{323\,456\ \text{mm}^2 \cdot \text{V}^2}$$

$$p = 0{,}0419\ \frac{\Omega\ \text{A}}{\text{V}}$$

Ergebnis: $p = 4{,}19\ \%$

543. Ein Drehstrommotor für 500 V befindet sich 1050 m von der Umspannstation entfernt. Die Motorleistung beträgt 35 kW, der Leistungsfaktor des Motors ist 0,7. Die Anschlußleitung ist aus Kupfer und hat einen Querschnitt von 95 mm². Wie groß ist

a) der relative Leistungsverlust in %,
b) der Leistungsverlust in W,
c) der Spannungsabfall in V?

544. Ein Drehstrommotor für 380 V und 100 kW hat einen Leistungsfaktor 0,8. Er befindet sich 722 m vom Transformator entfernt.

a) Welcher Kupferquerschnitt muß gewählt werden, wenn der zulässige Spannungsabfall mit 5 % angegeben ist?
b) Wie groß ist der Leistungsverlust in W?

545. Ein Transformator mit einer Leistungsaufnahme von 400 kW und einer Spannung von 3000 V hat einen Leistungsfaktor 0,8. Die Kupferzuleitung hat eine Länge von 6 km und einen Querschnitt von 150 mm². Wie groß ist

a) der Spannungsabfall in %,
b) der Spannungsabfall in V,
c) der Leistungsverlust in W und %?

546. Welche Leistung nimmt ein Drehstrommotor auf, der an einen 3 km entfernten Transformator angeschlossen ist, wenn die Betriebsspannung 500 V und der Leistungsfaktor 0,8 beträgt? Bei einer Aluminiumleitung mit einem Querschnitt von 70 mm^2 beträgt der Spannungsabfall 3,75 %. Welcher Leistungsverlust in % und W entsteht?

547. a) Welcher Kupferquerschnitt ist zu wählen, wenn ein Drehstrommotor mit einer Leistung von 3,6 kW, einer Spannung von 380 V und einem Leistungsfaktor 0,9 bei einem Spannungsverlust von 2 % an ein 361 m langes Kabel angeschlossen werden soll?

b) Wie groß ist der Spannungsabfall in V?

c) Wie groß ist der Leistungsverlust in W?

548. Für eine Baustelle, 130 m vom Ortsnetztrafo entfernt, soll ein transportabler Transformator, 380/220 V, Anschlußwert 65 kW, aufgestellt werden. Welchen Mindestquerschnitt muß die Aluminiumfreileitung erhalten, wenn 5 % der Anschlußleistung als Leistungsverlust zugelassen sind, bei einem Leistungsfaktor $\cos\varphi = 0{,}86$?

549. Ein 10-kW-Trockenofen kann an ein Wechselstromnetz 220 V oder an ein Drehstromnetz 3/N-380 V angeschlossen werden. Die einfache Leiterlänge beträgt 40 m, Leiterwerkstoff ist Kupfer. Es besteht ein zulässiger Spannungsabfall von 3 % und ein zulässiger Leistungsverlust von ebenfalls 3 %. Für beide Anschlußmöglichkeiten sind zu ermitteln:

a) Stromaufnahme,

b) Leiterquerschnitt (nach Tabelle),

c) Spannungsabfall,

d) Leistungsverlust,

e) Kupfergewicht der Leitung.

550. Zu einem Großbagger führt ein 400 m langes Schleppkabel, $4 \cdot 35$ mm^2 Kupfer, 6000 V und 12 A. Der zu speisende Drehstrommotor hat einen $\cos\varphi = 0{,}89$.

a) Welcher Spannungsverlust tritt im Kabel auf?

b) Wie groß wird der Leistungsverlust?

c) Auf welchen Wert steigen U_V und P_V, wenn die Betriebsspannung 500 V wäre?

551. Zu einer Großbaustelle, die 200 m vom Ortsnetztrafo entfernt liegt, soll eine Freileitung 25 kW übertragen. Der Leistungsverlust soll 5 % nicht überschreiten. Die Anlage kann an ein Wechselstromnetz 220 V oder an ein Drehstromnetz 380 V 3/N ~ angeschlossen werden. Angenommener Leistungsfaktor der Anlage $\cos\varphi = 0{,}8$.

a) Berechne Querschnitt und Gewicht der Aluminiumleitung bei einem Einphasensystem 220 V!

b) Berechne Querschnitt und Gewicht der Aluminiumleitung bei einem Drehstromsystem 380 V 3/N!

552. Ein Drehstrommotor 7,5 kW, 380/220 V, $\eta = 0{,}85$, $\cos\varphi = 0{,}8$ ist mit einer kabelähnlichen Leitung an ein Drehstromnetz 220 V anzuschließen. Einfache Leiterlänge 15 m.

a) Bestimme den Aluminiumleiterquerschnitt nach Belastungstabelle!

b) Berechne den Leistungsverlust in der Motorzuleitung!

c) Berechne die monatlichen Kosten für den Leistungsverlust, wenn der Motor täglich 8 h bei 25 Arbeitstagen eingeschaltet ist und 1 kWh = 0,1 DM beträgt!

553. An einer Stichleitung, verlegt mit Erdkabel $4 \cdot 25\ mm^2$ Al sind in einem Straßenzug 14 Häuser angeschlossen. Vorhandenes Drehstromnetz: 380 V 3/Mp ~ 50 Hz. Nennanschlußwert eines Hauses: 9 kW.

a) Berechne den tatsächlichen Anschlußwert für einen Hausanschluß in der Spitzenbelastungszeit, wenn in jedem Haushalt 50 % der Leistung des Nenn-Anschlußwertes entnommen werden!

b) Wie groß ist die Stromaufnahme für jedes Haus?

c) Wieviel Ampere fließen dabei von der Verteilerstation bis zur ersten Verzweigung?

d) Wieviel Ampere fließen in dieser Leitung, wenn in den Wintermonaten in jedem Haus zur Spitzenbelastungszeit zusätzlich 6 Heizöfen je 1000 W angeschlossen werden?

e) Nach VDE 0255/7 kann das Erdkabel $4 \cdot 25\ mm^2$ mit 110 A belastet werden. Berechne in Prozent die Überbelastung des Erdkabels in der Strecke bis zur ersten Abzweigung beim Einschalten der Heizöfen!

554. Es soll eine kabelähnliche Leitung zu einem Drehstrommotor 12 kW, 380/220 V, $\cos\varphi = 0{,}85$, $\eta = 0{,}8$ verlegt werden. Einfache Leiterlänge 45 m, Leiterwerkstoff: Kupfer.

a) Bestimme nach der Belastungstafel den kleinsten, zulässigen Kupferleiterquerschnitt!

b) Berechne den auftretenden Spannungsabfall in %!

c) Berechne den auftretenden Leistungsverlust bei Nennlast in W!

d) Berechne den monatlichen Arbeitsverlust in der Zuleitung, wenn der Motor täglich 7 h bei 25 Arbeitstagen eingeschaltet ist!

e) Berechne die monatlichen Kosten für den Arbeitsverlust, wenn die Kilowattstunde mit 0,10 DM berechnet wird!

f) Berechne die monatlichen Kosten für den Arbeitsverlust bei dem nächsthöheren Leiterquerschnitt!

5. Elektrische Maschinen und Apparate

5.1. Gleichstrommaschinen – Drehzahlberechnungen

● *Lösungsbeispiel 1:*

Ein Nebenschlußmotor mit einem Ankerwiderstand von 0,4 Ω hat bei 220 V Spannung und 5 A Ankerstrom eine Drehzahl von 1250 $\frac{1}{\text{min}}$. Wie groß ist die Drehzahl bei einer Stromaufnahme von 18 A?

Gegeben: Ankerwiderstand $R_a = 0{,}4\ \Omega$

Klemmenspannung $U = 220\ \text{V}$

Stromstärken $I_{a1} = 5\ \text{A}$

$I_{a2} = 18\ \text{A}$

Drehzahl $n_1 = 1250\ \frac{1}{\text{min}}$

Gesucht: Drehzahl n_2

Lösung:

$$n_2 = \frac{(U - R_a I_{a2})\, n_1}{U - R_a I_{a1}}$$

$$n_2 = \frac{(220\ \text{V} - 0{,}4\ \Omega \cdot 18\ \text{A}) \cdot 1250\ \frac{1}{\text{min}}}{220\ \text{V} - 0{,}4\ \Omega \cdot 5\ \text{A}}$$

$$n_2 = \frac{(220\ \text{V} - 7{,}2\ \text{V}) \cdot 1250\ \frac{1}{\text{min}}}{220\ \text{V} - 2\ \text{V}}$$

Ergebnis: $n_2 = 1220{,}18\ \frac{1}{\text{min}}$

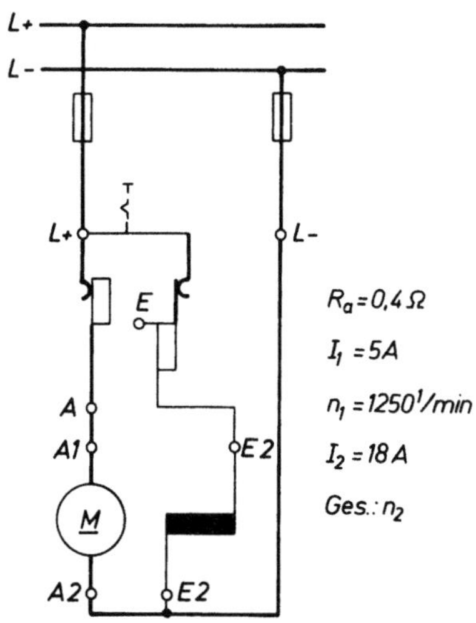

● *Lösungsbeispiel 2:*

Ein Motor hat eine Drehzahl von 1250 $\frac{1}{\text{min}}$. Auf welchen Wert steigt die Drehzahl an, wenn bei konstantem Ankerstrom die Induktion durch Vorschalten eines Widerstandes von $14 \cdot 10^{-1}\ \text{Wb/m}^2$ auf $12 \cdot 10^{-1}\ \text{Wb/m}^2$ vermindert wird?

Gegeben: Drehzahl $n_1 = 1250\ \frac{1}{\text{min}}$

Induktion: $B_1 = 14 \cdot 10^{-1}\ \text{Wb/m}^2$

$B_2 = 12 \cdot 10^{-1}\ \text{Wb/m}^2$

$$\frac{1\ \text{Wb}}{\text{m}^2} = \frac{1\ \text{Vs}}{\text{m}^2} = 1\ \text{T}$$

Gesucht: Drehzahl n_2

Lösung:

$$n_2 = \frac{B_1 n_1}{B_2}$$

$$n_2 = \frac{14 \cdot 10^{-1}\ \frac{\text{Wb}}{\text{m}^2} \cdot 1250\ \frac{1}{\text{min}}}{12 \cdot 10^{-1}\ \frac{\text{Wb}}{\text{m}^2}}$$

Ergebnis: $n_2 = 1458\ \frac{1}{\text{min}}$

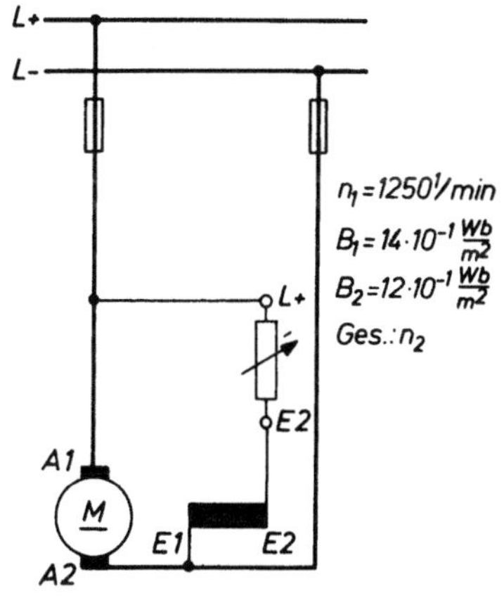

555. Die nicht gegebenen Größen sind zu berechnen.

	a)	b)	c)	d)	e)	f)	
B_1 =	$18 \cdot 10^{-1}$	$14 \cdot 10^{-1}$	$15 \cdot 10^{-1}$	$14{,}5 \cdot 10^{-1}$	$17{,}5 \cdot 10^{-1}$	$15{,}6 \cdot 10^{-1}$	Wb/m²
B_2 =	$15 \cdot 10^{-1}$	–	$12 \cdot 10^{-1}$	–	$14{,}5 \cdot 10^{-1}$	–	Wb/m²
n_1 =	1150	1200	1020	660	1160	780	1/min
n_2 =	–	1050	–	870	–	676	1/min

556. Ein Gleichstromnebenschlußmotor für 220 V nimmt bei einem inneren Widerstand des Ankers von 0,5 Ω einen Ankerstrom von 4 A auf.
Seine Drehzahl beträg 950 $\frac{1}{\text{min}}$. Wie groß ist die Drehzahl des Motor bei Belastung, wenn die Stromaufnahme auf 12 A ansteigt?

557. Der Ankerwiderstand eines Gleichstrommotors für 125 V beträgt 1,2 Ω und nimmt unbelastet 1,5 A auf. Seine Drehzahl beträgt dann 1420 $\frac{1}{\text{min}}$. Wie groß ist die Drehzahl des Motors, wenn bei Belastung die vom Anker aufgenommene Stromstärke auf 8 A ansteigt?

558. Ein Gleichstrommotor für 220 V mit einem inneren Ankerwiderstand von 0,2 Ω nimmt bei Belastung einen Strom von 24 A auf und macht 680 Umdrehungen je Minute. Wie groß ist die Drehzahl bei Leerlauf, wenn die Stromaufnahme 2 A beträgt?

559. Ein Gleichstromnebenschlußmotor hat bei einer Induktion von $16{,}4 \cdot 10^{-1}$ Tesla 725 Umdrehungen je Minute. Welche Drehzahl n_2 wird erreicht, wenn die Feldliniendichte oder magnetische Induktion auf $14{,}5 \cdot 10^{-1}$ T herabgesetzt wird?

560. Bei einer magnetischen Induktion von $15 \cdot 10^{-1}$ T macht ein Gleichstrommotor 820 Umdrehungen je Minute. Wieviel Umdrehungen je Minute macht der Motor, wenn die magnetische Induktion auf $12{,}5 \cdot 10^{-1}$ T geschwächt wird?

561. Ein Gleichstrommotor hat bei einer magnetischen Induktion von $12 \cdot 10^{-1}$ T eine Drehzahl von 1050 $\frac{1}{\text{min}}$. Wieviel Tesla muß die magnetische Induktion betragen, wenn die Drehzahl auf 1200 $\frac{1}{\text{min}}$ ansteigen soll?

562. Die magnetische Induktion eines Gleichstrommotors beträgt $8{,}4 \cdot 10^{-1}$ T, seine Drehzahl 960 $\frac{1}{\text{min}}$. Wie groß wird die Drehzahl, wenn die magnetische Induktion auf $7{,}2 \cdot 10^{-1}$ T eingestellt wird?

5.2. Anlasserberechnung

5.2.1. Berechnung des mittleren Anlaßstromes

- *Lösungsbeispiel:*

Wie groß ist der Anlaßspitzenstrom eines Motors für Schweranlauf, wenn der Nennstrom 10 A und der Schaltstrom 11,5 A betragen? Es wird ein Flüssigkeitsanlasser verwandt.

Gegeben: Anlaßschwere $\alpha = 2$ (aus Tabelle)
Nennstrom $I_N = 10$ A $I_1 = 11{,}5$ A

Gesucht: Anlaßspitzenstrom I_2

Lösung: $\alpha = \dfrac{\sqrt{I_1 \cdot I_2}}{I_N}$ $\alpha^2 = \dfrac{I_1 \cdot I_2}{I_N^2}$

$I_2 = \dfrac{\alpha^2 \cdot I_N^2}{I_1}$ $I_2 = \dfrac{2^2 \cdot (10\text{ A})^2}{11{,}5\text{ A}}$

Ergebnis: $I_2 = 34{,}8$ A

563. Die nicht bekannten Größen sind zu berechnen.

	a)	b)	c)	d)	e)	f)	
I_N =	20	100	80	36	120	40	A
I_1 =	23	115	82	42	140	46	A
I_2 =	32	–	120	–	200	–	A
I_m =	–	–	–	–	–	–	A
α =	–	1,31	–	1,32	–	1,77	

564. Ein Gleichstrommotor hat einen Nennstrom von 12 A, der Schaltstrom soll 14 A betragen.
a) Wie groß ist der mittlere Anlaßstrom, wenn der Anlaßspitzenstrom 20 A beträgt?
b) Wie groß ist der Anlauffaktor?

565. Ein Gleichstrommotor hat bei 220 V eine Nennleistung von 6,6 kW und einen Anlaßspitzenstrom von 48 A. Der Schaltstrom soll 35 A betragen. Wie groß ist bei Verwendung eines Walzenanlassers
a) der mittlere Anlaßstrom,
b) der Anlauffaktor,
c) der Anlaßspitzenstrom bei Halblast,
d) der mittlere Anlaßstrom bei Halblast?

566. Die Nennstromstärke eines Gleichstrommotors, der für Halblastanlauf mit einem Trommelbahnanlasser angelassen werden soll, beträgt 16 A, der Schaltstrom 9 A. Wie groß ist
a) der mittlere Anlaßstrom,
b) der Anlaßspitzenstrom,
c) der mittlere Anlaßstrom für Vollast,
d) der Anlaßspitzenstrom bei Vollast, wenn in diesem Fall der Schaltstrom 18 A beträgt?

567. Mittels eines Flachbahnanlassers soll ein 220-V-Gleichstrommotor angelassen werden, der eine Leistung von 22 kW aufnimmt. Der Schaltstrom soll das 1,15fache des Nennstromes betragen. Wie groß ist der mittlere Anlaßstrom

a) bei Vollast,

b) bei Schweranlauf?

Wie groß ist der Anlaßspitzenstrom

c) bei Vollastanlauf,

d) bei Schweranlauf?

568. Ein Gleichstrommotor mit einer Nennstromstärke von 200 A nimmt bei Halblast eine Stromstärke von 50 % auf. Bei Halblastanlauf beträgt der Schaltstrom 115 A. Wie groß ist

a) der mittlere Anlaßstrom bei Halblastanlauf,

b) der Anlaßspitzenstrom bei Halblastanlauf, wenn ein Flüssigkeitsanlasser verwendet wird?

c) der mittlere Anlaßstrom und der Anlaßspitzenstrom bei Schweranlauf?

d) sind I_m und I_2 nach VDE 0650 noch zulässig?

5.2.2. Berechnung der Anlaßwiderstände

● *Lösungsbeispiel:*

Für einen Gleichstrom-Nebenschlußmotor, dessen Nennstrom 22 A beträgt, bei einer Netzspannung von 220 V, sollen die einzelnen Widerstandsstufen des Anlassers berechnet werden. Der Schaltstrom soll 25 A betragen, der Anlaßspitzenstrom 40 A. Ankerwiderstand 0,2 Ω.

a) Wie groß ist der Gesamtwiderstand des Anlassers?

b) Wie groß sind die einzelnen Widerstandsstufen?

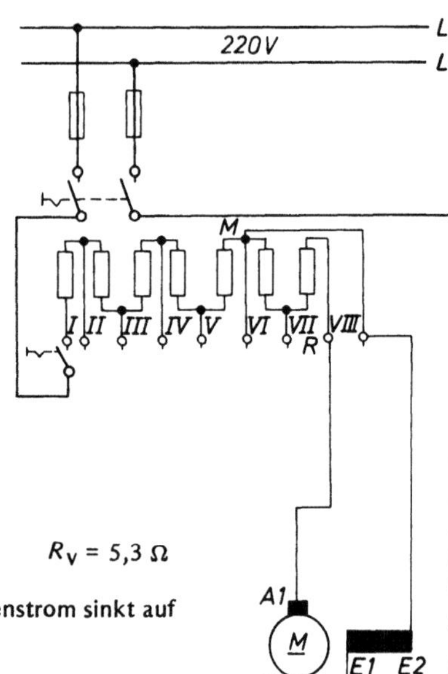

Gegeben: Netzstrom I_N = 22 A
Netzspannung U = 220 V
Schaltstrom I_1 = 25 A
Spitzenstrom I_2 = 40 A
Ankerwiderstand R_a = 0,2 Ω

Gesucht: a) Gesamtwiderstand R_v
b) Werte der Widerstandsstufen R_{vII}, R_{vIII}, R_{vIV} ...

Lösung a): I. Zu Beginn des Anlaßvorganges ist $E_g = 0$.

$$R_v = \frac{U - E_g - I_2 \cdot R_a}{I_2}$$

$$R_v = \frac{220\text{ V} - 0 - 40\text{ A} \cdot 0{,}2\ \Omega}{40\text{ A}}$$

$$R_v = \frac{212\text{ V}}{40\text{ A}} \qquad R_v = 5{,}3\ \Omega$$

Nach dem Einschalten steigt die Gegenspannung. Der Spitzenstrom sinkt auf den Schaltstrom.

$$E_{gI} = U - I_1 \cdot R_a - I_1 \cdot R_v$$

$$E_{gI} = 220\text{ V} - 25\text{ A} \cdot 0{,}2\ \Omega - 25\text{ A} \cdot 5{,}3\ \Omega$$

$$E_{gI} = 220\text{ V} - 5\text{ V} - 132{,}5\text{ V} \qquad E_{gI} = 82{,}5\text{ V}$$

Lösung b): II. Da die elektromotorische Gegenkraft auf der ersten Schaltstellung des Anlassers beim Erreichen des Schaltstromes I_1 den Wert $E_g = 82{,}5$ V erreicht hat, kann nunmehr weitergeschaltet, also der Anlaßwiderstand verringert werden. Seine Größe muß jetzt betragen

$$R_{vII} = \frac{U - E_{gI} - I_2 \cdot R_a}{40\ \text{A}}$$

$$R_{vII} = \frac{220\ \text{V} - 82{,}5\ \text{V} - 40\ \text{A} \cdot 0{,}2\ \Omega}{40\ \text{A}}$$

$$R_{vII} = \frac{129{,}5}{40\ \text{A}} \qquad R_{vII} = 3{,}2\ \Omega$$

Auf der II. Schaltstellung wird der Anlasserwiderstand von 5,3 Ω auf 3,2 Ω verringert. Dadurch wird der Anlaßspitzenstrom erneut erreicht. Der Motor erhält eine weitere Beschleunigung, wodurch die Gegenspannung erneut ansteigt. Bis zum Weiterschalten des Anlassers erreicht sie den Wert:

$$E_{gII} = U - I_1 \cdot R_a - I_1 \cdot R_{vII}$$

$$E_{gII} = 220\ \text{V} - 25\ \text{A} \cdot 0{,}2\ \Omega - 25\ \text{A} \cdot 3{,}2\ \Omega$$

$$E_{gII} = 220\ \text{V} - 5\ \text{V} - 80\ \text{V} \qquad E_{gII} = 135\ \text{V}$$

III. Die Gegenspannung hat durch die weitere Beschleunigung des Ankers den Wert von 135 V erreicht. Da die Stromaufnahme dem Schaltstrom entspricht, kann weitergeschaltet werden.

Um den Anlaßspitzenstrom zu erreichen, muß der Anlaßwiderstand in der Stellung III auf folgenden Wert verkleinert werden:

$$R_{vIII} = \frac{U - E_{gII} - I_2 \cdot R_a}{I_2}$$

$$R_{vIII} = \frac{220\ \text{V} - 135\ \text{V} - 40\ \text{A} \cdot 0{,}2\ \Omega}{40\ \text{A}}$$

$$R_{vIII} = \frac{77\ \text{V}}{40\ \text{A}} \qquad R_{vIII} = 1{,}9\ \Omega$$

Dieser kleinere Widerstand hat ein weiteres Ansteigen der Gegenspannung zur Folge:

$$E_{gIII} = U - I_1\ R_a - I_1\ R_{vIII}$$

$$E_{gIII} = 220\ \text{V} - 25\ \text{A} \cdot 0{,}2\ \Omega - 25\ \text{A} \cdot 1{,}9\ \Omega$$

$$E_{gIII} = 220\ \text{V} - 5\ \text{V} - 47{,}5\ \text{V} \qquad E_{gIII} = 167{,}5\ \text{V}$$

IV. Um abermals den Spitzenstrom zuführen zu können, wird auf folgenden Widerstandswert geschaltet:

$$R_{vIV} = \frac{U - E_{gIII} - I_2\ R_a}{I_2}$$

$$R_{vIV} = \frac{220 - 167{,}5\ \text{V} - 40\ \text{A} \cdot 0{,}2\ \Omega}{40\ \text{A}}$$

$$R_{vIV} = \frac{44{,}5\ \text{V}}{40\ \text{A}} \qquad R_{vIV} = 1{,}1\ \Omega$$

Es entsteht eine Gegenspannung von:

$$E_{gIV} = U - I_1\ R_a - I_1\ R_{vIV}$$

$$E_{gIV} = 220\ \text{V} - 25\ \text{A} \cdot 0{,}2\ \Omega - 25\ \text{A} \cdot 1{,}1\ \Omega$$

$$E_{gIV} = 220\ \text{V} - 5\ \text{V} - 27{,}5\ \text{V} \qquad E_{gIV} = 187{,}5\ \text{V}$$

V. Widerstandswert der V. Stufe:

$$R_{vV} = \frac{U - E_{gIV} - I_2 R_a}{I_2}$$

$$R_{vV} = \frac{220\text{ V} - 187{,}5\text{ V} - 40\text{ A} \cdot 0{,}2\ \Omega}{40\text{ A}}$$

$$R_{vV} = \frac{24{,}5\text{ V}}{40\text{ A}} \qquad R_{vV} = 0{,}6\ \Omega$$

$$E_{gV} = U - I_1 R_a - I_1 R_{vV}$$

$$E_{gV} = 220\text{ V} - 25\text{ A} \cdot 0{,}2\ \Omega - 25\text{ A} \cdot 0{,}6\ \Omega$$

$$E_{gV} = 220\text{ V} - 5\text{ V} - 15\text{ V} \qquad E_{gV} = 200\text{ V}$$

VI. Widerstandswert der VI. Stufe:

$$R_{vVI} = \frac{U - E_{gV} - I_2 R_a}{I_2}$$

$$R_{vVI} = \frac{220\text{ V} - 200\text{ V} - 40\text{ A} \cdot 0{,}2\ \Omega}{40\text{ A}}$$

$$R_{vVI} = \frac{12\text{ V}}{40\text{ A}} \qquad R_{gVI} = 0{,}3\ \Omega$$

$$E_{gVI} = U - I_1 R_a - I_1 R_{vVI}$$

$$E_{gVI} = 220\text{ V} - 25\text{ A} \cdot 0{,}2\ \Omega - 25\text{ A} \cdot 0{,}3\ \Omega$$

$$E_{gVI} = 220\text{ V} - 5\text{ V} - 7{,}5\text{ V} \qquad E_{gVI} = 207{,}5\text{ V}$$

VII. Widerstandswerte der VII. Stufe:

$$R_{vVII} = \frac{U - E_{gVI} - I_2 R_a}{I_2}$$

$$R_{vVII} = \frac{220\text{ V} - 207{,}5\text{ V} - 40\text{ A} \cdot 0{,}2\ \Omega}{40\text{ A}}$$

$$R_{gVII} = \frac{4{,}5\text{ V}}{40\text{ A}} \qquad R_{vVII} = 0{,}1\ \Omega$$

$$E_{gVII} = U - I_1 R_a - I_1 R_{vVII}$$

$$E_{gVII} = 220\text{ V} - 25\text{ A} \cdot 0{,}2\ \Omega - 25\text{ A} \cdot 0{,}1\ \Omega$$

$$E_{gVII} = 220\text{ V} - 5\text{ V} - 2{,}5\text{ V} \qquad E_{gVII} = 212{,}5\text{ V}$$

VIII. Widerstandswert der VIII. Stufe:

$$R_{vVIII} = \frac{U - E_{gVII} - I_2 R_a}{I_2}$$

$$R_{vVIII} = \frac{220\text{ V} - 212{,}5\text{ V} - 40\text{ A} \cdot 0{,}2\ \Omega}{40\text{ A}}$$

$$R_{vVIII} = \frac{-2{,}5\text{ V}}{40\text{ A}} \qquad R_{vVIII} = 0$$

In der Stellung VIII ist $E_{gVII} + I_2 R_a$ bereits größer als U, so daß R_{vVIII} einen negativen Wert erreichen würde. Bei der Schaltstellung VIII wird daher der Anlaßwiderstand kurzgeschlossen. Der Motor liegt direkt am Netz.

Ergebnis:	a)	Schaltstellung I	(Gesamtwiderstand)	$R_V = 5{,}3\ \Omega$
	b)	Schaltstellung II		$R_{VII} = 3{,}2\ \Omega$
		Schaltstellung III		$R_{VIII} = 1{,}9\ \Omega$
		Schaltstellung IV		$R_{VIV} = 1{,}1\ \Omega$
		Schaltstellung V		$R_{VV} = 0{,}6\ \Omega$
		Schaltstellung VI		$R_{VVI} = 0{,}3\ \Omega$
		Schaltstellung VII		$R_{VVII} = 0{,}1\ \Omega$
		Schaltstellung VIII	(Kurzschluß)	$R_{VVIII} = 0$

569. Für einen Gleichstrommotor mit einem Ankerwiderstand von 0,2 Ω soll ein Anlasser für Vollastanlauf berechnet werden. Der Schaltstrom wurde mit 55 A und der Anlaßspitzenstrom mit 90 A errechnet. Berechne die einzelnen Anlasserstufen für eine Betriebsspannung von 220 V.

570. Ein 125-V-Gleichstrommotor hat einen inneren Widerstand des Ankers von 0,8 Ω. Der Schaltstrom wurde mit 15 A und der Anlaßspitzenstrom mit 25 A festgelegt. Berechne die einzelnen Widerstandsstufen des Anlassers!

571. Berechne die einzelnen Widerstandsstufen eines Anlassers, mit dem ein Motor mit folgenden Daten angelassen werden soll: Betriebsspannung 220 V, innerer Widerstand 0,25 Ω, Schaltstrom 28 A, Anlaßspitzenstrom 48 A.

572. Für einen 220-V-Gleichstrommotor soll für Schweranlauf ($\alpha = 1{,}7$) ein Anlasser konstruiert werden.

Der Nennstrom des Motors beträgt 10 A, der innere Widerstand 0,5 Ω. Der Schaltstrom wurde mit 12 A bestimmt.

Berechne

a) den mittleren Anlaßstrom I_m,

b) den Anlaßspitzenstrom,

c) die einzelnen Widerstandsstufen des Anlassers!

573. Ein 440-V-Gleichstrommotor hat einen inneren Ankerwiderstand von 0,3 Ω. Der Nennstrom beträgt 14 A. Zur Konstruktion des Anlassers für Schweranlauf wurden der Anlauffaktor $\alpha = 1{,}7$ gewählt. Berechne

a) den mittleren Anlaßstrom, den Schaltstrom und den Anlaufspitzenstrom,

b) die einzelnen Anlaßwiderstandsstufen!

5.3. Leistung des Elektromotors

5.3.1. Umfangskraft – Drehmoment

● *Lösungsbeispiel:*

Auf den Anker eines Elektromotors wirkt eine Umfangskraft von 176,58 N. Welches Drehmoment entwickelt der Motor, wenn der Ankerradius 120 mm beträgt?

Gegeben: Umfangskraft F = 176,58 N
Ankerradius r = 120 mm = 0,12 m

Gesucht: Drehmoment M

Lösung: $M = F r$
M = 176,58 N · 0,12 m

Ergebnis: M = 21,19 Nm

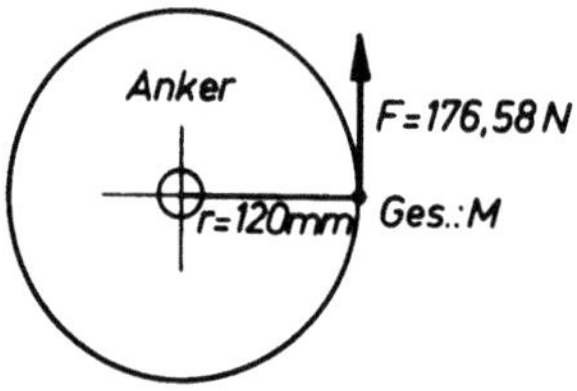

574. Der Umfang eines Elektromotors wurde mit 502 mm angegeben. Welche Umfangskraft entwickelt der Motor bei einem Drehmoment von 14 daN?

575. Welches Drehmoment entwickelt ein Elektromotor, auf dessen Anker mit 90 mm Radius eine Umfangskraft von 157 N wirkt?

576. Auf den Anker eines Elektromotors wirkt eine Umfangskraft von 255 N. Welches Drehmoment ergibt sich bei einem Ankerradius von 18 cm?

577. Das Drehmoment eines Elektromotors beträgt 28 Nm. Welche Umfangskraft wirkt auf den Anker, wenn dieser einen Durchmesser von 140 mm hat?

578. Der Ankerdurchmesser eines Elektromotors beträgt 25 cm. Welches Drehmoment entwickelt der Motor, wenn auf den Anker eine Umfangskraft von 16,2 N wirkt?

579. Am Anker eines Elektromotors wirkt eine Umfangskraft von 800 N. Wie groß ist das Drehmoment, wenn der Ankerdurchmesser 0,44 m ist?

580. Bestimme das Drehmoment bei Ankern mit folgenden Daten:

	a)	b)	c)	d)	e)	f)	g)	
F =	12	9,6	2,8	4,7	8,4	24,2	16	N
r =	8	8,8	6	9	7,5	15	14	cm

581. Ein Elektromotor entwickelt ein Drehmoment von 275 N. Wie groß ist die Zugkraft an einer Riemenscheibe, die einen Durchmesser von 0,38 m hat?

582. Das Drehmoment eines Elektromotors beträgt 68 Nm. Welche Zugkraft wirkt an der Riemenscheibe, wenn deren Radius
a) 200 mm,
b) 100 mm ist?

583. Bestimme den Durchmesser einer Riemenscheibe, wenn die Zugkraft an ihr 500 N beträgt und das Drehmoment des Motors 37,5 Nm sein soll!

584. Ein Elektromotor hat bei einer Umfangskraft von 490,5 N einen Ankerdurchmesser von 0,25 m. Wie groß ist
a) das Nenndrehmoment,
b) das Höchstdrehmoment (Kippmoment)?

585. Am Anker eines Elektromotors wirkt eine Umfangskraft von 60 N. Der Anker hat einen Durchmesser von 36 cm, und der Radius der Riemenscheibe ist 12 cm. Wie groß ist
a) das Nenndrehmoment,
b) das Höchstdrehmoment,
c) die Zugkraft an der Riemenscheibe?

586. Eine Induktionskupplung überträgt ein Drehmoment von 61803 Nm. Wie groß ist eine 421 mm vom Drehpunkt der Kupplung entfernte Kraft?

5.3.2. Umfangsgeschwindigkeit, Drehzahl und Leistung des Elektromotors

● *Lösungsbeispiel 1:*

Wie groß ist die Umfangsgeschwindigkeit einer Riemenscheibe mit einem Durchmesser von 260 mm bei einer Ankerdrehzahl von 1250 $\frac{1}{\text{min}}$?

Gegeben: Durchmesser $D = 260$ mm

Drehzahl $n = 1250 \frac{1}{\text{min}}$

Gesucht: Umfangsgeschwindigkeit v

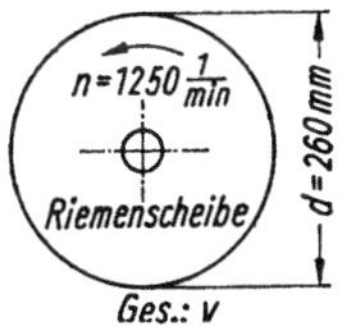

Lösung: $v = \frac{2 \pi R n}{60}$

$R = \frac{D}{2}$

$R = \frac{260 \text{ mm}}{2}$ $\qquad R = 0{,}130$ m

$v = \frac{6{,}28 \cdot 0{,}130 \text{ m} \cdot 1250 \frac{1}{\text{min}}}{60}$

Ergebnis: $v = 17 \frac{\text{m}}{\text{s}}$

Lösungsbeispiel 2:

An der Riemenscheibe eines Elektromotors wirkt eine Umfangskraft von 255 N. Wieviel kW entwickelt der Motor bei einer Drehzahl von 800 Umdrehungen je Minute, wenn der Riemenscheiben-Halbmesser 105 mm ist?

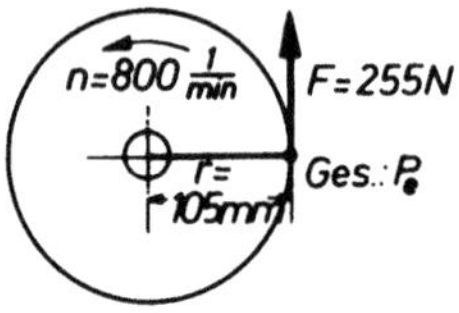

Gegeben: Umfangskraft $F = 255$ N

Drehzahl $n = 800 \frac{1}{\text{min}}$

Radius der Riemenscheibe $R = 105$ mm

$R = 0{,}105$ m

Gesucht: Effektive Leistung P_e

Lösung: $P_e = \frac{F R n}{9560}$

$$P_e = \frac{255\ \text{N} \cdot 0{,}105\ \text{m} \cdot 800 \frac{1}{\text{min}}}{9560}$$

Ergebnis: $P_e = 2{,}24$ kW

● *Lösungsbeispiel 3:*

Die Zugkraft an der Riemenscheibe eines Elektromotors ist 180 N. Der Riemenscheibenhalbmesser beträgt 10 cm, der Wirkungsgrad 0,8. Die Drehzahl des Motors ist 960 Umdrehungen je Minute. Wie groß ist

a) die Umfangsgeschwindigkeit,

b) die Leistungsaufnahme des Motors?

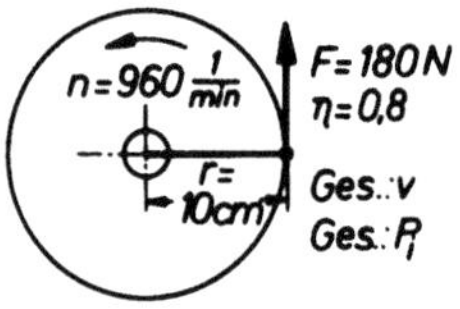

Gegeben: Zugkraft $F = 180$ N

Radius $R = 10$ cm

Motorendrehzahl $n = 960 \frac{1}{\text{min}}$

Wirkungsgrad $\eta = 0{,}8$

Gesucht: a) Umfangsgeschwindigkeit v

b) aufgenommene Leistung P_i

Lösung a): $v = \frac{2 \pi R n}{60}$

$$v = \frac{2 \cdot 3{,}14 \cdot 0{,}1\ \text{m} \cdot 960 \frac{1}{\text{min}}}{60}$$

Ergebnis: $v = 10$ m/s

Lösung b): $P_i = \frac{F R n}{9560\ \eta}$

$$P_i = \frac{180\ \text{N} \cdot 0{,}1\ \text{m} \cdot 960 \frac{1}{\text{min}}}{9560 \cdot 0{,}8}$$

Ergebnis: $P_i = 2{,}26$ kW

587. Berechne das Drehmoment eines Gleichstrommotors, dessen Leistungsaufnahme 5 kW bei einer Drehzahl von $960 \frac{1}{\text{min}}$ und einem Wirkungsgrad von 0,9 beträgt!

588. Ein Drehstrommotor von 2,94 kW macht bei einem Wirkungsgrad von 0,85 je Minute 1460 Umdrehungen. Wie groß sind Drehmoment und Leistungsaufnahme des Motors?

589. Wie groß ist die Leistungsaufnahme eines Motor, wenn der Wirkungsgrad 0,8 und das Dreh moment 9,52 Nm bei einer Drehzahl von 960 $\frac{1}{\text{min}}$ betragen?

590. Wie groß ist der Wirkungsgrad eines 4,5-kW-Motors, wenn sein Drehmoment 20,6 Nm bei einer Drehzahl von 1500 $\frac{1}{\text{min}}$ beträgt?

591. Wie groß sind Drehzahl und Leistungsaufnahme eines 44,12-kW-Motors, wenn sein Drehmoment 529,74 Nm und sein Wirkungsgrad 0,9 betragen?

592. Wie groß sind das Drehmoment und die Leistungsaufnahme eines Gleichstrommotors, dessen Leistung 5,88 kW beträgt, wenn der Wirkungsgrad $\eta = 0{,}9$ und die Drehzahl 1020 $\frac{1}{\text{min}}$ ist?

593. Wie groß ist die Drehzahl eines Motors, wenn seine indizierte Leistung 2 kW, sein Wirkungsgrad 0,9 und sein Drehmoment 6,38 Nm betragen?

594. Wie groß ist der Wirkungsgrad eines Motors, dessen Drehmoment bei einer Drehzahl von 1200 $\frac{1}{\text{min}}$ 2,25 Nm beträgt und der 0,55 kW aufnimmt?

595. Wie groß ist die Leistungsaufnahme in kW, wenn die Drehzahl des Motors 2800 $\frac{1}{\text{min}}$, das Drehmoment 2,16 Nm und der Wirkungsgrad 0,8 betragen?

596. Berechne die Drehzahl und die Leistungsaufnahme eines 1 kW Motors, wenn das Drehmoment dieses Motors 4,61 Nm und der Wirkungsgrad 0,8 betragen!

597. Ein Gleichstrommotor entwickelt bei einer Drehzahl von 1200 $\frac{1}{\text{min}}$ ein Drehmoment von 105,36 Nm. Wie groß ist die Leistungsaufnahme in kW, wenn der Wirkungsgrad 0,75 beträgt?

598. Die Drehzahl eines Elektromotors ist 1200 $\frac{1}{\text{min}}$. Welche Leistung in kW kann an der Riemenscheibe abgenommen werden, wenn der Radius der Scheibe 80 mm ist und an ihr eine Kraft von 156, 96 N angreift?

599. Ein Elektromotor hat eine Riemenscheibe mit einem Durchmesser von 180 mm. Die Drehzahl ist 1450 $\frac{1}{\text{min}}$. Der Anker entwickelt eine Zugkraft von 264,87 N. Wie groß ist

a) die Umfangsgeschwindigkeit der Riemenscheibe,

b) die Leistung des Motors in kW?

600. Ein Elektromotor mit einer Drehzahl von 1300 $\frac{1}{\text{min}}$ hat eine Riemenscheibe mit einem Durchmesser von 14 cm. Die Zugkraft an der Riemenscheibe beträgt 215,82 N, der Wirkungsgrad 0,78. Bestimme

a) die Umfangsgeschwindigkeit der Scheibe,

b) die Nutzleistung des Motors in kW,

c) die indizierte Leistung des Motors in kW!

601. Die Zugkraft eines Elektromotors ist 453,22 N. Bei einem Riemenscheibendurchmesser, $D = 130$ mm, tritt eine Umfangsgeschwindigkeit von 9,73 m/s auf. Die inneren Verluste des Motors betragen 24 %! Wie groß ist

a) die Drehzahl der Scheibe,
b) die Nutzleistung des Motors in kW,
c) die indizierte Leistung in kW?

602. Der Durchmesser der Riemenscheibe eines Elektromotors ist 220 mm. Die Drehzahl des Motors beträgt 1600 $\frac{1}{\text{min}}$, der Wirkungsgrad 0,8. Die Zugkraft ist 317,84 N. Wie groß ist

a) die Umfangsgeschwindigkeit der Scheibe,
b) die effektive Motorleistung in Watt,
c) die indizierte Motorleistung in kW?

603. 437,5 N beträgt die Zugkraft, die ein Elektromotor bei einer Riemengeschwindigkeit, $v = 1570$ cm/s, entwickelt. Wirkungsgrad 0,78. Die Drehzahl des Motors ist 1000 $\frac{1}{\text{min}}$. Wie groß ist

a) der Durchmesser der Scheibe,
b) die effektive Motorleistung in kW
c) der Wirkungsgrad des Motors, bei $I = 39{,}97$ A, an $U = 220$ V!

604. Ein Elektromotor entwickelt an der Riemenscheibe eine Leistung von 4 kW. Die Riemenscheibe hat einen Durchmesser von 22 cm und die Drehzahl des Motors beträgt 900 $\frac{1}{\text{min}}$. Wie groß ist die an der Riemenscheibe wirksame Zugkraft?

605. Die Leistung, die ein Elektromotor abgibt, ist 10,03 kW. Der Riemenscheibendurchmesser beträgt 40 cm, und die Drehzahl des Motors ist 960 $\frac{1}{\text{min}}$. Wie groß ist

a) die Umfangsgeschwindigkeit der Riemenscheibe,
b) die Zugkraft an der Riemenscheibe,
c) das Drehmoment des Motors?

606. Die Riemenscheibe des Motors der Aufgabe 605 soll gegen eine Scheibe mit 500 mm Durchmesser ausgetauscht werden. Berechne bei der größeren Scheibe

a) die Umfangsgeschwindigkeit,
b) die Zugkraft,
c) das Drehmoment!
d) was läßt diese Aufgabe erkennen?

5.4. Wechselstrom- und Drehstrommaschinen

5.4.1. Drehfeld und Schlupf

● *Lösungsbeispiel:*

Wie groß ist der Schlupf eines 4 poligen Asynchronmotors, dessen Läuferdrehzahl 1425 $\frac{1}{\text{min}}$ beträgt, wenn die Netzfrequenz 50 Hz ist?

Gegeben: Anzahl der Polpaare $p = 2$

Läuferdrehzahl $n = 1425 \frac{1}{\text{min}}$

Netzfrequenz $f = 50$ Hz

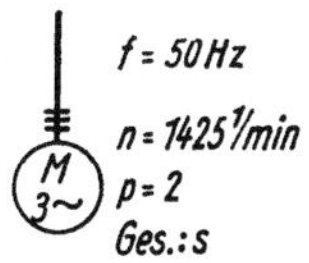

Gesucht: Schlupf s in %

Lösung: $s = \frac{n_D - n}{n_D}$

$$n_D = \frac{f\,60}{p}$$

$$n_D = \frac{50 \frac{1}{s} \cdot 60}{2} \qquad n_D = 1500 \frac{1}{\text{min}}$$

$$s = \frac{1500 \frac{1}{\text{min}} - 1425 \frac{1}{\text{min}}}{1500 \frac{1}{\text{min}}}$$

$$s = \frac{75}{1500}$$

$$s = 0{,}05 = \frac{5}{100}$$

Ergebnis: $s = 5$ %

607. Berechne die nicht gegebenen Größen!

	a)	b)	c)	d)	e)	f)	
f =	50	50	–	50	50	–	Hz bzw. 1/s
p =	3	–	4	2	–	12	
n_D =	–	500	750	–	750	300	1/min
n =	940	–	720	–	700	–	1/min
s =	–	4	–	2	–	4	%

608. Wie groß ist der in Prozent angegebene Schlupf eines Drehstrommotors mit 8 Polpaaren, wenn seine Drehzahl bei der Netzfrequenz 50 Hz $360 \frac{1}{\text{min}}$ beträgt?

609. Wie groß ist die Drehzahl eines Drehstrommotors mit einem Polpaar, wenn bei der Netzfrequenz 50 Hz der Schlupf 5 % beträgt?

610. Ein Drehstrommotor mit 2 Polpaaren macht 1425 Umdrehungen je Minute. Wie groß ist der Schlupf, wenn das Drehfeld 1500 Umdrehungen je Minute macht? Wie groß ist die Frequenz?

611. Ein Drehstrommotor mit 3 Polpaaren hat bei der Frequenz 50 Hz einen Schlupf von 5 %.

a) Wie groß ist die Drehzahl des Drehfeldes?

b) Wie groß ist die Drehzahl des Motors?

612. Ein Asynchronmotor läuft bei der Frequenz 50 Hz mit 710 Umdrehungen je Minute. Sein Drehfeld hat die Drehzahl $750 \frac{1}{\text{min}}$.
a) Wieviel Polpaare hat der Motor?
b) Wie groß ist der Schlupf in %?

613. Wie groß ist die Drehzahl n eines Drehstrommotors bei normaler Netzfrequenz, wenn der Motor bei 6 Polpaaren einen Schlupf von 5 % hat?

614. Wie groß ist die Drehzahl eines Drehstrommotors mit 3 Polpaaren bei normaler Netzfrequenz, wenn der Schlupf 6 % beträgt?

615. Eine elektrische Handbohrmaschine wird mit einer Spannung von 42 V und 200 Hz betrieben. Die Drehzahl der Bohrmaschine beträgt 1800/min. Wie groß ist der Schlupf des Asynchronmotors, wenn er 6 Polpaare besitzt?

616. An 220 V, 50 Hz läuft ein 4 poliger Wechselstrom-Asynchronmotor. Welcher Schlupf in Prozent tritt auf bei einer Drehzahl von $1480 \frac{1}{\text{min}}$?

617. Mit einem Polumschalter kann ein Drehstrom-Asynchronmotor von 2 auf 4 Pole umgeschaltet werden. Dabei steigt der Schlupf von 4 % auf 6,5 %. Welche Drehzahlen hat der Motor bei $f = 50$ Hz und 60 Hz?

618. Auf dem Leistungsschild eines polumschaltbaren Drehstrommotors sind die Drehzahlen 2840/1430 und 920/410 angegeben.
a) Berechne die Drehzahlen des Drehfeldes bei 50 Hz!
b) Welcher Schlupf in Prozent ergibt sich bei jeder Drehzahl des Rotors?

5.4.2. Frequenzumformer – Einankerumformer

● *Lösungsbeispiel:*

Ein Frequenzumformer mit 4 Polpaaren im Wandler läuft mit einer Drehzahl von 499 Umdrehungen je Minute. Die Netzfrequenz beträgt 50 Hz. Wie groß ist die Frequenz des abgegebenen Stromes?

Gegeben: Anzahl der Polpaare $p_W = 4$
Drehzahl $n = 499 \frac{1}{\text{min}}$
Netzfrequenz $f_1 = 50$ Hz

Gesucht: abgegebene Frequenz f_2

Lösung: $f_2 = f_1 - f_d \qquad f_2 = f_1 \pm \frac{p \cdot n}{60}$,

ist f_2 negativ, so erfolgt der Antrieb mit dem Drehfeld,
ist f_2 positiv, so erfolgt der Antrieb gegen das Drehfeld

$$f_d = \frac{p_W\, n}{60}$$

$$f_d = \frac{4 \cdot 499 \frac{1}{\text{min}}}{60} \qquad f_d = 33{,}3 \text{ Hz}$$

$f_2 = 50 \text{ Hz} - 33{,}3 \text{ Hz}$

Ergebnis: $f_2 = 16{,}7$ Hz

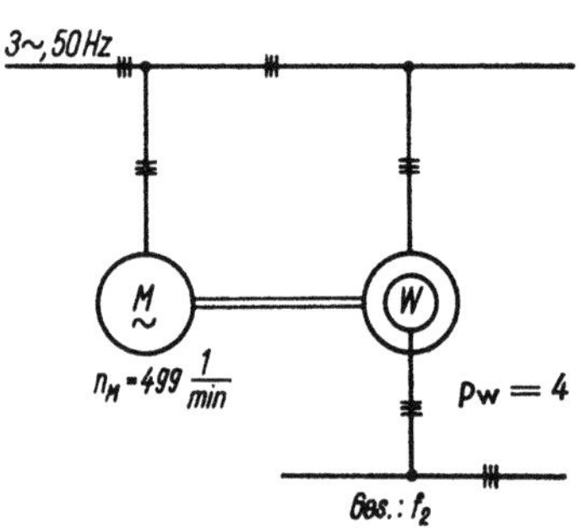

619. Die den Leerfeldern entsprechenden Größen sind zu berechnen!

	a)	b)	c)	d)	e)	f)	
f_1 =	50	50	50	50	50	50	Hz bzw. $\frac{1}{s}$
f_d =	48	46	–	–	50	33,3	Hz bzw. $\frac{1}{s}$
f_2 =	–	–	–	–	–	–	Hz bzw. $\frac{1}{s}$
p_W =	–	3	4	4	–	8	
n =	1440	–	600	480	375	–	$\frac{1}{\text{min}}$

620. Welche Frequenz liefert ein Frequenzumformer mit 2 Wandler-Polpaaren, wenn seine Drehzahl 1200 $\frac{1}{\text{min}}$ und die Netzfrequenz 50 Hz betragen?

621. Mit welcher Drehzahl muß ein Frequenzumformer laufen, wenn die Netzfrequenz 50 Hz beträgt und vom Kollektor Gleichstrom abgenommen werden soll? Die Zahl der Polpaare des Wandlers beträgt 4. Wie hoch ist die abgegebene Spannung?

622. Ein Frequenzumformer mit 4 Polpaaren soll für einen Bahnbetrieb Drehstrom mit einer Frequenz 50 Hz in einen einphasigen Wechselstrom mit einer Frequenz $16^2/3$ Hz umformen. Mit welcher Drehzahl muß der Umformer laufen?

623. Welche Frequenz liefert ein Frequenzumformer mit 3 Polpaaren, wenn die Netzfrequenz 50 Hz und die Drehzahl 750 $\frac{1}{\text{min}}$ betragen?

624. Wie hoch ist die abgegebene Frequenz eines Frequenzumformers bei 12 Polpaaren und einer Drehzahl von 250 $\frac{1}{\text{min}}$? Netzfrequenz 50 Hz.

625. Wie groß ist die Drehzahlfrequenz eines Frequenzumformers mit 6 Polpaaren, wenn die Drehzahl des Umformers 450 $\frac{1}{\text{min}}$ beträgt?

626. Mit welcher Drehzahl muß ein vierpoliger Frequenzumformer laufen, wenn die Drehzahlfrequenz 50 Hz betragen soll?

627. Mit welcher Drehzahl muß ein 12poliger Frequenzumformer laufen, um einen Wechselstrom von 60 Hz in einen Wechselstrom von 50 Hz umzuformen?

628. Mit welcher Drehzahl muß ein Frequenzumformer mit 4 Polpaaren laufen, um eine Frequenz von 60 Hz in eine Frequenz von 30 Hz umzuformen?

629. Wieviel Polpaare hat ein Frequenzumformer im Wandler, wenn seine Drehzahlfrequenz 48 Hz und seine Drehzahl 240 $\frac{1}{\text{min}}$ betragen?

630. Wieviel Wandler-Polpaare muß ein Frequenzumformer haben, der bei einer Drehzahl von 500 $\frac{1}{\text{min}}$ einen Drehstrom mit der Frequenz 50 Hz in Drehstrom 100 Hz umsetzt?

631. Wie groß muß die Drehzahlfrequenz eines Frequenzumformers sein, wenn Drehstrom mit einer Frequenz von 50 Hz in Wechselstrom mit der Frequenz $16^2/_3$ Hz umgeformt werden soll?

632. Welche Frequenz hat ein Drehstrom, wenn ein Frequenzumformer mit 6 Polpaaren bei einer Drehzahl von $500 \frac{1}{\text{min}}$ Gleichstrom abgibt?

633. Welche Frequenz liefert ein Frequenzumformer mit 6 Polpaaren bei einer Drehzahl von $250 \frac{1}{\text{min}}$, wenn die Netzfrequenz 50 Hz beträgt?

634. Ein Einanker-Umformer soll 220 V Wechselspannung liefern. Welche Gleichspannung muß ihm zugeführt werden, wenn der Umformerwirkungsgrad 94 % beträgt?

635. 65 V Gleichspannung soll ein E-Umformer bei $\eta = 0{,}8$ liefern. Berechne die zugeführte Wechselspannung!

636. Drehstrom wandelt ein E-Umformer in 300 V Gleichstrom, bei $\eta = 0{,}9$ um. Welche Spannung ist anzulegen?

637. Bei $\eta = 0{,}9$ wandelt ein E-Umformer $3 \cdot 150$ V Drehstrom um. Wie hoch ist die gelieferte Gleichspannung?

638. Wie hoch muß die angelegte Gleichspannung sein, um 400 V Drehstrom zu erhalten, bei $\eta = 0{,}9$?

639. Welchen Drehstrom gibt ein E-Umformer spannungsmäßig ab, wenn ihm 860 V Gleichspannung zugeführt werden, bei 95 % Wirkungsgrad?

640. Ein Einanker-Umformer gibt bei 75 V Gleichstrom 30 A ab und nimmt 2,6 kW auf. Wie groß ist sein Wirkungsgrad?

5.5. Transformatoren

5.5.1. Einphasentransformator

● *Lösungsbeispiel 1:*

Ein Transformator, der mit der Oberspannungswicklung an 6000 V liegt, hat ein Übersetzungsverhältnis von 25 : 1. Welche Spannung herrscht an den Klemmen der Unterspannungswicklung?

Gegeben: Oberspannung $U_1 = 6000$ V
Übersetzungsverhältnis $ü = 25 : 1$

Gesucht: Unterspannung U_2

Lösung: $ü = \frac{U_1}{U_2}$ $\quad U_2 = \frac{U_1}{ü}$

$$U_2 = \frac{6000\text{ V}}{25}$$

Ergebnis: $U_2 = 240$ V

● *Lösungsbeispiel 2:*

Ein Einphasentransformator mit einer Leistung von 30 kVA ist oberspannungsseitig an 6000 V angeschlossen und liefert unterspannungsseitig 230 V. Wie groß sind die Ströme in beiden Wicklungen bei Vollast?

Gegeben: Leistung $S = 30$ kVA
Oberspannung $U_1 = 6000$ V
Unterspannung $U_2 = 230$ V

Gesucht: Stromstärke I_1
Stromstärke I_2

Lösung: $I_1 = \frac{S}{U_1}$

$I_1 = \frac{30\,000 \text{ VA}}{6000 \text{ V}}$ $\qquad I_1 = 5$ A

$I_2 = \frac{S}{U_2}$

$I_2 = \frac{30\,000 \text{ VA}}{230 \text{ V}}$ $\qquad I_2 = 130$ A

Ergebnis: $I_1 = 5$ A, $I_2 = 130$ A

641. Ein Transformator hat oberspannungsseitig 10 000 V. Wie groß ist das Übersetzungsverhältnis des Transformators, wenn dieser unterspannungsseitig 500 V (289 V) hat?

642. Die Oberspannungsseite eines Transformators liegt an 6 kV. An den Unterspannungsklemmen herrschen 125 V. Wie groß ist das Übersetzungsverhältnis des Transformators?

643. Die Oberspannungswicklung eines Transformators hat 4800 Windungen und liegt an 6000 V. An der Unterspannungsseite beträgt die Spannung 240 V. Wie groß ist
a) das Übersetzungsverhältnis,
b) die Windungszahl der Unterspannungswicklung?

644. Die Oberspannungswicklung (Primär) eines Transformators wird mit 6000 V gespeist. An der Unterspannungswicklung (Sekundär) können 400 V (231 V) abgenommen werden. Wie groß ist das Übersetzungsverhältnis des Transformators?

645. Eine Spannung von 220 V liegt an der Unterspannungsseite eines Transformators. An der Oberspannungswicklung, die 505 Windungen hat, werden 380 V gemessen. Wie groß ist
a) das Übersetzungsverhältnis,
b) die Windungszahl der Unterspannungswicklung?

646. Bei Kesselreparaturen müssen die dabei notwendigen Handlampen über einen Schutztransformator, der die Netzspannung auf 24 V ~ herabsetzt, angeschlossen werden. Ein solcher Transformator wird mit 220 V gespeist, hat auf der Oberspannungsseite 500 Windungen und spannt auf 24 V ab. Wie groß ist
a) das Übersetzungsverhältnis,
b) die Windungszahl der Unterspannungsseite?

647. Ein Transformator, der eine Netzspannung von 220 V auf 500 V umspannen soll, hat bei einer Leistung von 3,5 kVA auf der Unterspannungsseite 390 Windungen. Wie groß ist,
a) das Übersetzungsverhältnis,
b) der Strom in der Oberspannungswicklung,
c) die Windungszahl der Oberspannungswicklung,
d) der Strom in der Unterspannungswicklung, wenn η unberücksichtigt bleibt?

648. Ein Einphasentransformator, der an ein 125-V-Netz angeschlossen ist, hat ein Übersetzungsverhältnis von 4 : 1. In der Oberspannungswicklung, die 1400 Windungen hat, fließen bei Vollast 26 A. Wie groß ist
a) die Oberspannung,
b) der Strom in der Unterspannungswicklung,
c) die Windungszahl der Unterspannungswicklung,
d) die Scheinleistung des Transformators?

649. Ein Spezialtransformator hat ein Übersetzungsverhältnis von 5,3 : 1. Die Unterspannungswicklung hat 600 Windungen und ist an 380 V angeschlossen. Wie groß ist
a) die Oberspannung,
b) die Windungszahl der Oberspannungswicklung?

650. Ein Klingeltransformator für 220 V Nennoberspannung hat Anzapfungen für 6 V, 8 V und 10 V.
a) Wie groß sind die Übersetzungsverhältnisse für die Anzapfungen?
b) Welche Nennleistung gibt er ab, wenn bei 6 V $I = 1$ A, bei 8 V $I = 0,7$ A, und bei 10 V $I = 0,4$ A Belastung sein darf?

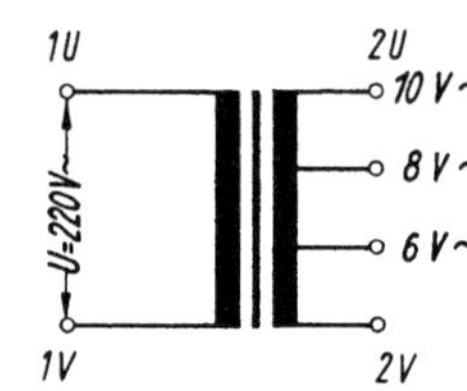

651. Setze die fehlenden Werte ein:

	N_1	N_2	$ü$	U_1 (V)	U_2 (V)	I_1 (mA)	I_2 (mA)	S (VA)
a)	1800	420	–	–	38	–	600	–
b)	–	13 600	–	–	200	4,4	0,8	–

652. Der Transformator für einen Türöffner, 220/12 V, gibt 2,2 A ab. Sein Wirkungsgrad ist 70 %, der primäre Leistungsfaktor bei Belastung 0,8. Gesucht sind primäre Scheinleistung und Primärstrom bei Last.

5.5.2. Drehstromtransformator

● *Lösungsbeispiel:*

Wie groß ist die aufgenommene Scheinleistung eines Drehstromtransformators, der an 6000 V angeschlossen ist, wenn oberspannungsseitig 19,3 A fließen?

Gegeben: Oberspannung U_1 = 6000 V
Stromstärke I_1 = 19,3 A

Gesucht: Scheinleistung S

Lösung: $S = U_1 I_1\, 1{,}73$

S = 6000 V · 19,3 A · 1,73

S = 200 000 VA

Ergebnis: $S = \sim 200$ kVA

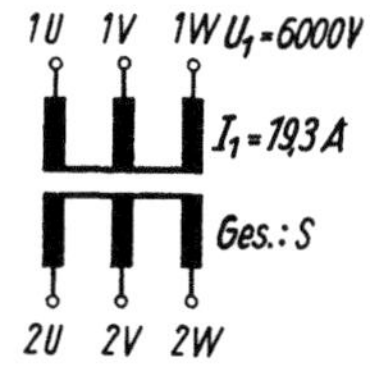

653. Ein Drehstromtransformator mit einer Nennleistung von 20 kVA liegt oberspannungsseitig an 10 kV. Die Spannung wird auf 400 V heruntertransformiert.

Wie groß ist bei Vernachlässigung des Wirkungsgrades

a) das Übersetzungsverhältnis,
b) der Strom in der Oberspannungsseite bei Vollast,
c) der Strom in der Unterspannungsseite bei Vollast?

654. Die Nennleistung eines Drehstromtransformators ist 100 kVA. Die in Dreieck geschaltete Oberspannungsseite liegt an 20 kV. Die Unterspannungsseite ist in Stern geschaltet und liefert 400 V. Wie groß ist

a) das Übersetzungsverhältnis,
b) der Strom in der Zuleitung der Oberspannungsseite bei Vollast,
c) der Strom in einer Spule der Oberspannungsseite bei Vollast,
d) die Wirkleistung bei einem Leistungsfaktor $\cos\varphi = 0{,}8$ und der Strom im Unterspannungsnetz!

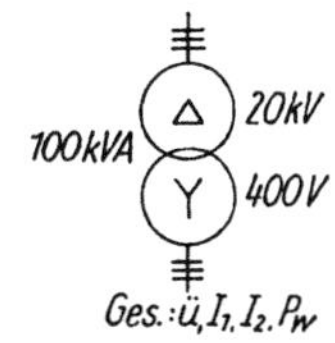

655. Ein in Stern-Stern geschalteter Drehstromtransformator mit einer Nennleistung 200 kVA liegt an 10 000 V und spannt auf 400 V um.

Wie groß ist

a) das Übersetzungsverhältnis,
b) der Strom in der Oberspannungswicklung,
c) der Strom in der Unterspannungswicklung,
d) der Strom in der Unterspannungswicklung bei Dreieckschaltung,
e) die Spannung in der Unterspannungswicklung bei Dreieckschaltung?

656. Ein Drehstromtransformator für 10 000/400 V ist mit Anzapfungen versehen, die ± 4 % der Oberspannungswicklung betragen.

Wie groß ist

a) die Oberspannung bei + 4 %,
b) die Oberspannung bei − 4 %,
c) die Unterspannung bei + 4 %,
d) die Unterspannung bei − 4 %,
e) das Einstellverhältnis?

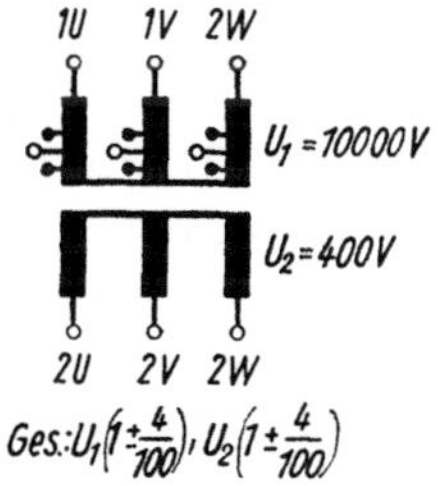

657. Ein Drehstromtransformator für 3000/220 V ist mit Anzapfungen versehen, die ± 120 V der Nennoberspannung betragen.
a) Wieviel Prozent der Nennspannung betragen die Spannungen an den Zapfstellen?
b) Wie groß ist das Übersetzungsverhältnis?

658. Um 380 V Drehstrom zu erhalten, wird ein Transformator an ein 10-kV-Netz angeschlossen. Er nimmt primär 7,5 kW und 0,58 A auf und gibt sekundär 14,8 A ab.
Zu suchen sind
a) aufgenommene Scheinleistung,
b) $\cos\varphi$ und Übersetzungsverhältnis,
c) Wirkungsgrad,
d) abgegebene Schein- und Wirkleistung ($\cos\varphi$-primär soll gleich $\cos\varphi$-sekundär sein).

659. 6,6 kV Drehstrom soll auf 110 kV umgespannt werden. Der Transformator nimmt 750 kVA Scheinleistung und 700 kW Wirkleistung auf, 688 kW gibt er ab.
Berechne:
a) Primärstrom, $\cos\varphi$ und Übersetzungsverhältnis,
b) Wirkungsgrad,
c) Sekundärstrom,
d) abgegebene Scheinleistung!

660. Ein Spannungswandler transformiert eine Spannung von 3000 V herunter auf 100 V, die an das Meßinstrument gelegt werden. Wie groß ist das Übersetzungsverhältnis?

661. Ein Spannungswandler mit einem Übersetzungsverhältnis von 545 : 1 liegt an 60 kV. Wie groß ist die Unterspannung?

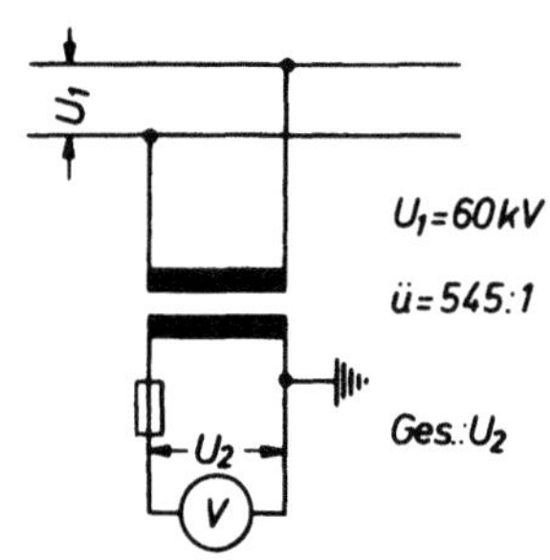

662. Ein Strom von 450 A fließt über einen Stromwandler. Wie groß ist das Übersetzungsverhältnis, wenn im Meßinstrument 5 A (1,72 A) fließen?

663. Das Übersetzungsverhältnis eines Stromwandlers ist 80 : 1. Wie groß ist der Strom in der Sammelschiene, wenn im Instrument 5 A (0,88 A) fließen?

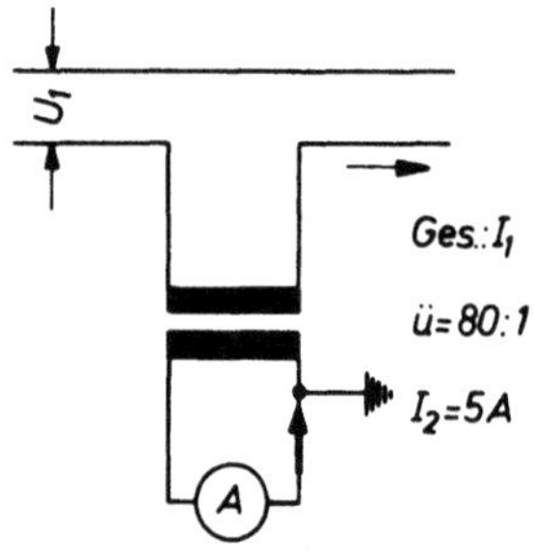

664. Über einen Stromwandler 200/5 A fließen 160 A (91 A). Wie groß ist der Strom im Meßinstrument?

665. In einem Meßinstrument, das an einen Stromwandler angeschlossen ist, fließen 3,5 A (450 mA). Wie groß ist der Strom, der über den Stromwandler fließt, wenn auf dessen Leistungsschild 500/5 angegeben ist?

666. Mit 289 A darf ein Drehstromumspanner mit einer Ausgangsspannung von 400/231 V, bei $\cos\varphi = 0{,}9$, sekundär belastet werden. Welche Schein- und Wirkleistung gibt er ab?

667. 3 Drehstromumspanner, $S_1 = 100$ kVA, $U_{k1} = 4$ %, $S_2 = 50$ kVA, $U_{k2} = 2{,}5$ % und $S_3 = 50$ kVA, $U_{k3} = 2$ % sollen parallel arbeiten. Wie würde sich bei diesen abweichenden Kurzschlußspannungen die Last tatsächlich verteilen, wenn 200 kVA abgenommen werden und gleicher Kurzschlußphasenwinkel vorausgesetzt wird?

5.5.3. Leerlaufverlust

● *Lösungsbeispiel:*

Wie groß sind die Eisenverluste eines Transformators, dessen Eisenkern aus 0,5 mm dicken unlegierten Dynamoblechen mit einer Masse von 100 kg besteht, bei einer magnetischen Induktion von 1 T?

Gegeben: Eisenmasse $m_E = 100$ kg
Induktion $B = 1$ Wb/m²

Gesucht: Eisenverluste P_{VE}

Aus Tabelle: Verlustzahl $\nu = 3{,}05$ W/g

Lösung: $P_{VE} = \nu m_E$

$P_{VE} = 3{,}05 \text{ W/kg} \cdot 100 \text{ kg}$

Ergebnis: $P_{VE} = 305$ W

668. Ein Transformatorkern besteht aus 0,35 mm dicken, legierten Blechen und hat eine Masse von 400 kg. Die Induktion im Eisenkern beträgt $9 \cdot 10^{-1}$ T. Wie groß ist der Eisenverlust?

669. Die Masse eines Transformatorkerns beträgt 800 kg. Die Dicke der unlegierten Bleche ist 1 mm. Wie groß ist der Eisenverlust bei einer magnetischen Induktion des Kernes von $12 \cdot 10^{-1}$ T?

670. Wie groß ist der Eisenverlust eines Transformators, dessen Kern aus 0,5 mm dicken, schwach legierten Blechen besteht, wenn die Masse 500 kg beträgt? Magnetische Induktion: $9 \cdot 10^{-1}$ T.

671. Berechne den Eisenverlust eines Transformators mit einer Kernmasse von 280 kg und einer magnetischen Induktion von 1 T bei

a) hochlegiertem Blech von 0,35 mm Dicke,
b) mittellegiertem Blech von 0,5 mm Dicke,
c) unlegiertem Blech von 1 mm Dicke!

672. Berechne den Eisenverlust eines Transformators mit 410 kg Kernmasse aus schwach legierten Blechen von 0,5 mm Dicke bei einer magnetischen Induktion von

a) $9 \cdot 10^{-1}$ T,

b) $11 \cdot 10^{-1}$ T,

c) $13 \cdot 10^{-1}$ T!

5.5.4. Wirkungsgrad

● *Lösungsbeispiel 1:*

Ein Transformator mit einer zugeführten Leistung von 100 kVA gibt an der Unterspannungsseite 96 kVA ab. Wie groß ist der Wirkungsgrad?

Gegeben: zugeführte Leistung $P_i = 100$ kVA
abgenommene Leistung $P_e = 96$ kVA

Gesucht: Wirkungsgrad η

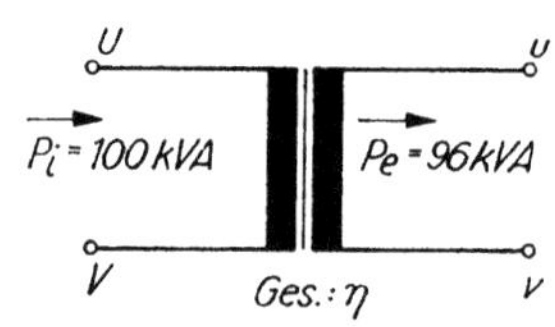

Lösung: $\eta = \frac{P_e}{P_i}$

$\eta = \frac{96\text{ kVA}}{100\text{ kVA}}$

$\eta = 0{,}96$

Ergebnis: $\eta = 96\,\%$

● *Lösungsbeispiel 2:*

In einem Transformator, der mit 50 kVA bei einem Leistungsfaktor $\cos\varphi = 0{,}8$ belastet wird, entstehen Verluste von 2 kW. Wie groß ist der Wirkungsgrad?

Gegeben: Scheinleistung $S = 50$ kVA
Leistungsfaktor $\cos\varphi = 0{,}8$
Leistungsverlust $P_V = 2$ kW

Gesucht: Wirkungsgrad η

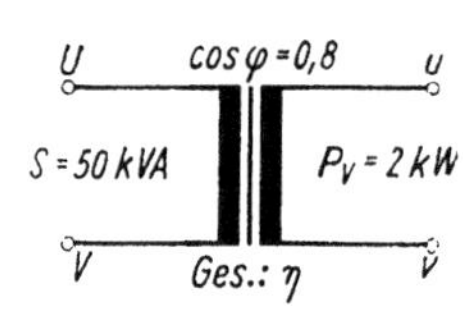

Lösung: $\eta = 1 - \frac{P_V}{S\cos\varphi + P_V}$

$\eta = 1 - \frac{2\text{ kW}}{50\text{ kVA} \cdot 0{,}8 + 2\text{ kW}}$

$\eta = 1 - \frac{2\text{ kW}}{42\text{ kW}}$

$\eta = 1 - 0{,}05$

$\eta = 0{,}95$

Ergebnis: $\eta = 95\,\%$

673. Ein Transformator nimmt eine Leistung von 20 kVA auf. Wie groß ist der Wirkungsgrad, wenn die abgegebene Leistung 19,2 kVA beträgt?

674. Ein Transformator mit einer Nennleistung von 5 kVA hat einen Wirkungsgrad von 0,92. Wie groß ist die aufgenommene Leistung?

675. Bei einer Oberspannung von 3000 V fließen in der Primärwicklung eines Einphasen-Transformators 5,27 A. Wie groß ist bei einem Übersetzungsverhältnis von 6 : 1 und einem Wirkungsgrad von 0,95
a) die Sekundärspannung,
b) die aufgenommene Leistung,
c) die abgegebene Leistung,
d) der Strom in der Sekundärwicklung?

676. In einem Drehstromtransformator, dessen Nennleistung 200 kVA beträgt, entsteht ein Eisenverlust von 1500 W. Der Stromwärmeverlust beträgt 2 % der Nennleistung. Wie groß ist
a) der Wirkungsgrad,
b) die Verlustleistung in Watt,
c) die aufgenommene Leistung?

677. In einem Transformator, der bei einem Leistungsfaktor 0,72 mit 100 kVA belastet wird, entstehen Verluste von 3 kW. Wie groß ist der Wirkungsgrad?

678. Die Verluste, die in einem Transformator entstehen, betragen 5 kW. Bei einem Leistungsfaktor von 0,6 werden dem Transformator 200 kVA entnommen.
a) Wie groß ist der Wirkungsgrad?
b) Wie groß wäre η bei $\cos\varphi = 0{,}9$?

679. Bei einer Belastung von 500 kVA mit einem Leistungsfaktor 0,7 hat ein Transformator Eisenverluste von 5,5 kW und Kupferverluste von 8,5 kW. Wie groß ist der Wirkungsgrad und auf welchen Wert steigt er, wenn $\cos\varphi = 0{,}96$ wird, wobei die Kupferverluste auf 6 kW fallen?

680. Ein Betrieb entnimmt einem Transformator eine Leistung von 640 kVA bei einem Leistungsfaktor 0,8. Die im Transformator entstehenden Verluste betragen 16 kW. Mit welchem Wirkungsgrad arbeitet der Transformator?

681. Durch die Verbesserung des Leistungsfaktors eines Betriebes werden die Kupferverluste eines Transformators von 18 kW auf 12 kW gesenkt. Wieviel kWh können dadurch eingespart werden, wenn der Betrieb jährlich 300 d in 2 Schichten von je 8 h arbeitet?

682. Um wieviel DM jährlich kann der Betrieb der Aufgabe 681 durch die eingesparten kWh, ohne die eingesparten Kosten der Blindleistung, seine Selbstkosten senken, wenn eine Kilowattstunde mit 6 Pfennig berechnet wird?

5.5.5. Erwärmung von Transformatoren

- *Lösungsbeispiel:*

Welche Temperatur hat die Kupferwicklung eines Transformators, wenn bei 288 K die Widerstandsmessung 25 Ω und nach Erwärmung 30 Ω ergab?

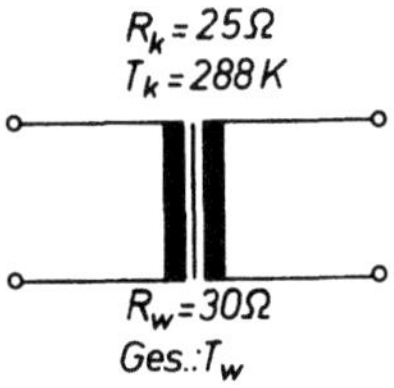

Gegeben: Anfangstemperatur $T_k = 288$ K
Anfangswiderstand $R_k = 25\ \Omega$
Endwiderstand $R_w = 30\ \Omega$

Gesucht: Endtemperatur T_w

Lösung:

$$T_w = \frac{R_w - R_k}{R_k}(\tau + T_k) + T_k$$

$$T_w = \frac{30\ \Omega - 25\ \Omega}{25\ \Omega} \cdot (-43\ \text{K} + 288\ \text{K}) + 288\ \text{K}$$

$$T_w = \frac{5}{25} \cdot 245\ \text{K} + 288\ \text{K}$$

$$\tau = \frac{1}{\alpha_{293}} - 293\ \text{K}$$

$$\tau = \frac{1}{0{,}004}\,\text{K} - 293\ \text{K}$$

$$\tau = 250\ \text{K} - 293\ \text{K}$$

$$\tau = -43\ \text{K}$$

Ergebnis: $T_w = 337$ K

683. Die Endtemperaturen T_w sind zu berechnen.

	a)	b)	c)	d)	e)	f)	g)	h)	i)	
R_k =	36	12	135	12	200	6	24	120	48	Ω
R_w =	45	16	150	15	240	8	27	132	51	Ω
T_k =	291	288	283	293	285	287	281	290	294	K
Werkstoff	Cu	Cu	Cu	Cu	Cu	Al	Al	Al	Al	

684. Der Widerstand der Feldwicklung der Gleichstrommaschine hatte bei 277 K einen Widerstand von 21 Ω. Nach mehrstündigem Betrieb beträgt der Widerstand 28 Ω. Welche Temperatur hat die Wicklung erreicht, wenn sie aus Kupfer besteht?

685. Die Kupferwicklung eines Transformators hat bei 289 K einen Widerstand von 16 Ω. Nach dem Ausschalten beträgt der Widerstand 18 Ω. Wie groß ist die Temperatur der Wicklung?

686. Ein Elektromagnet hat eine Anfangstemperatur von 301 K und einen Wicklungswiderstand von 30 Ω. Nach dem Ausschalten hat die Aluminiumwicklung einen Widerstand von 36 Ω. Wie groß ist die Temperatur der Wicklung?

687. Die Wicklungen eines Motors haben bei einer Anfangstemperatur von 305 K einen ohmschen Widerstand von 20 Ω. Material ist Kupfer. Nach dem Ausschalten beträgt der Widerstand 24 Ω. Wie groß ist die Temperatur?

688. Der Widerstand einer Kupferwicklung beträgt 0,4 Ω bei 291 K. Wie groß ist die Temperatur, wenn der Widerstand auf 0,5 Ω angestiegen ist?

689. Der Widerstand einer Aluwicklung beträgt 90 Ω bei einer Anfangstemperatur von 283 K. Wie groß ist die Temperatur der Wicklung, wenn der Widerstand auf 95 Ω angestiegen ist?

690. Der Widerstand einer Feldwicklung beträgt 140 Ω bei 293 K. Bei welcher Temperatur erreicht die Kupferwicklung einen Widerstand von 160 Ω?

5.5.6. Parallelschaltung von Transformatoren

691. Zwei Drehstromtransformatoren mit den Nennleistungen S_{n_1} = 200 kVA und Kurzschlußspannung u_{k_1} = 3 %, S_{n_2} = 100 kVA und u_{k_2} = 3 % sind parallel auf ein Betriebsnetz geschaltet und sollen in der Spitzenzeit S_g = 300 kVA, sonst S_g = 200 kVA abgeben! Mit welcher Einzellast ist jeder Trafo jeweils belastet?

692. Wie verteilt sich die Last nach Aufgabe 691, wenn die Kurzschlußspannung des 1. Trafos nicht 3 %, sondern 4 % ist? Was ist aus den Ergebnissen zu folgern?

693. Drei Drehstromtransformatoren werden mit a) S_g = 1060 kVA, b) S_g = 500 kVA belastet. Welche Teillasten zu a) und b) errechnen sich für jeden Transformator?
Welcher Trafo wird evtl. überlastet und welcher ist für diese Gruppe nicht geeignet?

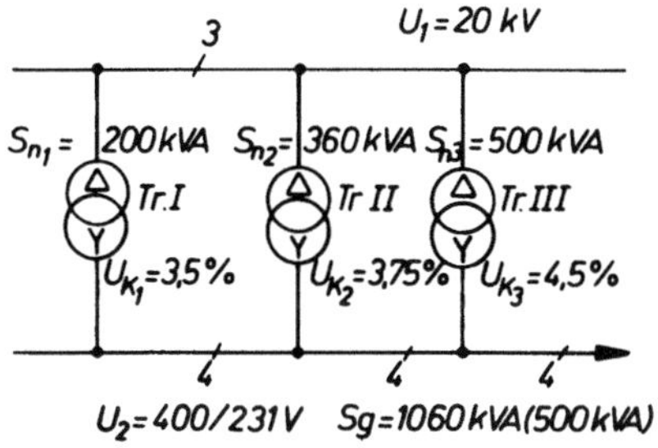

5.5.7. Trockengleichrichter

Lösungshinweis

Die Leerlaufgleichspannung wird berechnet:

1. bei Einwegschaltung $U_g = U_\sim \cdot 0{,}45$
2. bei Mittelpunktschaltung $U_g = U_\sim \cdot 0{,}45$
3. bei Brückenschaltung $U_g = U_\sim \cdot 0{,}9$
4. bei Drehstromsternschaltung $U_g = U_\sim \cdot 1{,}2$ ($U_\sim$ = Strangspannung)
5. bei Drehstrom-Doppelsternschaltung $U_g = U_\sim \cdot 1{,}35$ ($U_\sim$ = halbe Strangspannung)
6. bei Drehstrom-Brückenschaltung $U_g = U_\sim \cdot 2{,}3$ ($U_\sim$ = Strangspannung).

● *Lösungsbeispiel:*

Der Selengleichrichter in Einwegschaltung, 1 Zelle, Stromdichte J = 40 mA/cm², hat eine runde Selenschicht von 20 cm Durchmesser. Die angelegte Wechselspannung ist 24 V.

a) Welche Gleichspannung gibt er ab?
b) Mit wieviel Ampere ist die Zelle belastbar?

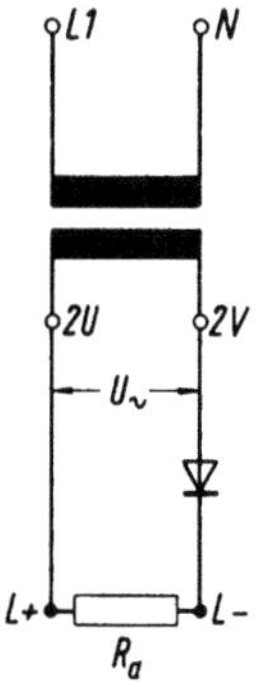

Gegeben: $U_\sim = 24$ V
$d = 20$ cm ∅
$J = 40$ mA/cm²

Gesucht: a) U_g
b) I

Lösung a): $U_g = U_\sim \cdot 0{,}45$
$U_g = 24\ \text{V} \cdot 0{,}45$

Ergebnis: $U_g = 10{,}8$ V

Lösung b): $A = \frac{d^2\,\pi}{4}$

$A = \frac{20^2\ \text{cm}^2 \cdot 3{,}14}{4}$

$A = 314\ \text{cm}^2$

$I = J\,A$

$I = 40\ \text{mA/cm}^2 \cdot 314\ \text{cm}^2$

Ergebnis: $I = 12{,}56$ A

694. Welche Gleichspannung gibt ein Selengleichrichter, 30 Zellen in Reihe, Sperrspannung 28 V, $\eta = 0{,}85$ ab!

695. Ein Batterieladegerät, Brückenschaltung, gibt 24 V ab. Der Wirkungsgrad beträgt 80 %. Welche Wechselspannung liefert der Transformator?

696. Die Gleichrichterfläche eines Selengleichrichters ist 3 cm · 7 cm. Wie hoch kann er bei einer Stromdichte von 60 mA/cm² belastet werden?

697. Die Kühlplattengröße steht im Verhältnis 3 : 1 zur Selenschichtfläche. Der Bolzendurchmesser *d* beträgt 11 mm. Die Zelle wird mit 15,8 A belastet. Berechne die Stromdichte.

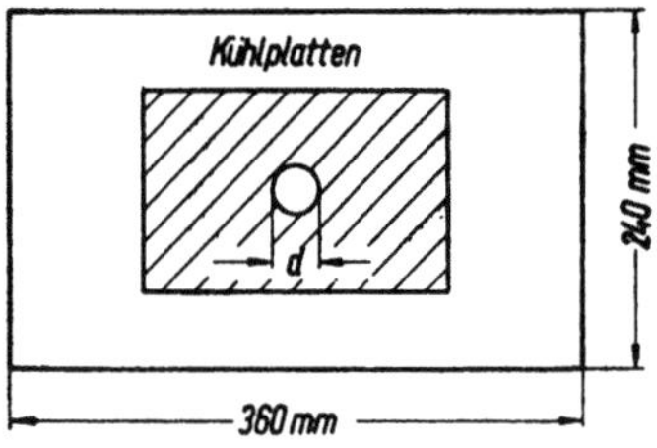

698. Ein Selengleichrichter für 224 V Wechselspannung soll aus *n* Platten (Zellen) zu einem Brückengleichrichter zusammengebaut werden.

a) Berechne die benötigte Plattenzahl n bei 30 V Sperrspannung je Zelle,
b) Welche Gleichspannung im Leerlauf erhält man?
c) Wie groß muß der Außendurchmesser der runden Kühlplatten sein, wenn $J = 50\ \text{mA/cm}^2$ sein darf, die Belastung bei 2,1 A liegt und das Flächenverhältnis Kühlfläche zu Selenfläche 3 : 1 ist?

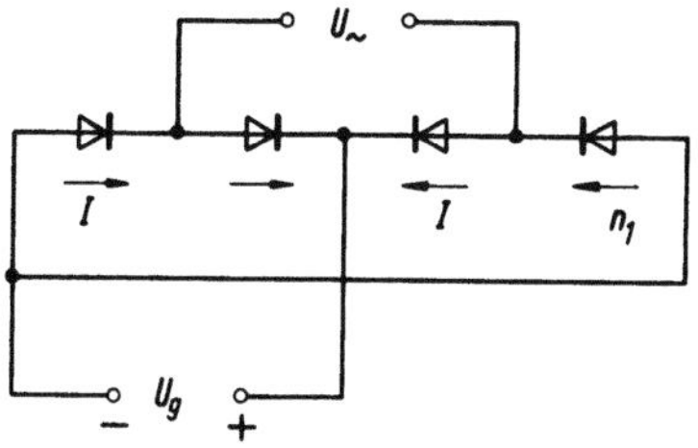

699. Die Sekundärseite eines Drehstromtransformators ist in Stern geschaltet, an die Klemmen UVW werden 3 Gleichrichtersäulen angeschlossen (Einweggleichrichtung). Die abgegebene Gleichspannung beträgt 220 V.
a) Welche Strangspannung liefert der Transformator?
b) Wie hoch ist die Spannung zwischen 2 Gleichrichterzuleitungen?

700. In Doppelsternschaltung ist eine Gleichrichteranlage mit Germaniumgleichrichtern ausgeführt. Welche Phasenspannung gegen den Mittelpunkt N muß der Transformator liefern, wenn 250 V Gleichspannung benötigt werden? Wie hoch ist die Stromdichte, wenn die Belastung 825 A beträgt, bei 9 cm² Gleichrichterfläche?

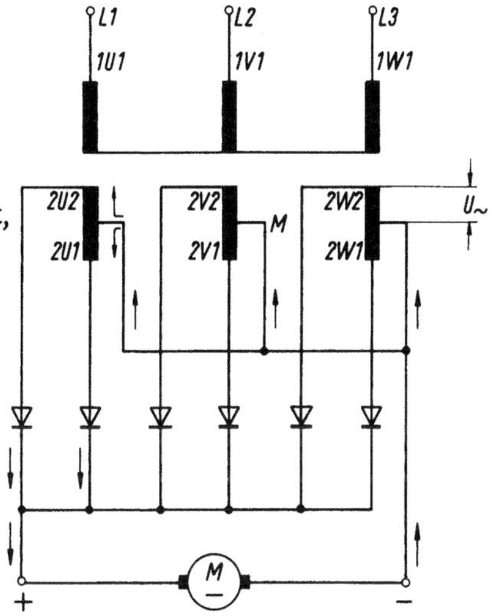

701. Aus einer Gleichrichteranlage, Drehstrom-Brückenschaltung mit Silicumgleichrichtern, wird für eine elektrische Bahn 1200 V Gleichspannung bei einer Stromentnahme von 1600 A benötigt. Der Gesamtwirkungsgrad der Anlage beträgt 92 %, die Stromdichte der Si-Gleichrichter 180 A/cm², der $\cos\varphi$ des Umspanners 0,92.
a) Welche Phasenspannung muß der Transformator liefern?
b) Wie groß muß die Gleichrichterfläche bemessen sein?
c) Berechne die zugeführte Trafo-Scheinleistung!
d) Wieviel Siliciumzellen werden insgesamt benötigt, wenn die effektive Sperrspannung je Zelle 340 V nicht überschreiten soll?

6. Energieverteilung

6.1. Querschnittsberechnung für verzweigte Leitungen

● *Lösungsbeispiel 1:*

In einer Verteilungsleitung mit einheitlichem Querschnitt soll Gleichstrom von 220 V so verteilt werden, daß bei voller Stromentnahme der maximale Spannungsabfall 5 % beträgt. Berechne den Leiterquerschnitt der Kupferleitung!

Gegeben: Spannung $U = 220$ V

Streckenlängen $s_1 = 20$ m, $s_2 = 50$ m, $s_3 = 100$ m

Stromentnahme $i_1 = 50$ A, $i_2 = 10$ A, $i_3 = 20$ A

relativer Spannungsabfall $u = 5$ %

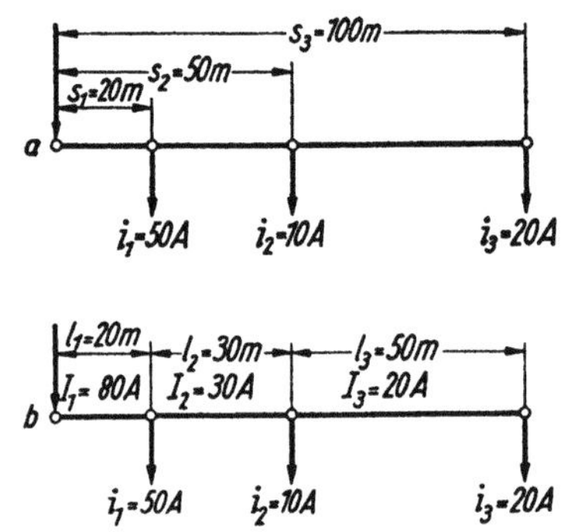

Gesucht: Leiterquerschnitt A

Lösung:

$$A = \frac{\rho\, 2}{u\, U}\,(l_1 I_1 + l_2 I_2 + l_3 I_3)$$

Aus den Stromentnahmen i_1, i_2, i_3 sind die Strombelastungen der einzelnen Leitungsabschnitte zu berechnen:

$I_3 = i_3 = 20$ A

$I_2 = i_2 + i_3 = 30$ A

$I_1 = i_1 + i_2 + i_3 = 80$ A

Die Leitungsabschnitte betragen

$l_1 = s_1 = 20$ m

$l_2 = s_2 - s_1 = 30$ m

$l_3 = s_3 - s_2 = 50$ m

$$A = \frac{0{,}01786\,\frac{\Omega\,\text{mm}^2}{\text{m}}\cdot 2}{0{,}05\cdot 220\ \text{V}}\cdot(20\ \text{m}\cdot 80\ \text{A} + 30\ \text{m}\cdot 30\ \text{A} + 50\ \text{m}\cdot 20\ \text{A})$$

$$A = \frac{0{,}01786}{11}\cdot 7000\ \text{mm}^2$$

Ergebnis: $A = 11{,}36\ \text{mm}^2$

Der nächsthöhere genormte Querschnitt ist 16 mm². Aus thermischen Gründen muß nach VDE-Belastungstafel ein Querschnitt von 25 mm² gewählt werden.

● *Lösungsbeispiel 2:*

Von einem Verteiler verläuft eine Gleichstromleitung zu 3 Abnehmern. Nach einer Entfernung von 240 m zweigt der 1. Abnehmer eine Leistung von 5 kW ab, nach einer weiteren Entfernung von 160 m zweigt der 2. Abnehmer eine Leistung von 2 kW und nach einer weiteren Strecke von 100 m schließlich der 3. Abnehmer eine Leistung von 6 kW ab. Der Gesamtspannungsverlust soll 9 V nicht überschreiten.

Die Netzspannung beträgt 220 V Gleichstrom. Die Leitung besteht aus Hartkupfer, $\rho = 0{,}018\,\frac{\Omega\,\text{mm}^2}{\text{m}}$.

Gegeben:

Spannung	$U = 220$ V
Einheitswiderstand	$\rho = 0{,}018\,\frac{\Omega\,\text{mm}^2}{\text{m}}$
Streckenlängen	$l_1 = 240$ m
	$l_2 = 160$ m
	$l_3 = 100$ m
Spannungsverlust	$U_\text{V} = 9$ V

Gesucht: Leistungsverlust in Watt und %!

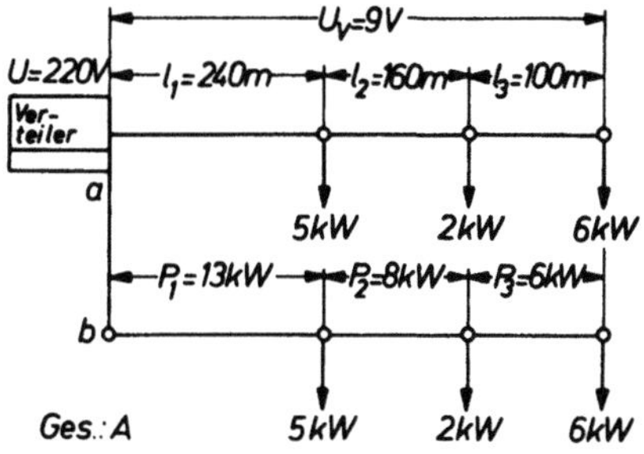

Lösung 1: Würde vereinfacht mit Gesamtlänge und Gesamtlast gerechnet werden, erhält man für

$$A = \frac{\rho\,2}{U_\text{V}\,U}\,l_\text{g}P_\text{g} = \frac{0{,}036\,\frac{\Omega\,\text{mm}^2}{\text{m}}\cdot 500\text{ m}\cdot 13\,000\text{ W}}{9\text{ V}\cdot 220\text{ V}} = 118{,}18\text{ mm}^2 \text{ gew. } 120\text{ mm}^2$$

$$\text{Für } P_\text{V} = \frac{\rho\,2 l_\text{g}}{A}\,\frac{P_\text{g}^2}{U^2} = \frac{0{,}036\,\frac{\Omega\,\text{mm}^2}{\text{m}}\cdot 500\text{ m}}{120\text{ mm}^2}\cdot\frac{13^2\text{ W}^2\cdot 10^6}{220\text{ V}^2} = 524\text{ W}$$

Länge l_2 und l_3 werden aber nicht mehr mit 13 kW belastet, daher genügt der geringere Querschnitt (Lösung 2) und trotzdem wird auch P_V niedriger!

Lösung 2:

$$A = \rho\,\frac{2}{U_\text{V}\,U}\,\Sigma\,l\,P$$

$$A = \rho\,\frac{2}{U_\text{V}\,U}\,(l_1\,P_1 + l_2\,P_2 + l_3\,P_3)$$

In den einzelnen Leitungsabschnitten übertragene Leistungen:

$P_1 = 5\text{ kW} + 2\text{ kW} + 6\text{ kW} = 13\text{ kW}$

$P_2 = 2\text{ kW} + 6\text{ kW} = 8\text{ kW}$

$P_3 = 6\text{ kW}$

$$A = 0{,}018\,\frac{\Omega\,\text{mm}^2}{\text{m}}\cdot\frac{2}{9\text{ V}\cdot 220\text{ V}}\cdot(240\text{ m}\cdot 13\text{ kW} + 160\text{ m}\cdot 8\text{ kW} + 100\text{ m}\cdot 6\text{ kW})$$

$$A = \frac{0{,}036\text{ mm}^2}{1980\text{ Wm}}\cdot 5000\text{ kW m}$$

$$A = \frac{180\text{ mm}^2\text{ kW m}}{1980\text{ W m}}$$

$$A = \frac{180\text{ mm}^2\text{ kW}}{1980\text{ W}}$$

$$A = \frac{180\,000\text{ mm}^2\text{ W}}{1980\text{ W}}$$

$$A = \frac{180\,000\text{ mm}^2}{1980}$$

Ergebnis: $A = 90{,}9\text{ mm}^2$

Es wird der nächsthöhere Querschnitt gewählt: $A = 95\ mm^2$; bei $A = 95\ mm^2$ ist U_V nicht mehr 9 V, sondern

$$U_V = U_{V_1} + U_{V_2} + U_{V_3}$$
$$U_V = 5{,}374\ V + 2{,}204\ V + 1{,}033\ V$$
$$U_V = 8{,}61\ V;\ u = 3{,}91\ \%$$
$$P_V = P_{V_1} + P_{V_2} + P_{V_3}$$
$$P_V = U_{V_1} \frac{P_1}{U} + U_{V_2} \frac{P_2}{U} + U_{V_3} \frac{P_3}{U}$$
$$P_V = 5{,}374\ V \cdot \frac{13\,000\ W}{220\ V} + 2{,}204\ V \cdot \frac{8000\ W}{220\ V} + 1{,}033\ V \cdot \frac{6000\ W}{220\ V}$$
$$P_V = 426\ W;\ p = 3{,}91\ \%$$

Spannungsverlust und Leistungsverlust sind prozentual gleich, nur sind die relativen Leistungsverluste der einzelnen Abschnitte verschieden hoch, daher $P_V = P_{V_1} + P_{V_2} + P_{V_3}$ und $P_1 = \frac{P_{V_1}}{P_1} \cdot 100 \ldots$.

Der Querschnitt von 95 mm² genügt nicht, wenn das EVU nur $u = 3\ \%$ zuläßt. Wenn U_V bis 6,6 V sein darf, muß $A = 124\ mm^2$ sein, gewählt 150 mm², wofür der Leistungsverlust P_V allerdings viel geringer ist.

702. Wie groß ist der Spannungsverlust in Prozent der Betriebsspannung, wenn von einer Kupferleitung mit einem Querschnitt von 35 mm² nach einer Strecke von 60 m eine Leistung von 11 kW und nach einer Gesamtstrecke von 120 m eine Leistung von 5,5 kW abgenommen werden? Die Betriebsspannung beträgt 220 V.

703. Von einer Industrieverteilungsleitung mit 240 V Spannung werden nach einer Strecke von 100 m eine Leistung von 4 kW, nach einer weiteren Strecke von 180 m eine Leistung von 4 kW und nach einer weiteren Strecke von 275 m eine Leistung von 4 kW abgezweigt. Berechne den Querschnitt der Kupferleitung, wenn bei voller Belastung der Spannungsverlust maximal 3 % betragen darf!

704. Welchen Querschnitt muß eine Aluminiumleitung haben, wenn der Spannungsverlust 6 V nicht überschreiten soll? Die Netzspannung beträgt 225 V. Nach 50 m werden 6 kW, nach 120 m 2,5 kW und am Ende der 200 m langen Leitung 3,25 kW abgenommen. Welcher Spannungsverlust in Volt und % ergibt sich durch den gewählten Normquerschnitt?

705. Welchen Querschnitt muß eine Aluminiumverteilungsleitung mit 225 V Betriebsspannung haben, wenn der Spannungsverlust 5,8 V nicht überschreiten soll und wenn nach einer Strecke von 80 m 7,5 kW, nach weiteren 125 m 9 kW, nach weiteren 200 m 6 kW und schließlich nach weiteren 100 m 1,5 kW abgenommen werden?

706. Wie sind Spannungsverlust und Leistungsverlust in Volt, Watt und %, in einer Kupferleitung mit 35 mm² Querschnitt, wenn nach einer Strecke von 60 m eine Leistung von 5 kW und nach einer zweiten Strecke von 100 m eine Leistung von 2 kW abgenommen werden? Die Betriebsspannung beträgt $U = 125$ V.

707. Wie groß ist der auf die Betriebsspannung bezogene relative Spannungsverlust einer Kupferleitung, wenn die Betriebsspannung 250 V beträgt und wenn nach einer Strecke von 50 m 4 kW, nach weiteren 40 m 10 kW, nach weiteren 125 m 4 kW, nach weiteren 200 m 10 kW und nach weiteren 125 m 4 kW abgenommen werden? Der Leiterquerschnitt beträgt 120 mm².

708. a) Welcher Leiterquerschnitt ist erforderlich, wenn von einer Aluminiumleitung (Kupferleitung) nach einer Strecke von 100 m eine Leistung von 2 kW und nach einer Gesamtstrecke von 150 m eine Leistung von 6 kW entnommen werden sollen und der relative Spannungsverlust 1,5 % betragen darf? Netzspannung $U = 220$ V.

b) Nach Wahl des Normquerschnittes ergeben sich welche Werte für U_v und u in %?

6.2. Die zweiseitig gespeiste Gleichstromleitung

● *Lösungsbeispiel:*

Die Einspeisepunkte der skizzierten Leitung besitzen unterschiedliches Potential: $U_A = 400$ V; $U_E = 420$ V. Berechne die von den Einspeisepunkten A und E fließenden Ströme die auf den Teilleitungen bzw. -strecken * $\overline{AB}$, $\overline{BC}$, $\overline{CD}$ und $\overline{DE}$ fließenden Ströme, sowie die Spannungsabfälle an den Punkten B, C, D. Bestimme den Gesamtquerschnitt über die Gesamtleitung und ermittle die Leistungsverluste auf den Teilstrecken in W und den Gesamtleistungsverlust in %! Berechne außerdem den Wirkungsgrad.

Gegeben: Material: Cu ($\kappa = 56 \frac{\Omega\,m}{mm^2}$)

Spannungen, ($U_A = 400$ V; $U_E = 420$ V)

Leiterlängen: $l_1 = 200$ m; $l_2 = 300$ m; $l_3 = 100$ m; $l_4 = 200$ m.

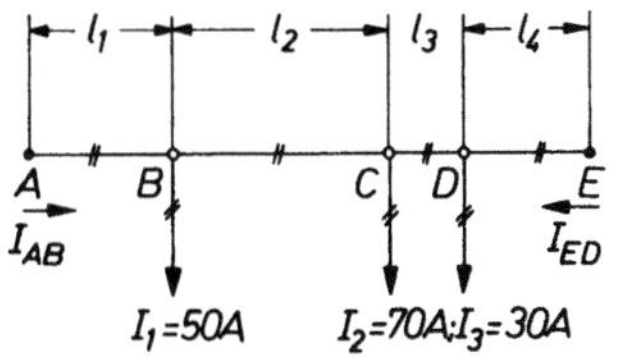

Gesucht:
a) Stromverteilung vor Überlagerung mit dem Ausgleichstrom
b) Querschnitt A (bei $\Delta U \leq 20$ V)
c) Ausgleichstrom I_a
d) Stromverteilung nach der Überlagerung
e) Spannungsverluste
f) Leistungsverluste
g) η (Wirkungsgrad der Leitung)

Lösung a_1): Zunächst ermittelt man die Stromverhältnisse so, als wären die Spannungen an den Punkten A und E gleich groß. Es stellt sich nun ein Ausgleichstrom I_a ein, der sich den errechneten Strömen überlagert und infolge der Potentialdifferenz zwischen Punkt E und A fließt.

Ströme an den Einspeisepunkten A (I') und E (I'')

$$I'' = \frac{\sum_1^3 Il}{l_{ges}} = \frac{I_1\,l_1 + I_2\,(l_1 + l_2) + I_3\,(l_1 + l_2 + l_3)}{l_1 + l_2 + l_3 + l_4}$$

$$I'' = \frac{50\text{ A} \cdot 200\text{ m} + 70\text{ A}\,(200\text{ m} + 300\text{ m}) + 30\text{ A}\,(200\text{ m} + 300\text{ m} + 100\text{ m})}{(200 + 300 + 100 + 200)\text{ m}}$$

$$I'' = \frac{10\,000\text{ Am} + 35\,000\text{ Am} + 18\,000\text{ Am}}{800\text{ m}}$$

$$I'' = \frac{63\,000\text{ Am}}{800\text{ m}}$$

Ergebnis: $I'' = 78{,}75$ A

* $\overline{AB}$, $\overline{BC}$, $\overline{CD}$, $\overline{DE}$ ist als Strecke – z. B. Strecke A B – zu verstehen.

Lösung a₂): Um I' zu berechnen, bildet man eine Knotenpunktsgleichung nach Kirchhoff:

$I_{\overline{DC}} = I'' - I_3$

$I_{\overline{BC}} = I' - I_1$

$I_1 + I_2 + I_3 - I' - I'' = 0$

$I_1 + I_2 + I_3 - I'' = I'$

$50\ A + 70\ A + 30\ A - 78{,}75\ A = 71{,}25\ A = I'$

Hiernach ergibt sich die Stromverteilung

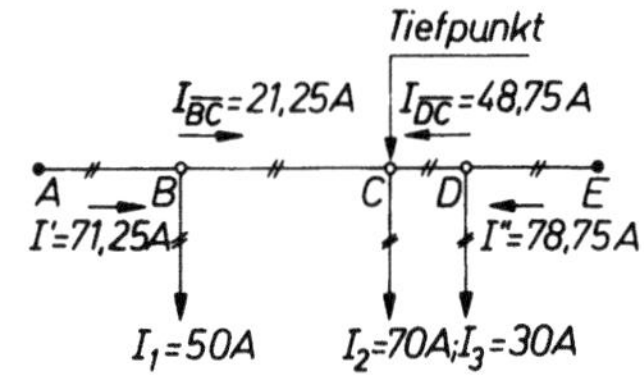

Lösung b): $A = \frac{2}{\kappa\,\Delta U}\,\overset{*}{\Sigma} I l$

ΔU ist nicht zu verwechseln mit der Differenz der Einspeisespannungen!

*$\Sigma I l$ = Summe aller Strommomente bis zum Tiefpunkt. Dabei ist es gleichgültig ob von Punkt E oder Punkt A ausgegangen wird. Tiefpunkt ist der Punkt auf der Leitung, wo sich die Strom- bzw. Spannungsrichtungen umkehren.

$$A = \frac{2}{56\,\frac{\Omega\,m}{mm^2}\cdot 20\ V}\,[(71{,}25\ A\cdot 200\ m) + 21{,}25\ A\cdot 300\ m]$$

$$A = \frac{2\cdot 20\,625\ A\,m}{56\,\frac{\Omega\,m}{mm^2}\cdot 20\ V}$$

Ergebnis: $A = 36{,}83\ mm^2$, gewählt $A = 50\ mm^2$

Lösung c): Der Ausgleichstrom[1] I_a ergibt sich aus der Potentialdifferenz $U_E - U_A$, dividiert durch den Gesamtwiderstand der Leitung $\overline{AE}$.

$$I_a = \frac{U_E - U_A}{R_l}$$

$$I_a = \frac{U_E - U_A}{\frac{2\cdot\sum_1^n l}{\kappa A}} \qquad \sum_1^n l = \sum_1^4 l = l_1 + l_2 + l_3 + l_4$$

$$I_a = \frac{420\ V - 400\ V}{\frac{2\cdot 800\ m}{56\,\frac{\Omega\,m}{mm^2}\cdot 50\ mm^2}}$$

$$I_a = \frac{20\ V\cdot 2800}{1600\ \Omega}$$

Ergebnis: $I_a = 35\ A$

Lösung d): Durch Überlagerung mit dem Ausgleichstrom folgen die Ströme:

$I'_{\overline{AB}} = I' - I_a = (71{,}25 - 35)\ A$ $\quad I'_{\overline{BC}} = I_{\overline{BC}} - I_a = (21{,}25 - 35)\ A$ $\quad I'_{\overline{CD}} = I_{\overline{CD}} + I_a = (48{,}75 + 35)\ A$ $\quad I'_{\overline{ED}} = I'' + I_a = (78{,}75 + 35)\ A$

Ergebnis: $I'_{\overline{AB}} = 36{,}25\ A$ $\quad I'_{\overline{BC}} = -13{,}75\ A$ $\quad I'_{\overline{CD}} = 83{,}75\ A$ $\quad I'_{\overline{ED}} = 113{,}75\ A$

---

[1] Der Ausgleichstrom ist nur dann zu berechnen, wenn die Einspeisespannungen an der Ringleitung unterschiedlich sind. Ist dies der Fall, so muß überlagert werden, sonst nicht!

Der negative Wert beim Strom $I'_{\overline{BC}}$ läßt erkennen: 1. Der Strom fließt von C nach B; 2. es entsteht ein neuer Tiefpunkt bei Punkt B. Bei der Überlagerung mit dem Ausgleichstrom I_a ist darauf zuachten, daß die Überlagerung jeweils vom Punkt der höheren Spannung beginnt. (Im Lösungsbeispiel also vom Punkt E.) Andernfalls wird der Ausgleichstrom negativ eingesetzt; dies führt auch zur richtigen Lösung.

Lösung e₁):

$$\Delta U_{\overline{AB}} = \frac{2 l_1 I'_{\overline{AB}}}{\kappa A} = \frac{2 \cdot 200\ \text{m} \cdot 36{,}25\ \text{A}\ \Omega\ \text{mm}^2}{56\ \text{m} \cdot 50\ \text{mm}^2} = \frac{14\,500\ \text{V}}{2800}$$

$$\Delta U_{\overline{AB}} = 5{,}178\ \text{V}$$

$$\Delta U_{\overline{BC}} = \frac{2 l_2 I'_{\overline{BC}}}{\kappa A} = \frac{2 \cdot 300\ \text{m} \cdot 13{,}75\ \text{A}\ \Omega\ \text{mm}^2}{56\ \text{m} \cdot 50\ \text{mm}^2} = \frac{8250\ \text{V}}{2800}$$

$$\Delta U_{\overline{BC}} = 2{,}946\ \text{V}$$

$$\Delta U_{\overline{CD}} = \frac{2 l_3 I'_{\overline{CD}}}{\kappa A} = \frac{2 \cdot 100\ \text{m} \cdot 83{,}75\ \text{A}\ \Omega\ \text{mm}^2}{56\ \text{m} \cdot 50\ \text{mm}^2} = \frac{16\,750\ \text{V}}{2800}$$

$$\Delta U_{\overline{CD}} = 5{,}982\ \text{V}$$

Lösung e₂):

$$\Delta U_{\overline{DE}} = \frac{2 l_4 I'_{\overline{ED}}}{\kappa A} = \frac{2 \cdot 200\ \text{m} \cdot 113{,}75\ \text{A}\ \Omega\ \text{mm}^2}{56\ \text{m} \cdot 50\ \text{mm}^2} = \frac{45\,500\ \text{V}}{2800}$$

$$\Delta U_{\text{ges}} = \sum_{\overline{AB}}^{\overline{DE}} \Delta U = \Delta U_{\overline{AB}} + \Delta U_{\overline{BC}} + \Delta U_{\overline{CD}} + \Delta U_{\overline{DE}} = (5{,}178 + 2{,}946 + 5{,}982 + 16{,}25)\ \text{V}$$

Ergebnis:

$$\Delta U_{\overline{DE}} = 16{,}25\ \text{V} \qquad \Delta U_{\text{ges}} = 30{,}356\ \text{V}$$

Lösung f):

$$P_{V\overline{AB}} = \Delta U_{\overline{AB}}\, I'_{\overline{AB}} = 5{,}178\ \text{V} \cdot 36{,}25\ \text{A}$$

$$P_{V\overline{AB}} = 187{,}7\ \text{W}$$

$$P_{V\overline{CD}} = \Delta U_{\overline{CD}}\, I'_{\overline{CD}} = 5{,}982\ \text{V} \cdot 83{,}75\ \text{A}$$

$$P_{V\overline{CD}} = 500{,}99\ \text{W}$$

$$P_{V\overline{BC}} = \Delta U_{\overline{BC}}\, I'_{\overline{BC}} = 2{,}946\ \text{V} \cdot 13{,}75\ \text{V}$$

$$P_{V\overline{BC}} = 40{,}5\ \text{W}$$

$$P_{V\overline{DE}} = \Delta U_{\overline{DE}}\, I'_{\overline{DE}} = 16{,}25\ \text{V} \cdot 113{,}75\ \text{A}$$

$$P_{V\overline{DE}} = 1848{,}43\ \text{W}$$

Lösung g): $\eta = \frac{P_{eff} - P_{v_{ges}}}{P_{eff}}$

$\eta = \frac{(62{,}275 - 2{,}577)\ \text{kW}}{62{,}275\ \text{kW}}$

Ergebnis: $\eta = 0{,}96$

$P_{eff}* = U_A I'_{\overline{AB}} + U_E I'_{\overline{DE}}$

$= 400\ \text{V} \cdot 36{,}25\ \text{A} + 420\ \text{V} \cdot 113{,}75\ \text{A}$

$P_{eff} = 62{,}275\ \text{kW}$

$P_{v_{ges}} = \sum_{\overline{AB}}^{\overline{DE}} P_v$

$= (187{,}7 + 40{,}5 + 500{,}99 + 1848{,}43)\ \text{W}$

$P_{v_{ges}} = 2577{,}62\ \text{W}$

709. Berechne die Stromverteilung des Gleichstrom-Ringnetzes aus Cu. Die Speisespannung an Punkt A beträgt 380 V, an Punkt E 400 V. Ermittle ferner den Querschnitt der Leitung bei einem angenommenem Spannungsabfall von 20 V, sowie die gesamte Einspeiseleistung und den Leistungsverlust auf der Strecke $\overline{CD}$! Die Längen der Leitungsabschnitte betragen $l_1 = 100$ m, $l_2 = 300$ m, $l_3 = 360$ m, $l_4 = 500$ m.

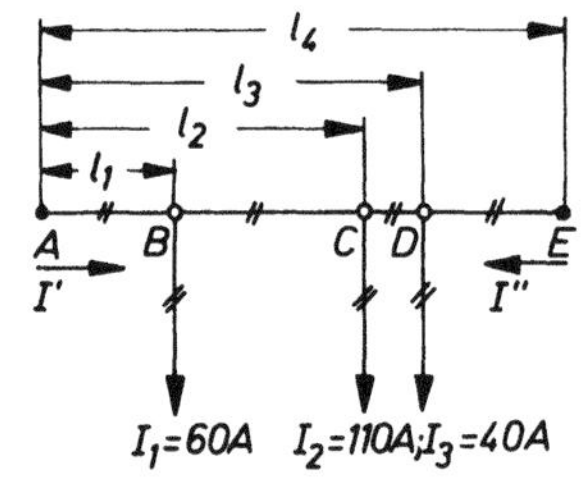

710. Für das Gleichstrom-Ringnetz von Aufgabe 714 ist zu berechnen:

a) die Stromverteilung; b) die Spannungsverluste auf den Teilstrecken; c) der Wirkungsgrad der Leitung, wenn diese aus Cu ($A = 50\ \text{mm}^2$) besteht und die Speisespannungen an den Punkten A und E 380 V beträgt.

7. Erdübergangswiderstand

● *Lösungsbeispiel:*

Bei der Überprüfung eines Blitzableiters durch Kontrollmessungen in Verbindung mit 2 Hilfserden werden folgende Meßergebnisse erzielt:

Blitzerde – Hilfserde H_1: $R_1 = 19\ \Omega$, Blitzerde – Hilfserde H_2: $R_2 = 24\ \Omega$, Hilfserde H_1 – Hilfserde H_2: $R_3 = 37\ \Omega$. Wie groß ist der Erdübergangswiderstand des Blitzableiters? Abstand $H_1 - H_2$ ca. 20 m.

Gegeben: Widerstände $R_1 = 19\ \Omega$ $R_2 = 24\ \Omega$ $R_3 = 37\ \Omega$

Gesucht: Erdübergangswiderstand des Blitzableiters R_E

Lösung: $R_E = \frac{R_1 + R_2 - R_3}{2}$ $R_E = \frac{19\ \Omega + 24\ \Omega - 37\ \Omega}{2}$

Ergebnis: $R_E = 3\ \Omega$

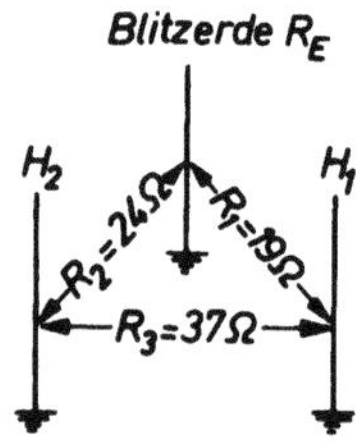

* Sind die Einspeisespannungen gleichgroß, so errechnet sich die effektive Leistung wie folgt: $P_{eff} = U\,(I_A + I_n)$, wobei I_n der letzte Einspeisepunkt ist.

711. Bei der Überprüfung eines Blitzableiters werden folgende Widerstandswerte gemessen: Erde – Hilfserde 1: 4,3 Ω, Erde – Hilfserde 2: 5,7 Ω, Hilfserde 1 – Hilfserde 2: 9 Ω. Wie groß ist der Erdungswiderstand?

712. Die Messung einer Schutzerde ergibt folgende Werte: Erde – Hilfserde 1: 13,0 Ω, Erde – Hilfserde 2: 2,0 Ω, Hilfserde 1 – Hilfserde 2: 13,4 Ω. Wie groß ist der Erdübergangswiderstand jeder einzelnen Erde?

713. Eine Erdleitung wird nach vor stehendem Bild überprüft. Die drei Messungen ergeben folgende Werte: $R_1 = 4{,}8\ \Omega$, $R_2 = 4{,}0\ \Omega$, $R_3 = 6{,}0\ \Omega$.

a) Wie groß ist der Übergangswiderstand R_E?

b) Wie groß sind die Übergangswiderstände der beiden Hilfserden?

714. Bei der Überprüfung einer Motorschutzerde werden folgende Meßergebnisse erzielt: $R_E + R_{H1} = 8{,}4\ \Omega$, $R_E + R_{H2} = 9{,}8\ \Omega$, $R_{H1} + R_{H2} = 11{,}8\ \Omega$.

a) Wie groß ist der Widerstand der Schutzerde?

b) Wie groß ist der Widerstand jeder Hilfserde?

715. Die Erdleitung eines Blitzableiters zeigt bei der Überprüfung folgende Widerstandswerte: $R_{H_1} + R_{H_2} = 3{,}6\ \Omega$, $R_{H_1} + R_E = 3\ \Omega$, $R_{H_2} + R_E = 1{,}8\ \Omega$.

a) Wie groß ist der Erdungswiderstand des Blitzableiters?

b) Wie groß ist der Erdungswiderstand jeder Hilfserde?

716. Ein Gleichstrommotor ist an ein Netz 2 · 220 V angeschlossen und mit 35 A abgesichert. Die einfache Länge der Motorzuleitung aus Kupfer von 10 mm² Querschnitt beträgt 100 m. Der Motor ist geerdet. Die 6 mm² Kupfer-Erdleitung hat eine Leiterlänge vom Motor bis zum Erder von 30 m. Der Erdübergangswiderstand der Betriebserde wird mit 3 Ω angenommen. Da Sicherungen nicht immer einen zuverlässigen Schutz der Motoren gegen Überlastung bieten, ist nachzuprüfen, ob bei einem auftretenden Körperschluß am Motor die Sicherung sofort durchschmelzen würde:

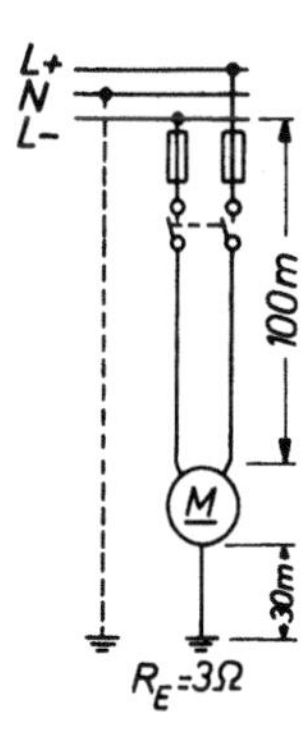

a) Berechne den ohmschen Widerstand eines Leiters der Motorzuleitung!

b) Berechne den ohmschen Widerstand der Erdleitung!

c) Ermittle den Gesamtwiderstand von Zuleiter und Erdleiter für einen auftretenden Körperschluß am Motor!

d) Berechne die Stromstärke, die unter der Spannung von 220 V bei Körperschluß vom Netz zur Erde fließt!

e) Bei welcher Stromstärke löst die träge Sicherung sofort aus?

f) Kann die vorhandene Erdung beibehalten werden?

g) Warum muß jeder Elektroinstallateur die Schutzmaßnahmen nach VDE 0100 sicher beherrschen und anwenden?

Ergebnisse

1. $I = 0{,}01$ A; 0,35 A; 400 A; 0,25 A; 3000 A; 4000 A
   $U = 0{,}025$ V; 4,3 V; 10 V; 125000 V; 0,003 V
2. 250 kV
3. 10^9 V ($1{,}5 \cdot 10^5$ kV)
4. $1{,}5 \cdot 10^9$ kW ($3{,}5 \cdot 10^{10}$ W)
5. 0,8 MV (0,25 MV)
6. $4 \cdot 10^{-12}$ F; $4 \cdot 10^{-11}$ F; $2{,}8 \cdot 10^{-6}$ F
7. $38 \cdot 10^4$ V; $2{,}2 \cdot 10^4$ V
8. $I = 0{,}1775$ A (0,1471 A)
9. $R = 48{,}\overline{8}\ \Omega$ ($16{,}\overline{66}\ \Omega$)
10. $I = 17{,}6$ A (30,4 A)
11. $R = 35{,}2\ \Omega$ ($27{,}\overline{77}\ \Omega$)
12. $U = 220$ V
13. a) $I_F = 110$ mA
    b) Abschalten oder Schutzisolierung
14. a) $I = 9{,}16$ A;
    b) $I = 18{,}32$ A (31,6 A)
    c) Widerstand schmort bei zu hoher Spannung durch!
15. $R = 100\ \text{k}\Omega$ ($100\ \text{k}\Omega$)
16. a) $R = 44\ \Omega$; $G = 0{,}0227$ S
    b) $I = 2{,}333$ A; $G = 0{,}0555$ S
    c) $R = 2{,}\overline{6}\ \Omega$; $G = 0{,}375$ S
    d) $I = 24$ A; $R = 2{,}5\ \Omega$
    e) $U = 54$ V; $G = 0{,}\overline{3}$ S
    f) $R = 83{,}\overline{3}\ \Omega$; $G = 0{,}012$ S
    g) $R = 1{,}818\ \Omega$; $G = 0{,}55$ S
17. a) $G = 0{,}01904$ S; b) $R = 52{,}5\ \Omega$
18. a) $U = 0{,}003$ V; b) $R = 0{,}025\ \Omega$
19. a) $R = 20\ \Omega$; b) $G = 0{,}05$ S
20. a) $G = 0{,}0143$ S; b) $I = 3{,}14$ A
21. a) $R = 3{,}64\ \Omega$; b) $G = 0{,}275$ S
22. a) $I = 4{,}8$ A; (9,6 A) b) $G = 0{,}8$ S
23. a) $U = 222$ V; b) $R_W = 27{,}8\ \Omega$
24. a) $R = 64{,}3\ \Omega$; b) $G = 0{,}0155$ S
25. G = 8 S (0,00286 S)
26. a) $R = 41{,}6\ \Omega$; $\kappa = 7{,}7\ \frac{\text{S m}}{\text{mm}^2}$
    b) $l = 12{,}85$ m; $\kappa = 0{,}715\ \frac{\text{S m}}{\text{mm}^2}$
    c) $A = 173{,}6\ \text{mm}^2$; $\rho = 0{,}209\ \frac{\Omega\,\text{mm}^2}{\text{m}}$
    d) $R = 1{,}537\ \Omega$; $\kappa = 3{,}3\ \frac{\text{S m}}{\text{mm}^2}$
    e) $l = 160$ m; $\kappa = 16{,}\overline{66}\ \frac{\text{S m}}{\text{mm}^2}$
    f) $\rho = 0{,}01754\ \frac{\Omega\,\text{mm}^2}{\text{m}}$
    $\kappa = 57\ \frac{\text{S m}}{\text{mm}^2}$
    g) $A = 0{,}03937\ \text{mm}^2$; $\kappa = 4{,}762\ \frac{\text{S m}}{\text{mm}^2}$
27. $R = 3{,}9\ \Omega$ ($19{,}8\ \Omega$)
28. a) $l = 120$ m (230,4 m)
    b) $N = 849{,}25$ (1630,6) Wdg
29. $A = 4\ \text{mm}^2$
30. $\rho = 0{,}3$ bzw. $\kappa = 3{,}3$ Neusilber ($\rho = 0{,}3$)
31. $A = 6{,}75\ \text{mm}^2$ ($4{,}61\ \text{mm}^2$)
32. $\kappa = 35{,}6$ Aluminium ($\kappa = 35{,}7$)
33. $R = 0{,}153\ \Omega$
34. $R = 0{,}0825\ \Omega$ ($0{,}055\ \Omega$)
35. $l = 112$ m (336 m)
36. $A = 31{,}0\ \text{mm}^2$ ($19{,}33\ \text{mm}^2$), ($35\ \text{mm}^2$, $25\ \text{mm}^2$)
37. $R = 1{,}27\ \text{m}\Omega$ ($0{,}51\ \text{m}\Omega$)
38. $R_1 = 114{,}2\ \Omega$ einer Drahtlänge!
    $R_{ges} = 19{,}05\ \Omega$
39. a) $l = 176$ m; $\rho = 0{,}01786\ \frac{\Omega\,\text{mm}^2}{\text{m}}$
    b) $d = 3$ mm; $\kappa = 7{,}7\ \frac{\text{S m}}{\text{mm}^2}$
    c) $d = 0{,}1$ mm; $\rho = 0{,}1\ \frac{\Omega\,\text{mm}^2}{\text{m}}$
    d) $l = 9{,}45$ m; $\kappa = 3{,}3\ \frac{\text{S m}}{\text{mm}^2}$
    e) $R = 93\ \Omega$; $\rho = 0{,}074\ \frac{\Omega\,\text{mm}^2}{\text{m}}$
    f) $R = 0{,}08\ \Omega$; $\rho = 0{,}01786\ \frac{\Omega\,\text{mm}^2}{\text{m}}$
    g) $l = 1883{,}5$ m; $\rho = 0{,}0\overline{16}\ \frac{\Omega\,\text{mm}^2}{\text{m}}$
    h) $l = 119$ m; $\rho = 0{,}0\overline{16}\ \frac{\Omega\,\text{mm}^2}{\text{m}}$
    i) $R = 9{,}7\ \Omega$; $\kappa = 0{,}91\ \frac{\text{S m}}{\text{mm}^2}$
40. $R = 7{,}55\ \Omega$
41. $R = 0{,}375\ \text{m}\Omega$
42. $l = 2304$ m
43. $l = 616$ m
44. $R = 1{,}8\ \Omega$
45. $l = 42{,}5$ m
46. $R = 11{,}9\ \Omega$
47. $R = 11{,}5\ \Omega$

48. a) $A = 16\ mm^2$; ($3{,}43 \sim 4\ mm^2$)
b) $d = 4{,}5$ mm; (2,26 mm)
49. $R = 249{,}2\ \Omega$ bei doppelter Länge!
50. a) $l = 10{,}95$ m
b) $R = 1{,}1\ \Omega$, $0{,}7\ \Omega$, $0{,}6\ \Omega$ und $0{,}4\ \Omega$
c) $l = 3{,}886$ m; 2,473 m; 2,119 m; 1,413 m und 1,0599 m
51. a) $R = 53{,}07\ \Omega$
b) $\rho = 0{,}035\ \frac{\Omega\ mm^2}{m}$
c) $d = 1{,}69$ mm
d) $N = 357$ Wdg.
e) $\rho = 0{,}14\ \frac{\Omega\ mm^2}{m}$
f) $N = 1593{,}15$ Wdg.
52. $N = 1793$ Wdg.
53. $l = 338{,}69$ m
$N = 1198{,}5$ Wdg.
54. $R = 282{,}6\ \Omega$
55. $N = 77{,}25$ Wdg.
56. a) $l = 104{,}67$ m; b) $N = 833$ Wdg.
c) 166,6 m
57. $R = 285{,}7\ \Omega$
58. $R = 33{,}2\ \Omega$
59. $N = 17920$ Wdg.
60. $R = 20\ \Omega$
61. a) $l = 5501$ km
b) $R_1 = 20{,}6\ \Omega$ (bei 800 Wdg. je Spule)
62. a) $\Delta T = 50$ K; $R_k = 65\ \Omega$
b) $\Delta T = 54$ K; $R_w = R_k\left(\frac{\tau + T_w}{\tau + T_k}\right) =$
$= 144{,}62\ \Omega$; $\tau = -29{,}84$ K
c) $R_w = 336{,}7\ \Omega$; $\tau = -49{,}09$ K
d) $\Delta T = 24$ K; $\tau = 262{,}55$ K; $R_w = 12{,}5\ \Omega$
e) $\tau = -29{,}84$ K; $R_w = 6{,}04\ \Omega$
f) $T_w = 323$ K; $\tau = -43$ K; $\Delta T = 40$ K
63. $T_w = 387{,}7$ K; $\tau = -29{,}84$ K
64. $T_k = \frac{R_k(\tau + T_w)}{R_w} - \tau = 263{,}7$ K;
$\tau = -29{,}84$ K
65. $T_w = 322{,}9$ K; $\tau = -43$ K
66. $T_w = 328{,}7$ K; $\tau = -43$ K
67. $R_k = 109{,}5\ \Omega$
68. $\kappa = 56\ \frac{S \cdot m}{mm^2}$ bei 293 K; $T_w = 323{,}1$ K
69. $T_w = 546{,}4$ K; $\tau = -43$ K
70. $R_w = 270\ \Omega$; $\tau = -49{,}09$ K
71. $T_w = 325$ K; $\tau = -43$ K
72. $T_w = 345{,}5$ K; $\tau = -43$ K
73. $T_w = 319{,}75$ K; $\tau = -43$ K
74. $T_w = 355{,}0$ K; $\tau = -43$ K
75. $R_w = 1{,}28\ \Omega$
76. $T_w = 357{,}4$ K; $\Delta T = 52{,}4$ K
77. $R_w = 12{,}02\ \Omega$

78. a) $T_w = 349{,}25$ K; $\Delta T = 61{,}25$ K
b) $T_w = 352{,}54$ K; $\Delta T = 64{,}54$ K
79.

	a)	b)	c)	d)	e)
R_{ers} =	220	130	1376	144	245 Ω
	f)	g)	h)	i)	
=	260	4,11	49,3	1421 Ω	

80.

Widerstand 1 allein	= 1 Ω
Widerstand 2 allein	= 2 Ω
Widerstand 3 allein	= 3 Ω
Widerstand 4 allein	= 4 Ω
Widerstande 1 + 2	= 3 Ω
Widerstände 1 + 3	= 4 Ω
Widerstände 1 + 4	= 5 Ω
Widerstände 2 + 3	= 5 Ω
Widerstände 2 + 4	= 6 Ω
Widerstände 3 + 4	= 7 Ω
Widerstände 1 + 2 + 3	= 6 Ω
Widerstände 1 + 3 + 4	= 8 Ω
Widerstände 1 + 2 + 4	= 7 Ω
Widerstände 2 + 3 + 4	= 9 Ω
Widerstände 1 + 2 + 3 + 4	= 10 Ω

81. a) $R_g = 612\ \Omega$; b) ja
82. $R_V = 3\ \Omega$
83. $R_V = 6{,}83\ \Omega$
84.

	a)	b)	c)	d)
R_{ers} =	2,25	4,5	3,43	2,608 Ω
	e)	f)	g)	h)
	1,2	1,33	2,4	1,2 Ω

85. a) $R_{ers} = 268{,}6\ \Omega$
b) $I = 0{,}818$ A
86. a) $R_x = 24{,}5\ \Omega$
b) $I_1 = 4{,}5$ A; $I_2 = 9$ A
87. a) $R_{ers} = 27{,}5\ \Omega$; b) $I = 8$ A
88. a) $R_{ers} = 1$ kΩ; b) $R_{ers} = 240\ \Omega$;
89. a) $R_g = 25{,}6\ \Omega$; b) $R_g = 1{,}23\ \Omega$;
c) $I = 8{,}59$ A, $I = 178{,}8$ A
90. a) $R_g = 8{,}4\ \Omega$; b) $R_g = 0{,}35\ \Omega$
c) $u_1 = 225$ V; $u_2 = 42$ V
91. a) $R_g = 36\ \Omega$ und $12\ \Omega$;
b) $R_g = 72\ \Omega$ und $24\ \Omega$
92. a) $R_g = 7{,}98$ kΩ; b) $R_g = 0{,}112$ kΩ
93. a) $R_g = 2{,}12\ \Omega$; b) $R_g = 17{,}9$ mΩ;
c) $I = 84{,}9$ mA; 10,055 A
94. a) $R_{ers} = 9{,}3\ \Omega$; b) $R_{ers} = 20{,}21\ \Omega$;
c) $R_{ers} = 204{,}83\ \Omega$
95. a) $R_{ers} = 9{,}288\ \Omega$; b) $R_{ers} = 29{,}97\ \Omega$;
c) $R_{ers} = 93{,}75\ \Omega$
96. a) $R_{ers} = 185{,}0\ \Omega$; b) $R_{ers} = 76{,}4\ \Omega$
c) $R_{ers} = 313{,}5\ \Omega$
97. $R_{ers} = 6{,}95\ \Omega$ (14,074 Ω)
$I_g = 18$ A (16,34 A)
$I_1 = 3$ A (13,42 A)
$I_2 = 15$ A (2,94 A)

I_3 = 16,75 A (2,72 A)
I_4 = 1,3 A (13,6 A)
I_5 = 13,74 A (10,66 A)
von B nach A! von A nach B!

98. a) I_g = 1,67 A; U_1 = 100 V
b) U_1 = 45,5 V; I_1 = 0,76 A
I_3 = 1,82 A

99. a) Stellung 0 R_g = 200 Ω
I_g = 1,125 A
Stellung I R_g = 192,86 Ω
I_g = 1,167 A
Stellung II R_g = 175 Ω
I_g = 1,285 A
Stellung III R_g = 150 Ω
I_g = 1,5 A
Stellung IV R_g = 120 Ω
I_g = 1,875 A
b) Stellung I I_1 = 0,167 A
Stellung II I_1 = 0,321 A
Stellung III I_1 = 0,5 A
Stellung IV I_1 = 0,715 A
b) Stellung I U_1 = 50 V
Stellung II U_1 = 96,4 V
Stellung III U_1 = 150 V

100. R_3 = 5,714 Ω
U_3 = 17,142 V
I_2 = 1,1428 A
I_g = 4,1428 A
$$\left[R_3 = \frac{R_2}{I_3} \cdot \left(\frac{U - I_3 \cdot R_1}{R_1 + R_2} + I_3\right) - R_2\right]$$

101. a) U_1 ohne Belastung 168,75 V
b) I_g steigt bei Belastung von 11,25 auf 18 mA (12,27 mA)
c) U_1 = 135 V, also Fehlmessung! bei R_i = 15 kΩ
d) U_1 = 163,63 V, bei R_i = 120 kΩ, also angenähert richtig!

102. R_{12} = 2,462 Ω
R_{13} = 4,32 Ω
R_{23} = 8,62 Ω

103. R_{ers1} = 82,26 Ω
R_{ers} = 101,62 Ω
I_g = 2,165 A

104. R_{ers1} = 54 Ω
R_{ers} = 130,4 Ω
I_g = 2,94 A

105. a) R_{ers} = 16,666 Ω
b) I = 2,52 A
c) I_3 = 0,84 A; U_3 = 16,8 V

106. I_g = 40 A

107. I_1 = 15,4 A

108. a) R_{ers} = 2 Ω
b) I_1 = 6 A; I_2 = 2 A; I_3 = 4 A
c) I_g = 12 A

109. a) U = 40 V
b) I_1 = 4 A; I_2 = 8 A
c) I_g = 17 A

110. a) U = 24 V
b) I_2 = 6 A; I_3 = 24 A
c) I_g = 32 A

111. a) I_1 = 1,36 A; I_2 = 0,92 A; I_3 = 5 A
b) I_g = 7,28 A
c) R_{ers} = 30,2 Ω

112. I_1 = 1,5 A; I_2 = 3 A; I_3 = 6 A; I_4 = 2 A

113. R_1 = 1792 Ω (54 Ω)
R_2 = 384 Ω (216 Ω)
R_3 = 768 Ω (45 Ω)
R_4 = 672 Ω (135 Ω)

114. R_n = 2,4 mΩ (0,02 Ω)

115. a) U_m = 5 V; b) U_v = 15 V
c) R_v = 1500 Ω d) I_n = 1,99 A
e) R_n = 2,512 Ω

116. a) E = 4,2 V; b) I = 14 A
c) U_{vi} = 1,4 V; d) U_k = 2,8 V

117. a) E_{ges} = 231 V; b) R_g = 83,53 Ω
c) I_B = 2,765 A; d) U_k = 229,45 V
f) U_B = 221,26 V

118. I_1 = 2,45 A I_2 = 4,45 A
I_3 = − 0,55 A I_A = −3,0 A
U_1 = 12,25 V U_2 = 26,7 V
U_3 = −4,95 V

119. I_A = − 2,8 A I_1 = − 2,4 A
I_2 = 0,6 A I_3 = − 0,4 A

120. $$I_1 = \frac{-E_1(R_2 + R_3) + E_2 R_4}{(R_1 + R_4)(R_2 + R_3) + R_1 R_4}$$

121. I_5 = 0,25 A

122. a) R_x = 3000 Ω; b) R_x = 240 Ω
c) R_x = 30 Ω; d) R_x = 6 Ω
e) R_x = 3000 Ω; f) R_x = 2500 Ω
g) R_x = 66,6 Ω; h) R_x = 40 Ω

123. R_x = 100 Ω

124. R_x = 50 Ω

125. R_x = 400 Ω

126. R_x = 400 Ω

127. R_x = 12,5 Ω

128. R_x = 33,33 Ω

129. R_x = 562,50 Ω

130. R_x = 2500 Ω

131. R_x = 7,85 Ω

132. R_x = 56,25 Ω

133. a) m = 690 kg (einfache Länge)
A = 7,06 mm²
b) m = 168,33 kg; A = 9,62 mm²
c) m = 9,4 kg; A = 1,76 mm²
d) m = 652 kg; A = 19,6 mm²
e) d = 6,67 mm; l = 1200 m

f) d = 3,57 mm; l = 8500 m
g) d = 2,76 mm; l = 2330,5 m
134. m = 131 kg
135. m = 259 kg
136. l = 529 m
137. m = 387 kg
138. l = 3960 m
139. $\rho = 0{,}018 \frac{\Omega\,mm^2}{m}$
140. R = 0,75 Ω; d = 2,764 mm
141. $\kappa = 35{,}7$ (Alu) $\frac{S\,m}{mm^2}$
142. R = 38,3 Ω
143. d = 3,83 mm; A = 11,52 mm²
144. a) l = 1568 m; b) d = 13,35 mm
145. a) R_L = 0,086 Ω;
b) U_B = 595,35 V
c) I_F = 0,713 A (tödlich!)
d) nicht unter Spannung arbeiten! Schmelzsicherungen entfernen, P und N durch Kabel kurzschließen!
146. l = 712,15 m
147. a) J = 4,6 A/mm²
b) A = 25 mm²; d = 5,462 mm
c) R_L = 0,7143 Ω
148. a) $U_V = 8{,}64$ V; $\kappa = 55{,}55 \frac{S\,m}{mm^2}$
b) $U_V = 2{,}25$ V; $\kappa = 55{,}55 \frac{S\,m}{mm^2}$
c) $A = 35\ mm^2$; $\kappa = 57 \frac{S\,m}{mm^2}$
d) $A = 10\ mm^2$; $\rho = 0{,}01785 \frac{\Omega\,mm^2}{m}$
e) $l = 25{,}5$ m; $\rho = 0{,}1176 \frac{\Omega\,mm^2}{m}$
f) $I = 13{,}6$ A; $\kappa = 35{,}71 \frac{S\,m}{mm^2}$
149. U_V = 2,98 V
150. A = 150,48 mm² ≙ 150 mm²
151. U_V = 1,58 V
152. l = 4,095 m
153. U_V = 1,77 V ≙ 0,8 %;
U_V = 6 V ≙ 2,72 %
für 42 A ist 95 mm² zu niedrig!
154. A = 184 mm² ≙ 185 mm²
155. $\kappa = 57$ (Cu) $\frac{S\,m}{mm^2}$
156. I = 28 A
157. U_V = 6,4 V ≙ 1,45 %
U_V = 4,715 V ≙ 2,14 %
158. U_V = 59,6 V (37,28 V)
159. A = 10 mm² bei U_V = 2,4 V
160. I = 49 A bis 71,05 A
161. l = 525 m
162. I = 68,6 A
163. a) U_V = 188,914 V ≙ 0,94 %
b) I ja, u nein, weil über 0,5 %

164. P_V = 14285 W
165. P_V = 40,5 W
166. a) P_V = 144 W; b) P_V = 35,7 W
c) P_V = 10080 W; d) A = 140 mm²
e) l = 196 m; f) I = 14 A
167. P_V = 96,43 W
168. P_V = 1071 W
169. R = 3,2 Ω
170. A = 35 mm²
171. I = 4 A; U_V = 10 V
172. I = 41,07 A; U_V = 2,29 V ≙ 1,041 %
P_V = 94,13 W ≙ 1,041 %
173. a) P_V = 1840 W b) K_V = 132,48 DM
174. U_V = 1,43 V; P_V = 5,72 W
175. I = 6 A; U_V = 15 V
176. a) P_V = 2100 W; b) P_{ges} = 70 KW
177. a) U_V = 25,6 V; b) P_V = 1400 W
c) u = 11,65 %; d) U_B = 245,6 V
p = 11,65 %
178. a) I = 5 A; b) t = 50 min
c) m = 512 mg; d) t = 45 min
e) I = 1,5 A
179. m = 237 mg
180. t = 100 min
181. t = 2 h
182. t = 5,1 min
183. a) I = 0,3 A; b) I = 0,45 A
c) I = 0,2 A; d) n = 5
e) n = 6; f) n = 10
g) E = 1,6 V
184. U_K = 6 V
185. U_K = 5,4 V
186. I = 0,3 A
187. n = 3
188. I = 0,4 A
189. n = 5
190. a) n = 12 b) I_2 = 0,15 A
191. a) I = 1,5 A; b) I = 1 A;
c) E = 1,5 V d) n = 3;
e) R_a = 2,8 Ω; f) R_i = 1,5 Ω
g) n = 2
192. n = 2
193. I = 2,562 A
194. n = 6
195. I = 0,8 A
196. I = 0,667 A
197. a) I = 0,96 A; U_a = 4,8 V; P = 4,61 W
b) I = 0,237 A; U_a = 1,185 V; p = 0,281 W
c) m = 2; n = 10
I = 1,2 A; U_a = 6 V; P = 7,2 W
198. a) I = 2,4 A; U_K = 7,2 V; P = 17,28 W
b) I = 0,496 A; U_K = 1,488 V;
P = 0,738 W

c) $n = 12$ in Reihe; $n = 2$ parallel
$I = 3$ A; $U_k = 9$ V; $P = 27$ W

199. a) $I = 2{,}1$ A; b) $I = 4{,}68$ A
c) $n = 5$; d) $n = 7$
e) $A = 3{,}2\ \text{dm}^2$; f) $A = 0{,}8\ \text{dm}^2$
g) $J = 0{,}69\ \text{A/dm}^2$

200. $I = 7{,}56$ A

201. $J = 0{,}72\ \text{A/dm}^2$

202. $A = 3{,}5\ \text{dm}^2$

203. $I = 5{,}4$ A

204. $J = 0{,}775\ \text{A/dm}^2$

205. $C = 65$ Ah

206. $t = 300$ h

207. $C = 468$ Ah

208. $t = 857$ h

209. a) $R_{vmax} = 9{,}5\ \Omega$
b) $R_{vmin} = 6{,}75\ \Omega$

210. a) $t = 3{,}5$ h; b) $R_v = 3\ \Omega$
c) $I = 2$ A; d) $I = 12$ A
e) $R_v = 4\ \Omega$; f) $C = 95$ Ah
g) $I = 8$ A

211. $t = 20$ h; $R_{vmax} = 1{,}73\ \Omega$

212. a) $I = 11$ A; b) $I = 1{,}5$ A

213. $R_v = 1{,}522\ \Omega$; $I_{max} = 16{,}35$ A
(bei 19 Stahlzellen!)

214. a) $n = 40$; b) $U_{bmax} = 66$ V
c) $U_{bmax} = 74$ V d) $t = 23{,}19$ h

215. $I = 3{,}86$ A

216. $P = 300000$ kW; $I = 50$ kA

217. $P = 60000$ kW

218. $R_v = 303\ \Omega$

219. $P = 2400$ W

220. $I_g = 1060$ A

221. $R_n = 4{,}91\ \text{m}\Omega$

222. $R_i = 1017\ \Omega$

223. $P = 0{,}9 - 1{,}1$ W oder $0{,}57 - 0{,}73$ W

224. a) $P = 1100$ kW; b) $I = 256$ mA

225. $P = 368$ W

226. $P = 81{,}4$ W (1973 W)

227. $I = 12{,}8$ A

228. $P = 137500$ kW; $p = 3{,}44$ %

229. $I_1 = 0{,}683$ A; $I_2 = 1{,}366$ A

230. $I = 50$ kA

231. a) $R = 15{,}11\ \Omega$; $(45{,}13\ \Omega)$;
b) $I = 14{,}55$ A (8,42 A)

232. a) $R = 110\ \Omega$; b) $I_2 = 1{,}764$ A
c) Leistung sinkt von 440 W auf 342,2 W!

233. $I_A = 76{,}66$ A $U_A = 222{,}33$ V
$U_i = 7{,}666$ V $P_v = 17{,}045$ kW
$R_v = 20{,}14\ \Omega$ (bei $U_H = 155{,}36$ V)

234. $R_v = 20{,}14\ \Omega$ (bei $U_H = 155{,}36$ V)
$P_v = 207{,}49$ W
$P = 707{,}49$ W anstelle 1000 W!

235. $W = 0{,}18$ kWh

236. $P = 200$ W; $W = 15$ kWh

237. $W = 37{,}4$ kWh

238. $t = 66{,}7$ h; 40 h; 25 h; 16,66 h; 10 h

239. a) 390 kWh; b) 75 kWh
c) 180 kWh

240. $W = 75600$ MWh

241. $P_v = 1$ kW; $\eta = 0{,}\overline{6}6$

242. $P_v = 3{,}25$ kW

243. $P_i = 6{,}15$ kW

244. $P_e = 7{,}14$ kW

245. $W_v = 8$ kWh

246. $W_v = 48$ kWh $\eta = 0{,}92$

247. $W_v = 1$ kWh $\eta = 90{,}9$ %

248. $I = 71{,}7$ A

249. $P_i = 0{,}54$ kW; $I = 12{,}86$ A

250. $I = 134{,}2$ A (193,23 A)

251. a) $P_i = 96{,}38$ kW
b) $W_v = 262$ kWh

252. $P_i = 224719$ kW
(210526 kW)

253. a) $R = 40\ \Omega$; $P = 1{,}21$ kW;
$Q = 2{,}537 \cdot 10^6$ J
b) $U = 126$ V; $R = 31{,}3\ \Omega$;
$Q = 1{,}26 \cdot 10^6$ J
c) $U = 220$ V; $P = 1{,}1$ kW;
$Q = 2{,}962 \cdot 10^6$ J
d) $I = 0{,}8$ A; $R = 156{,}3\ \Omega$;
$Q = 0{,}299 \cdot 10^6$ J
e) $U = 125$ V; $R = 19{,}53\ \Omega$;
$d = 25{,}42$ min
f) $I = 28$ A; $R = 4{,}47\ \Omega$; $t = 12$ min

254. $Q = 0{,}18 \cdot 10^6$ J

255. $t = 45{,}3$ min

256. $Q = 0{,}787 \cdot 10^6$ J

257. $I = 11$ A

258. $t = 326{,}7$ K

259. $R = 55\ \Omega$

260. $R = 462\ \Omega$

261. $Q = 4{,}052 \cdot 10^6$ J

262. $Q = 158{,}898 \cdot 10^6$ J

263. $P_v = 25{,}1$ W

264. $I = 4$ A

265. $P = 35{,}1$ W

266. $t = 903$ sec

267. a) $R_g = 1{,}91\ \Omega$; b) $I = 115{,}2$ A;
$P_i = 25{,}34$ kW; c) $Q = 91{,}275 \cdot 10^6$ J

268. $Q = 0{,}450 \cdot 10^6$ J

269. $Q_{ab} = 0{,}805 \cdot 10^6$ J

270. a) $Q = 1{,}9 \cdot 10^6$ J; b) $Q = 0{,}416 \cdot 10^6$ J
c) $Q = 2{,}58 \cdot 10^6$ J; d) $Q = 2{,}294 \cdot 10^6$ J
e) $Q = 0{,}344 \cdot 10^6$ J; f) $Q = 9{,}626 \cdot 10^6$ J
g) $Q = 9{,}575 \cdot 10^6$ J; h) $Q = 27{,}691 \cdot 10^6$ J

271. $Q = 0{,}544 \cdot 10^6$ J
272. a) $Q = 7{,}913 \cdot 10^6$ J;
b) $t = 4{,}9$ h
273. $\eta = 82{,}5$ %
274. a) $P = 8{,}33$ kW; b) $S_{i1} = 35$ A;
$S_{i2} = 20$ A
275. $t_W = 560$ K
276. $m = 2240$ g
277. a) $I = 3{,}39$ A; b) J = 1,63 A/mm²
c) J = 3,3 A/mm²; d) $d = 0{,}8$ mm
e) $I = 35{,}2$ A; f) J = 2,71 A/mm²
g) $I = 0{,}0251$ A
278. J = 3,18 A
279. $d = 0{,}4$ mm
280. $I = 2{,}2$ A
281. $I = 6{,}37$ A
282. $J = 1{,}67$ A/mm²
283. $J = 4{,}2$ A/mm²
284. $\kappa = 56 \frac{\text{S m}}{\text{mm}^2}$
285. $U = 214{,}3$ V
286. $l = 201{,}6$ m
287. $J = 4$ A/mm² (2,52 A/mm²)
288. $l = 3733{,}3$ m (6448,5 m)
289. $\kappa = 57$ (7,85 / Stahl) $\frac{\text{S m}}{\text{mm}^2}$
290. $J = 1{,}565$ A/mm²; $R = 0{,}0595\ \Omega$
$U = 27{,}96$ V
291. a) $J = 7{,}2$ A/mm²; b) $J = 0{,}24$ A/mm²
292. a) $J = 3{,}44$ A/mm²;
b) $A = 1{,}5$; 2,5; 6 mm²
c) $J = 7{,}4$; 7,7; 4,17 A/mm²
d) Sich. = 63; 20; 16; 25 A
293. a) $A = 1{,}5$; 1,5; 2,5 mm²
b) Sich. = 16; 10; 20 A
c) $J = 8$; 2; 6,8 A/mm²
294. a) $A = 6$; 10; 2,5; 6 mm²
b) $J = 4$; 3,2; 3,4; 2,75 A/mm²
c) $J_{zul} = 3{,}24$ A/mm² (bei 25 mm²)
d) Sich. = 80 A (bei 25 mm²); 25 A
35 A; 10 A; 16 A
295. a) $I_g = 63{,}05$ A; b) $A_N = 16$ mm²
c) $J = 3{,}94$ A/mm²
d) Sich. = 63; 6/10; 16; 20; 35 A
296. a) $A = 1{,}5$; 6; 1,5; 1,5; 1,5; 1,5 mm²
I–VI
b) $J = 1{,}6$; 5,83; 2,4; 6; 4,67; 4,67
A/mm²
c) $A = 25$ mm²; J = 2,56 A/mm²
d) Sich. = 6; 35; 6; 10; 10; 10 A
297. $d = 2{,}26$ mmϕ
298. a) $J = 3{,}18$ A/mm²;
b) $l = 150$ m
299. a) $d = 0{,}8$ mmϕ; b) $U = 110$ V
300. $I = 12$ mA; b) $l = 5137{,}3$ m
bei R = 18,26 kΩ
301. a) $A = 6$ mm²; $d = 2{,}45$ mmϕ
b) $J = 10$ A/mm²
302. $t = 12$ h
303. $p = 50$ %
304. $p = 75$ %
305. $P_i = 9{,}17$ kW; $W_i = 41{,}26$ kWh
306. $K = 3{,}24$ Pfg.
307. $K = 0{,}99$ DM
308. $P_e = 12{,}9$ kW
309. a) $I = 7{,}27$ A; b) $K = 3{,}2$ Pfg.
c) $R = 30{,}26\ \Omega$ d) $K = 15{,}36$ Pfg.
310. a) $K = 1{,}8$ Pfg., b) $K = 0{,}45$ DM
c) $K = 0{,}16$ DM
d) bessere Arbeit, Augen werden geschont!
311. a) $W = 14080$ kWh;
b) $\Delta W = 2534{,}4$ kWh;
c) $K_1 = 985{,}6$ DM; $K_2 = 1163{,}-$ DM
d) $A = 300$ mm²; Sich. = 500 A
312. $\eta = 10{,}75$ lm/W; $E_v = 31{,}16$ lx
313. a) $E_{vm} = 126$ lx; b) $E_{vm} = 18{,}9$ lx
314. $E_{vm} = 146$ lx
315. $n = 6{,}5 \sim 7$
316. $n = 1{,}54 \sim 2$
317. $E_v = 83$ lx
318. $P = 60$ bzw. 75 W
319. $n = 11{,}84 \approx 12$
320. $P = 3{,}62 \approx 4 \times 300$ W
321. $I_v = 5040$ cd
322. $L = 1250$ sb
323. $I_v = 338$ cd; $\Phi_v = 4239$ lm
324. a) $l = 176$ m; b) $n = 88$
c) $U_g = 99$ kV
7 Tr. zu 15 kV oder 13 Tr. zu 7,5 kV
325. a) $\Phi_v = 9100$ lm; b) $I_v = 725$ cd
c) $E_v = 14{,}8$ lx
326. a) $\Phi_v = 5720$ lm; b) $E_v = 7{,}44$ lx
c) $P = 290$ W; d) $K_1 = 5{,}50$ DM
$K_2 = 20{,}00$ DM
327. a) $\eta = 57{,}5$ lm/W; b) $A = 7{,}66$ m²
328. a) $\Phi_{v1} = 2200$ lm; b) $\eta_B = 0{,}25$
c) $E_v = 275$ lx
329. a) $\Phi_v = 30000$ lm; b) $E_v = 130–149$ lx, ja!
330. a) $S = 154$ VA; b) $\cos\varphi = 0{,}505$
c) $\sin\varphi_1 = 0{,}861$; $Q_1 = 132{,}9$ var
$\sin\varphi_2 = 0{,}309$; $Q_2 = 25{,}4$ var
d) $Q_C = 107{,}3$ var; $C = 7{,}05\ \mu$F
331. a) $\eta_B = 0{,}39$
b) $\Phi_v = 21987$ lm ($E_v = 600$ lx)
c) $n = 26$ Lampen

d) n = 52 (26 Leuchten in Duo-Schaltung!)
e) P_{GL} = 13 kW; P_{LL} = 4,056 kW
f) K_{GL} = 1300,– DM; K_{LL} = 405,60 DM

332. a) $A = 16\,m^2$ b) Φ_V = 3200 lm

333. a) P = 16 W; S = 44 VA
b) P_{Dr} = 21 W − 16 W = 5 W

334. a) η_{LA} = 33 lm/W;
b) S = 139 VA; $\cos\varphi_1$ = 0,36; $\sin\varphi_1$ = 0,933;
c) $\cos\varphi_2$ = 0,905

335. n = 8 Lampen; Φ_V = 10920 lm

336. a) S_1 = 462 VA; Q_1 = 432 var; $\sin\varphi_1$ = 0,935; $\cos\varphi_1$ = 0,353; Q_C = 394 var; Q_2 = 37 var; S_2 = 167 VA; $\cos\varphi_2$ = 0,976; $\sin\varphi_2$ = 0,224;
b) I_2 = 0,76 A, von 2,1 A!
c) K_1 = 88,– DM; K_2 = 17,90 DM; Ersparnis: 70,10 DM! (Der Verschmutzungsfaktor V bleibt bei diesen Aufgaben unberücksichtigt!)

337. Θ = 864 A

338. a) Θ = 700 A; b) Θ = 650 A
c) Θ = 323 A; d) Θ = 1840 A
e) Θ = 1081 A; f) Θ = 742 A
g) Θ = 2880 A; h) Θ = 3410 A

339. H = 315 A/m

340. a) H = 3703,7 A/m
b) H = 2800 A/m c) H = 9900 A/m
d) H = 999,3 A/m e) H = 15000 A/m
f) H = 20000 A/m g) H = 10000 A/m
h) H = 1300 A/m i) H = 2400 A/m

341. Θ = 84 A

342. $\Phi = 66 \cdot 10^{-5}$ Wb

343. $\Phi = 95 \cdot 10^{-5}$ Wb

344. B = 1,125 T

345. B = 1,07 T; 1,22 T; 1,31 T; 1,125 T; 1,41 T

346. H = 150 A/m; 220 A/m; 275 A/m; 450 A/m; 950 A/m; 6000 A/m

347. $\Phi = 17{,}9 \cdot 10^{-4}$ Wb; $B = 11{,}2 \cdot 10^{-1}$ T

348. $\Phi = 19{,}2 \cdot 10^{-5}$ Wb; B = 1,2 T

349. $\mu_1 = 2{,}24 \cdot 10^{-3}$ H/m;
$\mu_2 = 2{,}4 \cdot 10^{-3}$ H/m

350. $H = 3{,}4 \cdot 10^3$ A/m; B = 1,52 T;
$\Phi = 2{,}88 \cdot 10^{-3}$ Wb

351. H = 500 A/m; B = 1,2 T;

352. I = 0,55 A; H = 660 A/m; B = 1,275 T;
$\Phi = 1{,}53 \cdot 10^{-1}$ Wb

353. B = 0,8 T

354. l = 0,84 m; H = 785,7 A/m;
B = 1,32 T; $\Phi = 15{,}84 \cdot 10^{-4}$ Wb

355. Θ = 2893,38 A

356. Θ = 183,4 A

357. L_{mFe} = 0,288 m
B = 1,023 T
H = 300 A/m
Θ = 3344,36 A

358. L_{mFe} = 0,218 m
B = 0,901 T
H = 240 A/m
Θ = 3639,1 A

359. F = 77,38 daN

360. F = 242,19 daN

361. F = 161,22 daN

362. F = 103,18 daN; p = 36 %

363. F = 120,42 daN
F = 144,5 daN (um 20 % gestiegen)

364. a) F = 23 daN
b) F = 45,14 daN
c) F = 194,9 daN
d) F = 99,36 daN
e) F = 9879,4 daN
f) F = 4975,61 daN
g) F = 63,69 daN
h) F = 2438,5 daN

365. $A = 24{,}6 \cdot 10^{-4}\,m^2$

366. $A = 36 \cdot 10^{-4}\,m^2$

367. $A = 1{,}026\,m^2$

368. $B = 7{,}55 \cdot 10^{-2}$ T

369. F = 212,48 daN

370. F = 140,61 daN

371. a) Z = 221 Ω; b) F = 263,32 daN

372. a) Z = 1023 Ω; b) F = 12,73 daN

373. a) Z = 195 Ω; b) F = 10,442 daN

374. U_0 = 2,4 V

375. U_0 = 2,85 V

376. U_0 = 440 V

377. U_0 = 789,75 V

378. U_0 = 7596,28 V

379. $B = 9 \cdot 10^{-1}$ T

380. C_2 = 600 pF (in Reihe!)

381. C_g = 7,1 µF; 0,249 µF; 488,5 Ω und 12,79 kΩ

382. C_g = 31,5 pF; X_C = 503,91 kΩ

383. a) C_g = 14 µF; U = 380 V
b) C_g = 3,43 µF; U_1 = 286 V; U_2 = 214 V

384. a) C_g = 12,5 µF; I_C = 0,863 A (0,69 A; 0,138 A; 0,034 A)
b) C_g = 0,38 µF; I_C = 26,2 mA

385. $T = \frac{1}{3200}$ bis $\frac{1}{4000}$ s

386. $T = \frac{1}{40000}$ s

387. $\omega = 103{,}6\,\frac{1}{s}$ $(376{,}8\,\frac{1}{s})$

388. $f = 1500$ Hz

389. $f = 133$ Hz; $\omega = 835{,}24\,\frac{1}{s}$

390. a) $f = 80$ Hz; b) $\omega = 502\,\frac{1}{s}$

391. a) $f = 25$ Hz; b) $\omega = 15{,}7\,\frac{1}{s}$

392. a) $f = 200$ Hz; b) $\omega = 1256\,\frac{1}{s}$
c) $T = \frac{1}{200}$ s

393. $f = 15$ kHz

394. a) $f = 16\frac{2}{3}$ Hz; b) $T = 0{,}06$ s

395. $n = 900\,\frac{1}{min}$

396. $p = 6$

397. $n = 4995\,\frac{1}{min}$

398. a) $n = 9{,}91$ % b) $\Delta f = 9{,}91$ %

399. $\Delta n = \pm 5\,\frac{1}{min}$

400. $n = 24000\,\frac{1}{min}$

401. $f = 333$ Hz

402. $U_m = 310$ kV ($U_m = U_{max}$)

403. $I_m = 3{,}67$ kA; $U_m = 4173$ V

404. a) $U_m = 2058$ V; b) $U_m = 3102$ V

405. $U_{eff} = 7{,}5$ kV; $U_m = 10{,}575$ kV

406. a) $U_e = 401$ V ($U_e = U_{eff}$!)
b) $U_m = 2542$ V

407. a) $U_e = 31$ kV; b) $U_m = 43{,}71$ kV

408. a) $U_m = 2{,}822$ kV; b) $U_m = 1{,}414$ kV

409. $X_L = 157\,\Omega$

410. $X_L = 78{,}51\,\Omega$

411. $X_L = 314\,\Omega$

412. a) $X_L = 628\,\Omega$; b) $X_L = 1256\,\Omega$
c) $X_L = 20{,}09$ kΩ

413. $L = 2{,}5$ H

414. $L = 1{,}5$ H

415. a) $L = 5$ H; b) $f = 60$ Hz

416. a) $L = 5$ H; b) $f = 100$ Hz

417. $X_L = 11{,}3$ kΩ; $f = 8{,}997$ kHz

418. $Z = 121{,}7\,\Omega$

419. $Z = 85{,}84\,\Omega$

420. $Z = 550{,}6\,\Omega$

421. $R = 66\,\Omega$

422. $Z = 472{,}1\,\Omega$

423. a) $R = 16\,\Omega$; b) $X_L = 219{,}41\,\Omega$
c) $Z = 220\,\Omega$

424. $X_L = 12\,\Omega$

425. a) $Z = 156\,\Omega$; b) $X_L = 155{,}3\,\Omega$
c) $L = 1$ H; d) $X_L = 312{,}43\,\Omega$
e) $Z = 312{,}74\,\Omega$

426. X_L und Z hängen von f und L ab, wodurch sie in weiten Grenzen veränderlich sind, während R seine Größe nicht ändert!

427. a) $R = 10{,}32\,\Omega$; b) $U_- = 20{,}6$ V
$U_\sim = 90$ V

428. a) $X_L = 1413\,\Omega$; b) $X_L = 2826\,\Omega$
c) $X_L = 4239\,\Omega$

429. a) $X_L = 157\,\Omega$; b) $X_L = 78{,}5\,\Omega$

430. a) $X_{L1} = 31{,}4\,\Omega$; $X_{L2} = 204{,}1\,\Omega$
b) $X_L = 27{,}21\,\Omega$;
c) $I_b = 4{,}41$ A; $I_{b1} = 3{,}82$ A; $I_{b2} =$ 0,59 A

431. a) $R = 2{,}2$ kΩ; b) $X_L = 20$ kΩ;
c) $Z = 20$ kΩ, 12 kΩ; $I = 9{,}94$ mA

432. a) $X_{L1} = 47{,}1\,\Omega$; $X_{L2} = 15{,}7\,\Omega$;
b) $X_L = 62{,}8\,\Omega$;
c) $X_L = 11{,}77\,\Omega$ d) $I = 3{,}5$ A
e) $I = 18{,}69$ A

433. $X_C = 1{,}59$ kΩ

434. $X_C = 53\,\Omega$ b) $I_C = 4{,}151$ A

435. $X_C = 7{,}97\,\Omega$; $U = 42$ V

436. a) $X_C = 637\,\Omega$; b) $X_C = 318\,\Omega$
c) $X_C = 159\,\Omega$; d) $X_C = 19{,}9\,\Omega$
e) $I_C = 0{,}34$ A; 0,69 A; 1,38 A; 11,05 A;
I_C steigt mit f!

437. $C = 6\,\mu$F (0,902 μF)

438. a) $C = 49{,}76\,\mu$F;
b) $I = 3{,}437$ A bis 5,94 A

439. $U_m = 177$ V; $I_m = 33{,}2$ mA;
$X_C = 5{,}307$ kΩ

440. $X_C = 3981\,\Omega$

441. $Z = 888\,\Omega$; $I = 0{,}248$ A
$U_L = 156$ V; $U_W = 156$ V

442. $X_C = 160\,\Omega$; $Z = 256\,\Omega$
$I = 0{,}86$ A; $U_C = 137$ V
$U_W = 172$ V

443. $Z = 509\,\Omega$; $I = 0{,}439$ A; $U_L = 271{,}3$ V
$U_C = 69{,}3$ V; $U_W = 86{,}4$ V

444. a) $X_C = 2960\,\Omega$; $C = 1{,}076\,\mu$F;
b) $I = 0{,}19$ A; $U_W = 228$ V; $U_L =$ 258,4 V; $U_C = 562{,}4$ V;
c) $U_m = 321{,}48$ V
364,34 V
793 V

445. $R = 200\,\Omega$; $X_L = 200\,\Omega$
$X_C = 200\,\Omega$; $Z = 200\,\Omega$
$I = 1$ A; $I_W = 1$ A
$I_C = 1$ A; $I_L = 1$ A

446. $Z_1 = 508\,\Omega$; $Z_2 = 508\,\Omega$
$I_1 = 0{,}394$ A; $I_2 = 0{,}394$ A
$I_g = 0{,}79$ A; $Z = 254\,\Omega$
$U_W = 78$ V; $U_L = 247$ V
$U_C = 63$ V

447. $Q = 40$ var; $\cos\varphi = 0{,}6$; $\sin\varphi = 0{,}8$

448. $X_C = 21{,}3\,\Omega$; $C = 149{,}5\,\mu$F

449. a) $f_0 = \frac{1}{2\pi}\sqrt{\frac{1}{LC}} = 79{,}61$ Hz;
b) $I_0 = \frac{U}{R} = 22$ A;
c) $U_0 = I_0 \cdot \omega \cdot L = 4399{,}56$ V

450. $C = \frac{1}{L\omega^2} = 126{,}7\ \mu F$

451. $f_0 = 32{,}5\ \mu F$

452. $f_0 = \frac{1}{2\pi}\sqrt{\frac{1}{LC}} = 41{,}082$ kHz

453. $C = \frac{1}{L\omega^2} = 132{,}5\ pF$

454. a) $R = 5\ \Omega$; b) $L = 22{,}29\ \mu H$;
c) $\varphi = 54{,}5°$

455. $\underline{Z} = (100 + j\ 125{,}6)\ \Omega$

456. a) $R = 0{,}6\ \Omega$; $X_L = 0{,}8\ \Omega$; $L = 12{,}73\ \mu H$;
b) $\varphi = 53{,}1°$

457. $\underline{Z} = (100 - j\ 1592{,}35)\ \Omega$

458. a) $R = 0{,}72\ \Omega$; $C = 24{,}86\ \mu F$;
b) $\varphi = 41{,}6°$

459. $\underline{Z} = (1000 + j\ 1547{,}65)\ \Omega$; $\varphi = 57{,}1°$

460. Zunächst ergibt sich der Betrag 12,806 Ω.
Nach Verdoppeln 25,612 Ω; es folgt
$R = \sqrt{25{,}6^2 - 10^2}\ \Omega = 23{,}57\ \Omega$

461. $\underline{Z} = \frac{(R_1 + j\omega L)\ R_2}{R_1 + R_2 + j\omega L} = (8{,}55 + j\ 2{,}26)\ \Omega$;
$\varphi = 14{,}8°$

462. a) $\underline{Z} = \frac{\left(R_1 - j\frac{1}{\omega C}\right)\cdot R_2}{R_1 + R_2 + \left(-j\frac{1}{\omega C}\right)}$
$= (958{,}66 - j\ 553{,}5)\ \Omega$
b) $\varphi = -30°$; c) $\underline{I} = \frac{\underline{U}}{\underline{Z}} = 0{,}198$ A

463. a) $\underline{Z} = (139{,}32 - j\ 3{,}49)\ \Omega$
$= \frac{(R + j\omega L)\ (-)\frac{j}{\omega C}}{R + j\left(\omega L - \frac{1}{\omega C}\right)}$
b) $\varphi = -1{,}4°$
c) $\underline{I} = 1{,}578\ A = \frac{\underline{U}}{\underline{Z}}$

464. sin 0,25; 0,35; 0,40; 0,5; 0,60
0,70; 0,90; 0,96; 0,99; 1

465. cos 1; 0,99; 0,94; 0,92; 0,86
0,80; 0,70; 0,5; 0,30; 0

466. cos φ 0,5 ≙ sin φ 0,86
cos φ 0,55 ≙ sin φ 0,83
cos φ 0,6 ≙ sin φ 0,79
cos φ 1 ≙ sin φ 0

467. $I_W = 4$ A; $I_b = 3$ A

468. $I_C = 6{,}5$ A ($I_C = 6{,}48$ A)

469. $I_W = 57{,}2$ A; $I_b = 30{,}8$ A (48,75 A; 42,92 A)

470. $U_b = 104$ V; (145,3 V)

471. $I_b = 1374{,}6$ A

472. a) $I_W = 44$ A; b) $I_b = 23{,}7$ A
c) $U_W = 193{,}5$ V; d) $U_b = 104$ V

473. a) $I = 20$ A; b) $\cos\varphi = 0{,}8$
c) $\sin\varphi = 0{,}6$
d)
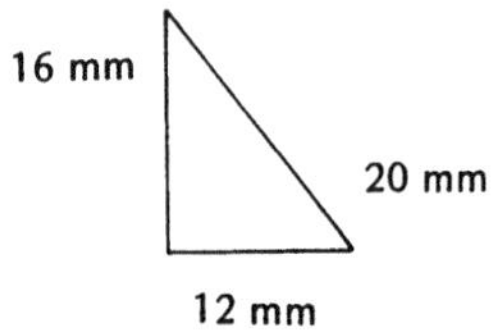

1 mm ≙ 1 A
e) ∢ $\varphi = 36°\ 50'$

474. a) $S = 200$ Va; b) $P = 100$ W
c) $Q = 173{,}5$ var

475. a) $S = 2{,}750$ kVA; b) $Q = 1{,}571$ kvar
c) $P = 2{,}255$ kW

476. a) $S = 2$ kVA; b) $P = 1{,}6$ kW
c) $Q = 1{,}2$ kvar; d) $I_b = 5{,}46$ A

477. a) $S = 3{,}08$ kVA; 1,87 kVA
b) $P = 2{,}523$ kW; 1,495 kW
c) $Q = 1{,}759$ kvar; 1,12 kvar
d) $I_b = 8$ A; 5,1 A
e) $I_W = 11{,}47$ A; 6,8 A
f) $I = 22{,}5$ A

478. a) $S = 5{,}8$ kVA; $\cos\varphi = 0{,}78$;
$\sin\varphi = 0{,}623$
b) $Q = 3{,}61$ kvar
c) $I_W = 20{,}1$ A; $I_b = 16$ A

479. a) $I_W = 61{,}92$ A; b) $I_b = 36{,}7$ A
c) $S = 15{,}84$ kVA; d) $P = 13{,}61$ kW
e) $Q = 8{,}1$ kvar

480. a) $I - = 500$ A; $I \sim = 91$ A
b) $S = 2000$ kVA; $Q = 1320$ kvar

481. $S = 99{,}31$ kVA

482. a) $I = 750$ A; $I_W = 525$ A; $I_b = 533$ A
bei $\cos\varphi = 0{,}7$
$I_W = 675$ A; $I_b = 327$ A
bei $\cos\varphi = 0{,}9$
b) $P = 105$ kW; $Q = 107$ kvar
bei $\cos\varphi = 0{,}7$
$P = 135$ kW; $Q = 65{,}4$ kvar
bei $\cos\varphi = 0{,}9$

483. a) $I_2 = 15{,}75/31{,}5$ A; $I_2 = 788$ A
b) $P = 306$ kW; $Q = 75{,}7$ kvar

484. $Q = 34300$ kvar; $P = 56100$ kW

485. a) $S = 200$ kVA; 210,5 kVA; 222 kVA; 235 kVA; 250 kVA; 267 kVA; 286 kVA; 308 kVA; 333 kVA
b) S_1 bei $\cos\varphi = 1 = 2$ kVA
S_2 bei $\cos\varphi = 0{,}9 = 2{,}22$ kVA
S_3 bei $\cos\varphi = 0{,}8 = 2{,}5$ kVA
S_4 bei $\cos\varphi = 0{,}7 = 2{,}86$ kVA
S_5 bei $\cos\varphi = 0{,}6 = 3{,}33$ kVA
S_6 bei $\cos\varphi = 0{,}5 = 4$ kVA
S_7 bei $\cos\varphi = 0{,}4 = 5$ kVA
S_8 bei $\cos\varphi = 0{,}3 = 6{,}67$ kVA
S_9 bei $\cos\varphi = 0{,}2 = 10$ kVA

S_{10} bei $\cos\varphi = 0{,}1 = 20$ kVA
P bleibt immer 2 kW; S steigt mit fallendem $\cos\varphi$; 2 kVA ≙ 2 mm
$\cos\varphi$ 0,05 ≙ 5 mm; $\cos\varphi$ 0,1 ≙ 10 mm

486. $S = 97$ VA; $Q = 85{,}4$ var; $\cos\varphi = 0{,}505$

487. a) $P_1 = 65$ kW; b) $Q_1 = 75{,}8$ kvar
c) $Q_2 = 31{,}2$ kvar; $Q_C = 44{,}6$ kvar
d) $P_2 = 95$ kw; e) $C = \sim 2940\ \mu$F

488. a) $S = 3{,}3$ kVA; b) $\cos\varphi = 0{,}83$
c) $Q = 1{,}835$ kvar; d) $Q_C = 0{,}755$ kvar
e) $C = \sim 50\ \mu$F

489. a) $S = 5{,}84$ kVA; b) $P = 4{,}78$ kW;
c) $Q_1 = 3{,}34$ kvar
d) $\cos\varphi_m = \dfrac{P_1 + P_2 + P_3}{U(I_1 + I_2 + I_3)} = 0{,}82$
e) $Q_2 = 1{,}03$ kvar; $Q_c = 0{,}86$ kar
f) $C = 67{,}74\ \mu$F

490. $C = 722\ \mu$F

491. a) $P_1 = 40{,}5$ kW; $P_2 = 56{,}2$ kW;
$P_{zu} = 15{,}7$ kW
b) $S_2 = 42{,}1$ kVA; $I = 64$ A; $A =$ 16 mm²

492. a) $P_2 = 43{,}8$ kW, also 13,8 kW mehr bei $\cos\varphi$ 0,95!
b) ja; 30 + 6,25 = 36,25 kW
c) $Q = 30{,}3$ kVar
d) $Q_{\Delta 1} = \dfrac{Q}{3} = \dfrac{30{,}3}{3} = 10{,}1$ kvar
$C_{\Delta 1} = 222{,}7\ \mu$F, es sind 3 X 222,7 μF im Δ zu schalten! denn
$C_{\Delta g} = 668{,}1\ \mu$F!

493. a) $S_1 = 189{,}2$ VA; $\cos\varphi_1 = 0{,}53$
b) $Q_1 = 160$ var; $Q_2 = 25$ var;
$Q_C = 135$ var
c) $X_C = 358{,}3\ \Omega$; $C = 8{,}88\ \mu$F
(9 μF nach Tabelle)

494. a) $S = 96{,}8$ VA; $\cos\varphi = 0{,}516$ induktiv;
b) $Z = 500\ \Omega$; $R = \dfrac{P}{I^2} = 258\ \Omega$;
$X_L = 428\ \Omega$; $X_C = 2 \cdot X_L = 856\ \Omega$;
$\sin\varphi = \dfrac{X}{Z} = 0{,}856$, somit $\cos\varphi = 0{,}515$
Kapazitiv!
c) $C = 3{,}72\ \mu$F (laut Tabelle 3,75 μF!)
somit $\cos\varphi_g = \sim 1$
d) $I_g = 0{,}48$ A; $U_{C\,eff} = \sim 376{,}64$ V

495. $U_L = 660$ V

496. $U_{st} = 130$ V

497. $U_{st} = 3470$ V

498. $I_{st} = 55{,}49$ A

499.

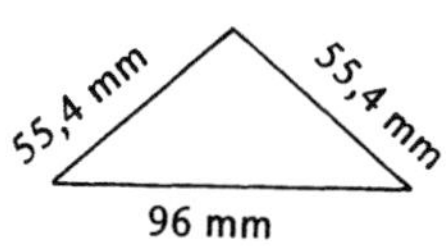

500. $U_L = 380$ V (692 V)

501. $U_{st} = 220$ V; $P_2 = \frac{1}{3} P_n$;

502. a) 10 A/10 A; b) 220 V/220 V
c) $U_\Delta = 1{,}73$ höher, denn $I_\Delta = 3 \cdot I_Y$

503. $I_L = 35{,}2$ A

504. $I_L = 14{,}2$ A

505. a) $I_L = 20{,}49$ A; b) $I_L = 329{,}38$ A

506. a) $U_L = 3000$ V; b) $U_{st} = 1734$ A

507. $\cos\varphi = 0{,}955$

508. $\cos\varphi = 0{,}713$

509. a) $S = 7{,}18$ kVA b) $P = 5{,}67$ kW

510. a) $S = 5{,}48$ kVA b) $P = 4{,}38$ kW

511. a) $S = 6{,}73$ kVA; b) $P = 5{,}52$ kW
c) $Q = 3{,}845$ kvar

512. a) $S = 297$ kVA; b) $P = 208$ kW;
c) $Q = 212$ kvar; 273,2 kW
115,8 kvar

513. a) $S = 62{,}5$ kVA; b) $Q = 30{,}8$ kvar
c) $I = 72{,}2$ A

514. a) $S = 8{,}62$ kVA; b) $Q = 4{,}22$ kVA
c) $I = 7{,}55$ A

515. a) $S = 13{,}2$ kVA; b) $P = 11{,}48$ kW
c) $Q = 6{,}49$ kvar
d) $S = 2{,}66$ kVA $P = 0{,}586$ kW
$Q = 2{,}596$ kvar!

516. a) $S = 607$ kVA; b) $Q = 455$ kvar
c) $I_g = 920$ A bei $\cos\varphi = 0{,}66$!
d) $S = 444{,}5$ kVA; e) $Q = 193{,}7$ kvar
f) $I_g = 676$ A bei $\cos\varphi = 0{,}9$!

517. a) $P = 3500$ kW; b) $I = 482$ A
c) $I = 345{,}8$ A

518. a) $S = 602$ kVA; b) $P = 422$ kW
c) $Q = 428$ kvar; d) $W_e = 3376$ kWh
e) $W_b = 3424$ kvarh

519. a) $S = 3{,}46$ kVA; b) $P = 2{,}7$ kW
c) $P_e = 2{,}19$ kW

520. a) $S = 6{,}56$ kVA; b) $P = 5{,}51$ kW
c) $P_e = 4{,}65$ kW

521. $P_i = 12{,}7$ kW

522. $\eta = 0{,}823$

523. $I_Y = 27{,}7$ A; $I_\Delta = 48{,}1$ A

524. a) $\cos\varphi = 0{,}87$ b) $Q = 6{,}72$ kVar

525. $I = 18{,}2$ A; 36,4; 54,6;

526. $I_A = 19{,}3$ kA je Leiter

527. $I = 2{,}2$ A

528. $I = 781$ A

529. a) $I = 20$ kA; b) $Q = 78$ Mvar

530. a) $I = 9{,}1$ A; 18,2 A; 27,3 A; 36,4 A
b) 21,605 MJ; 64,815 MJ; 43,210 MJ; 86,420 MJ

531. $I \sim = 15{,}45$ A; $I_3 \sim = 5{,}15$ A

532. a) $I = 31{,}5$ A; 63 A;
b) $Q = 79506$ kJ; 159012 kJ;
c) $A = 10{,}026$ mm² gew. 10 mm²

533. $P_{max} = 156000 \text{ kW} \cdot 1{,}41 = 220000 \text{ kW}$

534. a) $I = 11$ A; $P_y = 7{,}26$ kW
b) $I = 9{,}5$ A; $P = 3{,}61$ kW
c) $I = 33$ A; $P_\Delta = 22$ kW
d) $I = 28{,}5$ A; $P = 10{,}83$ kW

535. a) $I_y = 7{,}3$ A; b) $I_\Delta = 12{,}64$ A

536. $I_{MP} = 9{,}1$ A

537. $I_{MP} = 7{,}88$ A
$I_{Mp}^2 = I_R^2 + I_S^2 + I_T^2 - I_R \cdot I_S + I_R \cdot I_T + I_S \cdot I_T$
I_{Mp} ist dann $\sqrt{I_R^2 + I_T^2 - \ldots}$

538. $U_L = 500$ V; $U_{st} = 290$ V

539. $P_{e1} = 11{,}42$ kW; $P_{e2} = 3{,}8$ kW

540. a) $P_e = 11{,}3$ kW; b) $I_2 = 36{,}7$ A
c) $A = 6 \text{ mm}^2$

541. $I_{Mp} = 35{,}53$ A

542. a) $P_e = 17{,}7$ kW
b) $I_2 = 50{,}1$ A $\left(I_2 = \frac{606 \cdot P_e}{U_2}\right)$
c) $A_2 = 10 \text{ mm}^2$

543. a) $P = 5{,}64$ % b) $P_V = 1975$ W
c) $\Delta U = 13{,}81$ V

544. a) $A = 179 \text{ mm}^2$ (gew. 185 mm^2)
b) $P_V = 7530$ W (bei $U_V = 18{,}32$ V)

545. a) $u = 3{,}97$ %; b) $\Delta U = 95{,}3$ V
c) $P_V = 19850$ W (bei $U_V = 119$ V); $p = 4{,}46$ %

546. $P = 7{,}6$ kW; $P_{VL_2} = 443$ W; $P = 5{,}82$ %

547. a) $A = 8{,}03 \text{ mm}^2$, gew. 10 mm^2
b) $\Delta U = 6{,}1$ V; c) $P_V = 72$ W bei $U_V = 6{,}86$ V!

548. $A = 50 \text{ mm}^2$

549. a) $I \sim = 45{,}5$ A; $I_3 \sim = 15{,}17$ A
b) $A_1 = 10 \text{ mm}^2$; $A_2 = 1{,}5 \text{ mm}^2$ (nach Tabelle)
c) $U_V = \Delta U = 6{,}5$ V; 12,48 V bei $1{,}5 \text{ mm}^2$
Nachrechnung ergibt bei 40 m
$A = 1{,}64 \text{ mm}^2$; gew. $2{,}5 \text{ mm}^2$
$\Delta U = 7{,}49$ V
d) $P_V = 296$ W; 197 W anstelle zulässiger 300 W
e) $G = 7{,}1$ kg; 3,56 kg

550. a) $U_V = 4{,}24$ V ($\Delta U = 3{,}77$ V)
b) $P_V = 88$ W; c) $U_V = 50{,}84$ V; $P_V = 12{,}66$ kW

551. a) $A = 184{,}4 \text{ mm}^2$ gew. 185 mm^2
$G = 199{,}8$ kg
b) $A = 31 \text{ mm}^2$; gew. 35 mm^2
$M_p = 25 \text{ mm}^2$; $G = 70{,}2$ kg

552. a) $A = 4 \text{ mm}^2$; b) $P_V = 269{,}4$ W;
c) $W_V = 53{,}88$ kWh; $p = 2{,}44$ %
$K = 5{,}39$ DM

553. a) $P = 4{,}5$ kW; b) $I_1 = 6{,}5$ A
c) $I_g = 95{,}3$ A; d) $I_g = 223$ A
e) 99,2 % Überstrom zu hoch für Sicherung!

554. a) $A = 2{,}5 \text{ mm}^2$; b) $u = 3{,}32$ %
c) $P_V = 686$ W; d) $W_V = 120$ kWh
e) $K = 12{,}-$ DM; f) Bei $A = 4 \text{ mm}^2$
$\Delta U = 7{,}89$ V
$P_V = 75$ kWh
$K = 7{,}50$ DM

555. a) $n_2 = 1380 \frac{1}{\text{min}}$
b) $B_2 = 16 \cdot 10^{-1} \text{ Wb/m}^2$
c) $n_2 = 1275 \frac{1}{\text{min}}$
d) $B_2 = 11 \cdot 10^{-1} \text{ Wb/m}^2$
e) $n_2 = 1400 \frac{1}{\text{min}}$
f) $B_2 = 18 \cdot 10^{-1} \text{ Wb/m}^2$

556. $n_2 = 932 \frac{1}{\text{min}}$

557. $n_2 = 1330 \frac{1}{\text{min}}$

558. $n_1 = 694 \frac{1}{\text{min}}$

559. $n_2 = 820 \frac{1}{\text{min}}$

560. $n_2 = 984 \frac{1}{\text{min}}$

561. $B_2 = 10{,}59 \cdot 10^{-1}$ T

562. $n_2 = 1120 \frac{1}{\text{min}}$
$695 \frac{1}{\text{min}}$

563. a) $I_m = 27{,}11$ A; $\alpha = 1{,}35$
b) $I_2 = 149{,}5$ A; $I_m = 131$ A
c) $I_m = 97{,}5$ A; $\alpha = 1{,}23$
d) $I_2 = 53{,}7$ A; $I_m = 47{,}5$ A
e) $I_m = 167{,}5$ A; $\alpha = 1{,}395$
f) $I_2 = 109$ A; $I_m = 70{,}7$ A

564. $I_m = 16{,}7$ A; $\alpha = 1{,}39$

565. a) $I_m = 41$ A; b) $\alpha = 1{,}365$
c) $I_2 = 14{,}4$ A; d) $I_m = 11{,}25$ A

566. a) $I_m = 9{,}55$ A; b) $I_2 = 10{,}1$ A
c) $I_m = 20{,}8$ A; d) $I_2 = 24$ A

567. a) $I_m = 130$ A; b) $I_m = 170$ A
c) $I_2 = 147$ A; d) $I_2 = 251$ A

568. a) $I_m = 148$ A; b) $I_2 = 195$ A
c) $I_m = 400$ A; $I_2 = 695{,}7$ A
d) ja

569. a) $R_V = 2{,}24\ \Omega$; $E_{gI} = 85{,}5$ V
b) $R_{VII} = 1{,}29\ \Omega$; $E_{gII} = 138$ V
$R_{VIII} = 0{,}711\ \Omega$; $E_{gIII} = 169{,}9$ V
$R_{VIV} = 0{,}357\ \Omega$; $E_{gIV} = 189{,}36$ V
$R_{VV} = 0{,}14\ \Omega$; $E_{gV} = 201{,}3$ V

R_{vVI} = 0,0077 Ω; E_{gVI} = 208,58 V
R_{vVII} = 0 Ω; ab R_{vV} also Kurzschließen!

570. a) R_v = 3,8 Ω; E_{gI} = 56 V
b) R_{vII} = 1,96 Ω; E_{gII} = 83,6 V
R_{vIII} = 0,856 Ω; E_{gIII} = 100,16 V
R_{vIV} = 0,1936 Ω; E_{gIV} = 110,1 V
$R_{vV} = \frac{-3,1\ \text{V}}{25\ \text{A}} = 0\ \Omega$

571. R_v = 4,33 Ω; E_{gI} = 92 V
R_{vII} = 2,42 Ω; E_{gII} = 145,2 V
R_{vIII} = 1,31 Ω; E_{gIII} = 176,3 V
R_{vIV} = 0,66 Ω; E_{gIV} = 194,5 V
R_{vV} = 0,281 Ω; E_{gV} = 205,1 V
R_{vVI} = 0,06 Ω; E_{gVI} = 211,32 V
R_{vVII} = 0 Ω; E_{gVII} = 213 V

572. a) I_m = 17 A; b) I_2 = 24 A
c) R_v = 8,67 Ω; E_{gI} = 110 V
R_{vII} = 4,08 Ω; E_{gII} = 165 V
R_{vIII} = 1,79 Ω; E_{gIII} = 192,5 V
R_{vIV} = 0,646 Ω; E_{gIV} = 206,25 V
R_{vV} = 0,073 Ω; E_{gV} = 213,12 V
R_{vVI} = 0 Ω; E_{gVI} = 214 V

573. a) I_m = 23,8 A; I_1 = 16,1 A; I_2 = 35,18 A
b) R_v = 12,21 Ω; E_{gI} = 238,59 V
R_{vI} = 5,425 Ω; E_{gII} = 347,83 V
R_{vII} = 2,32 Ω; E_{gIII} = 397,82 V
R_{vIII} = 0,899 Ω; E_{gIV} = 420,7 V
R_{vIV} = 0,248 Ω; E_{gV} = 431,18 V
$R_{vV} = \frac{-1,73}{35,18} = 0\ \Omega$

574. F = 1752,28 N
575. M = 14,13 Nm
576. M = 49,9 Nm
577. F = 200 N
578. M = 2,02 Nm
579. M = 176 Nm
580. a) M = 9,6 Nm; b) M = 0,84 Nm
c) M = 1,68 Nm; d) M = 4,23 Nm
e) M = 6,3 Nm; f) M = 36,3 Nm
g) M = 22,4 Nm
581. F = 1447,4 N
582. a) F = 340 N b) F = 680 N
583. D = 150 mm
584. a) M_n = 61,31 Nm b) M_K = 98,1 Nm
585. a) M_n = 10,8 Nm b) M_K = 17,28 Nm
c) F = 90 N
586. F = 1468005 N
587. M = 44,81 Nm
588. M = 19,25 Nm; P_i = 3,46 kW
589. P_i = 1,195 kW
590. η = 0,72
591. $n = 796\ \frac{1}{\text{min}}$; P_i = 49 kW

592. M = 5,63 Nm; P_i = 6,53 kW
593. $n = 2697\ \frac{1}{\text{min}}$
594. η = 51,27 %
595. P_i = 0,791 kW
596. $n = 2073\ \frac{1}{\text{min}}$
597. P_i = 17,63 kW
598. P_e = 1,576 kW
599. a) v = 13,65 m/s; b) P_e = 3,615 kW
600. a) v = 9,53 m/s; b) P_e = 2,05 kW
c) P_i = 2,63 kW
601. a) $n = 1430\ \frac{1}{\text{min}}$; b) P_e = 4,41 kw;
c) P_i = 5,8 kW
602. a) v = 18,42 m/s; b) P_e = 5850 W;
c) P_i = 7,31 kW
603. a) d = 300 mm; b) P_e = 6,86 kW;
c) η = 0,78
604. F = 386,26 W
605. a) v = 20,1 m/s; b) F = 499,41 N;
c) M = 99,88 Nm
606. a) v = 25,12 m/s; b) F = 399,52 N;
c) M = 99,88 Nm
d) M bleibt gleich, dagegen wird F kleiner, wenn R größer, bei gleicher Motorleistung!
607. a) $n_D = 1000\ \frac{1}{\text{min}}$; s = 6 %
b) P = 6; $n = 480\ \frac{1}{\text{min}}$
c) f = 50 Hz; s = 4 %
d) $n_D = 1500\ \frac{1}{\text{min}}$; $n = 1470\ \frac{1}{\text{min}}$
e) P = 4; s = 6,67 %
f) f = 60 Hz; $n = 288\ \frac{1}{\text{min}}$
608. s = 4 %
609. $n = 2850\ \frac{1}{\text{min}}$
610. s = 5 %; f = 50 Hz
611. $n_D = 1000\ \frac{1}{\text{min}}$; $n = 950\ \frac{1}{\text{min}}$
612. a) P = 4; b) s = 5,33 %
613. $n = 475\ \frac{1}{\text{min}}$
614. $n = 940\ \frac{1}{\text{min}}$
615. s = 10 %
616. s = 1,35 %

617. $n = 2880/1402{,}5\ \frac{1}{min}$

bei $f = 50$ Hz

$n = 3456/1683\ \frac{1}{min}$

(bei $f = 60$ Hz)

618. a) $n = 3000/1500$ und $1000/500\ \frac{1}{min}$

b) $s = 5{,}33/4{,}66$ % und 8/18 %

619. a) $d_2 = 2$ Hz; $p_W = 2$

b) $f_2 = 4$ Hz; $n = 920\ \frac{1}{min}$

c) $f_d = 40$ Hz; $f_2 = 10$ Hz

d) $f_d = 32$ Hz; $f_2 = 18$ Hz

e) $f_2 = 0$ Hz; $p_W = 8$

f) $f_2 = 16{,}66$ Hz; $n = 250\ \frac{1}{min}$

620. $f_2 = 10$ Hz

621. $n = 750\ \frac{1}{min}$, $U_2 = 0$, da $f_2 = 0$

622. $n = 500\ \frac{1}{min}$

623. $f_2 = 37{,}5$ Hz

624. $f_2 = 0$ Hz oder 100 Hz bei entgegengesetzter Drehrichtung!

625. $f_d = 45$ Hz

626. $n = 1500\ \frac{1}{min}$

627. $n = 50\ \frac{1}{min}$

628. $n = 450\ \frac{1}{min}$

629. $p_W = 12$

630. $p_W = 6$

631. $f_d = 33{,}33$ Hz

632. $f_1 = 50$ Hz

633. $f_2 = 25$ Hz

634. $U- = 330$ V

635. $U\sim = 57{,}5$ V

636. $U_3\sim = 204$ V

637. $U- = 220$ V

638. $U- = 727$ V

639. $U_3\sim = 500$ V

640. $\eta = 0{,}865$

641. $ü = 20:1$; $34{,}6:1$

642. $ü = 48:1$

643. a) $ü = 25:1$; b) $N_2 = 192$ Wdg.

644. $ü = 15:1$; $26:1$

645. a) $ü = 1{,}73:1$; b) $N_2 = 292$ Wdg.

646. a) $ü = 9{,}17:1$; b) $N_2 = 54{,}5(55)$ Wdg.

647. a) $ü = 1:2{,}27$; b) $I_2 = 7$ A
c) $N_2 = 886$ Wdg; d) $I_1 = 15{,}9$ A

648. a) $U_2 = 500$ V; b) $I_1 = 104$ A
c) $N_1 = 350$ Wdg. d) $S = 13$ kVA

649. a) $U_2 = 2010$ V; b) $N_2 = 3180$ Wdg.

650. a) $ü_1 = 36{,}6:1$; $ü_2 = 27{,}5:1$; $ü_3 = 22:1$
b) $S_2 = 15{,}6$ VA

651. a) $ü = 4{,}3$; $U_1 = 163$ V; $I_1 = 140$ mA
$S = 22{,}8$ VA
b) $N_1 = 2470$ Wdg; $ü = 5{,}5$
$U_1 = 36{,}3$ V; $S = 0{,}16$ VA

652. $S_1 = 37{,}71$ VA; $I_1 = 0{,}171$ A

653. a) $ü = 25:1$; b) $I_1 = 1{,}156$ A
c) $I_2 = 28{,}9$ A

654. a) $ü = 50:1$; b) $I_{L1} = 2{,}89$ A;
c) $I_1 = 1{,}67$ A d) P = 80 kW;
$I_2 = 144{,}5$ A

655. a) $ü = 25:1$; b) $I_1 = 11{,}56$ A
c) $I_2 = 289$ A; d) $I_2 = 500$ A
e) $U_2 = 231$ V

656. a) $U_1 = 10400$ V; b) $U_1 = 9600$ V
c) $U_2 = 416$ V; d) $U_2 = 384$ V
e) $ü_e = 25:1$

657. a) ± 4 %; b) $ü = 13{,}64:1$

658. a) $S_1 = 10$ kVA; b) $\cos\varphi = 0{,}75$
$ü = 26{,}3$
c) $\eta = 0{,}973$; d) $S_2 = 9{,}73$ kVA
$P_2 = 7{,}30$ kW

659. a) $I_1 = 65{,}67$ A; $\cos\varphi = 0{,}933$
$ü = 16{,}7$
b) $\eta = 0{,}982$ c) $I_2 = 3{,}87$ A
d) $S_2 = 734{,}7$ kVA

660. $ü = 30:1$

661. $U_2 = 110$ V

662. $ü = 90:1$; $261{,}6:1$

663. $I_1 = 400$ A; 70,4 A

664. $I_2 = 4$ A; 2,275 A

665. $I_1 = 350$ A; 45 A

666. $S = 200$ kVA; $P = 180$ kW

667. $$U_{kr} = \frac{S_g}{\frac{S_1}{U_{k1}} + \frac{S_2}{U_{k2}} + \frac{S_3}{U_{k3}}} = 2{,}85\ \%$$

$$S_1 = S_2 \cdot \frac{U_{kr}}{U_{k1}} = \frac{100 \cdot 2{,}85}{4} = 71{,}25\ \text{kVA}$$

$S_2 = 57$ kVA $S_3 = 71{,}25$ kVA
S_3 würde total überlastet!)

668. $P_{VE} = 400$ W

669. $P_{VE} = 7648$ W

670. $P_{VE} = 1040$ W

671. a) $P_{VE} = 347{,}2$ W; b) $P_{VE} = 560$ W
c) $P_{VE} = 1904$ W

672. a) $P_{VE} = 852{,}8$ W; b) $P_{VE} = 1271$ W
c) $P_{VE} = 1783{,}5$ W

673. $\eta = 96$ %

674. $S_1 = 5{,}43$ kVA

675. a) $U_2 = 500$ V; b) $S_1 = 15{,}81$ kVA
c) $S_2 = 15$ kVA; d) $I_2 = 30$ A

676. a) $\eta = 97{,}32\ \%$; b) $P_V = 5500$ W
c) $P_i = 205{,}5$ kVA
677. $\eta = 96\ \%$
678. a) $\eta_1 = 96\ \%$; b) $\eta_2 = 97{,}3\ \%$
679. $\eta_1 = 96{,}15\ \%$; $\eta_2 = 97{,}66\ \%$
680. $\eta = 96{,}6\ \%$
681. $W_V = 28800$ kWh
682. $K = 1728{,}-$ DM
683. a) $T_W = 353$ K
b) $T_W = 369{,}67$ K c) $T_W = 309{,}67$ K
d) $T_W = 355{,}5$ K e) $T_W = 357{,}6$ K
f) $T_W = 372{,}72$ K g) $T_W = 312{,}34$ K
h) $T_W = 316{,}01$ K i) $T_W = 310{,}5$ K
684. $T_W = 355$ K
685. $T_W = 319{,}75$ K
686. $T_W = 355{,}23$ K
687. $T_W = 357{,}4$ K
688. $T_W = 353$ K
689. $T_W = 297{,}06$ K
690. $T_W = 328{,}71$ K
691. $U_k = 3\ \%$
$S_1 = 200$ kVA $S_2 = 100$ kVA
Bei Teillast:
$S_1 = 133{,}33$ kVA $S_2 = 66{,}66$ kVA
692. $u_k = 3{,}27\ \%$ $S_1 = 218$ kVA
$S_2 = 82$ kVA
Bei Teillast:
$S_1 = 145{,}33$ kVA
$S_2 = 54{,}66$ kVA
Auch bei Teillast übernimmt der Trafo mit der kleineren Kurzschlußspannung die größere Last!
693. a) $u_k = 4{,}011\ \%$
$S_1 = 229{,}2$ kVA; überlastet!
$S_2 = 385{,}06$ kVA; überlastet!
$S_3 = 445{,}5$ kVA; unterlastet!
Trafo III kann nicht zu Trafo I und II geschaltet werden
b) $S_1 = 108{,}113$ kVA
$S_2 = 181{,}631$ kVA
$S_3 = 210{,}142$ kVA
Trafo III nimmt auch hier die geringste Last auf!
694. $U_g = 714$ V
695. $U\sim = 33{,}4$ V
696. $I = 1{,}26$ A
697. $J = 55$ mA/cm²
698. a) $n_1 = 8$; $n_g = 32$
b) $U_g = 201{,}6$ V; c) $d = 126{,}5$ mmϕ
699. a) $U_{st} \doteq 183$ V; b) $U_L = 317{,}5$ V
700. $U_g = U\sim \cdot 1{,}35$
$U\sim = \dfrac{250\ \text{V}}{1{,}35} = 185$ V; $J = 91{,}66$ A/cm²

701. a) $U\sim = 522$ V; b) $A = 8{,}9 \sim 9$ cm²
c) $S_i = 2268{,}4$ kVA;
d) $n_1 = 4$; $n_g = 24$
702. $u = 2{,}91\ \%$
703. $A = 77{,}3$ mm² (95 mm²)
704. $A = 81{,}5$ mm² (95 mm²)
705. $A = 246$ mm² (240 mm² genügt noch!)
706. $U_V = 5{,}061$ V; $P_V = 218$ W;
$u = 4{,}05\ \%$; $p = 4{,}05\ \%$
707. $U_V = 9{,}84$ V; $u = 3{,}93\ \%$
708. a) $A = 86{,}58$ mm² (95 mm²)
($A = 54{,}11$ mm² (70 mm²))
b) $U_V = 3\ \text{V} \mathrel{\hat{=}} 1{,}36\ \%$
($U_V = 2{,}55\ \text{V} \mathrel{\hat{=}} 1{,}16\ \%$)
709. a) $I' = 103{,}2$ A
$I'' = 106{,}8$ A
b) $I_a = 39{,}2$ A
c) $I'_{AB} = 64$ A
$I'_{BC} = 4$ A
$I'_{DC} = 106$ A
$I'_{ED} = 146$ A
d) $A = 33{,}85$ mm², gewählt
$A = 35$ mm²
e) $P_{eff} = 82{,}72$ kW
f) $P_{V\overline{CD}} = 687{,}83$ W
710. a) $I' = I'_{AB} = 103{,}2$ A
$I'' = I'_{ED} = 106{,}8$ A
$I'_{BC} = 43{,}2$ A
$I'_{CD} = 66{,}8$ A
b) $\Delta U_{AB} = 7{,}37$ V
$\Delta U_{BC} = 6{,}17$ V
$\Delta U_{CD} = 2{,}86$ V
$\Delta U_{DE} = 10{,}68$ V
c) $\eta = 0{,}97 = 97\ \%$
711. $R_E = 0{,}5\ \Omega$
712. a) $R_E = 1{,}4\ \Omega$
b) $R_{H2} = 2{,}6\ \Omega$; $R_{H1} = 3{,}4\ \Omega$
713. $R_E = 0{,}8\ \Omega$
714. a) $R_E = 3{,}2\ \Omega$
b) $R_{H1} = 5{,}2\ \Omega$; $R_{H2} = 6{,}6\ \Omega$
715. a) $RE = 2{,}4\ \Omega$; $R_{H2} = 1{,}2\ \Omega$
b) $R_{H1} = 0{,}6\ \Omega$
716. a) $R_L = 0{,}1785\ \Omega$; b) $R_{LE} = 0{,}0893\ \Omega$
c) $R_g = 3{,}268\ \Omega$; d) $I_F = 67{,}3$ A
e) $I_A = > \sim 140$ A;
f) nein
g) damit unzulässige Berührungsspannungen verhindert werden !

Tafel 1: Belastbarkeit isolierter Leitungen und dazugehöriger Stromsicherungen zum Schutz gegen Überlastung[1])

Nennquerschnitt in mm²	Gruppe I bis zu 3 Leitungen in Rohren				Gruppe II Rohrdrähte, Feuchtraumleitungen, Stegleitungen, frei in Luft verlegte mehradrige Leitungen zum Anschluß ortsveränderlicher Stromverbraucher				Gruppe III frei in Luft verlegte einadrige Leitungen mit Zwischenraum von mindestens dem Leitungsdurchmesser, und einadrige Leitungen zum Anschluß ortsveränderlicher Stromverbraucher			
	Kupfer		Aluminium		Kupfer		Aluminium		Kupfer		Aluminium	
	Höchstbelastbarkeit in A	höchstzulässiger Nennstrom der Stromsicherung in A	Höchstbelastbarkeit in A	höchstzulässiger Nennstrom der Stromsicherung in A	Höchstbelastbarkeit in A	höchstzulässiger Nennstrom der Stromsicherung in A	Höchstbelastbarkeit in A	höchstzulässiger Nennstrom der Stromsicherung in A	Höchstbelastbarkeit in A	höchstzulässiger Nennstrom der Stromsicherung in A	Höchstbelastbarkeit in A	höchstzulässiger Nennstrom der Stromsicherung in A
0,75	–	–	–	–	13	10	–	–	16	16	–	–
1	12	10	–	–	16	16	–	–	20	20	–	–
1,5	16	16	–	–	20	20	–	–	25	25	–	–
2,5	21	20	16	16	27	25	21	20	34	35	27	25
4	27	25	21	20	36	35	29	25	45	50	35	35
6	35	35	27	25	47	50	37	35	57	63	45	50
10	48	50	38	35	65	63	51	50	78	80	61	63
16	65	63	51	50	87	80	68	63	104	100	82	80
25	88	80	69	63	115	100	90	80	137	125	107	100
35	110	100	86	80	143	125	112	100	168	160	132	125
50	140	125	110	100	178	160	140	125	210	200	165	160
70	175	160	–	–	220	224	173	160	260	250	205	200
95	210	200	–	–	265	250	210	224	310	300	245	250
120	250	250	–	–	310	300	245	250	365	355	285	300
150	–	–	–	–	355	355	280	300	415	425	330	355
185	–	–	–	–	405	355	320	355	475	425	375	425
240	–	–	–	–	480	425	380	355	560	500	440	425
300	–	–	–	–	555	500	435	425	645	600	510	500
400	–	–	–	–	–	–	–	–	770	710	605	600
500	–	–	–	–	–	–	–	–	880	850	690	710

[1]) Die Werte der Tabelle sind den „Bestimmungen für das Errichten von Starkstromanlagen mit Nennspannungen unter 1000 Volt (VDE 0100 und 0100 Ü) entnommen. Diese Vorschrift ist vom VDE-Verlag GmbH., Berlin-Charlottenburg 4, Bismarckstraße 33, zu beziehen.

Tafel 2: Temperaturkoeffizient bei 293 K

Werkstoffe Metalle	$\alpha \frac{1}{K}$	Werkstoffe Legierungen	$\alpha \frac{1}{K}$
Aluminium	0,0038	Chromnickel	0,0001
Blei	0,0042	Konstantan	0,00003
Kupfer	0,004	Manganin	0,00001
Stahl	0,0048	Nickelin	0,0002
Wolfram	0,0041	Rheotan	0,00023
Zink	0,0037	Stahlchrom-Aluminium	0,002
Silber	0,0038	Kohle	0,0005

Tafel 3: Verlustzahlen in W/kg (bei 50 Hz)

Blechart	Dynamobleche unlegiert			Legierte Bleche		
				schwach	mittel	hoch
Blechdicke in mm	0,35	0,5	1	0,5	0,5	0,35
Induktion B T	Verlustzahl v W/kg					
$3 \cdot 10^{-1}$	0,32	0,35	0,78	0,3	0,28	0,17
$5 \cdot 10^{-1}$	0,7	0,84	1,87	0,7	0,58	0,35
$7 \cdot 10^{-1}$	1,27	1,55	3,44	1,29	1,0	0,62
$9 \cdot 10^{-1}$	1,98	2,50	5,55	2,08	1,65	1,0
$10 \cdot 10^{-1}$	2,56	3,05	6,8	2,54	2,0	1,24
$11 \cdot 10^{-1}$	2,84	3,65	8,1	3,1	2,45	1,49
$12 \cdot 10^{-1}$	3,38	4,30	9,56	3,7	3,0	1,80
$13 \cdot 10^{-1}$	3,88	5,05	11,2	4,35	3,48	2,12
$14 \cdot 10^{-1}$	4,45	5,95	13,4	5,1	4,1	4,48
$15 \cdot 10^{-1}$	5,3	7,4	16,5	6,4	5,0	3,0

Tafel 4: Leistungsaufnahme und Lichtstrom der Allgebrauchslampen nach Osram

Glühlampen Leistungsaufnahme in W	Lichtstrom in lm bei 125 V	Lichtstrom in lm bei 225 V
15	135	120
25	260	230
40	490	430
60	820	730
75	1 070	960
100	1 560	1 380
150	2 440	2 220
200	3 400	3 150
300	5 350	5 000
500	9 300	8 400
1000	20 000	18 800
2000	43 000	40 000

Tafel 5: Beleuchtungsstärke – Richtwerte für Arbeitsräume nach DIN 5035 Stufe A (B)

Art der Ansprüche an die Beleuchtung	Art der Arbeit	Allgemeinbeleuchtung allein, mittlere Beleuchtungsstärke in lx	Platzbeleuchtung mit zusätzlicher Allgemeinbeleuchtung: Platzbeleuchtung[1]) in lx	Platzbeleuchtung mit zusätzlicher Allgemeinbeleuchtung: Zusätzliche Allgemeinbeleuchtung[2]) in lx
sehr gering		30 (60)		
gering	grob	60 (120)	–	–
mäßig	mittelfein	120 (250)	250 (500)	20
hoch	fein	250 (500)	500 (1000)	40
sehr hoch		600 (1000)	1000 (2000)	80
außergewöhnlich	sehr fein	–	4000 (bis 8000)	300

1) Die Werte der Platzbeleuchtung gelten für einen mittleren Reflexionsgrad des Arbeitsgutes von 25 %.

2) Den Werten der Allgemeinbeleuchtung ist eine mittlerer Reflexionsgrad der Raumbegrenzungsflächen von 30 % zugrunde gelegt.

Tafel 6: Beleuchtungsstärken (allgemein)

Für grobe Arbeiten:	40 lx
Gießen, Grobwalzen, Schmieden, Schruppen	
Für mittelfeine Arbeiten:	80 lx
Pressen, Stanzen, Sägen, Hobeln, Fräsen, Bäckerei, Metzgerei, Mühlen, Küchen	
Für feine Arbeiten:	150 lx
Drehen, Ziehen, Feinwalzen Polieren, Spinnen, Weben, Nähen, Maschineschreiben, Lesen und Schreibarbeiten	
Für sehr feine Arbeiten:	300 lx
Feinmechanische Arbeiten, Zeichnen, Gravieren, Bearbeiten von dunklem Gut, Nähen	
Für Wohnräume im allgemeinen:	80...120 lx
Für Verkehrsanlagen, Straßen und Plätze:	
Straßen und Plätze	
mit schwachem Verkehr	1... 3 lx
mit mittlerem Verkehr	3... 8 lx
mit starkem Verkehr	8... 15 lx
starker Großstadtverkehr	10... 20 lx
Durchgänge und Treppen	
mit schwachem Verkehr	5... 15 lx
mit starkem Verkehr	10... 30 lx
Bahnanlagen und Gleisfelder	0,5... 1,5 lx
Verladestellen, Bahnsteige usw.	5... 15 lx
Fabrikhöfe	
mit schwachem Verkehr	1... 3 lx
mit starkem Verkehr	5... 15 lx
Nebenräume, Korridore, Treppen	10... 20 lx
Büroräume (Allgemeinbeleuchtung)	60...100 lx
Klassenräume in Schulen	120...150 lx
Schaufenster	150...300 lx

Tafel 7: Leuchtdichten natürlicher und künstlicher Lichtquellen

Lichtquelle	Leuchtdichte L_V in sb
Mittagssonne	≈ 150 000
Vollmond	0,25
Glimmlampe	0,02
Leuchtstofflampe	0,3 bis 1,4
Stearinkerze	0,75
Gasglühlicht	3 bis 30
Glühlampe mattiert	5 bis 40
Glühlampe mit Klarglaskolben	200 bis 1500
Quecksilber-Hochdrucklampe	200 bis 1000
Glühlampe mit Projektor	≈ 3 000
Bogenlampe	≈ 18 000 bis 180 000
Xenonlampen	≈ 20 000 bis 300 000

Tafel 8: Beleuchtungswirkungsgrad

Lichtverteilung	Raumausstattung	Beleuchtungswirkungsgrad η						
$\frac{b}{h-1}$ oder $\frac{l}{h-1}$		1	1,5	2	3	4	6	8
direkt	hell	0,25	0,36	0,40	0,47	0,51	0,56	0,58
	dunkel	0,18	0,30	0,36	0,43	0,47	0,52	0,54
vorwiegend direkt	hell	0,17	0,25	0,30	0,37	0,41	0,49	0,53
	dunkel	0,09	0,16	0,23	0,28	0,30	0,38	0,41
gleichförmig	hell	0,16	0,23	0,28	0,35	0,39	0,46	0,50
	dunkel	0,09	0,15	0,19	0,25	0,29	0,34	0,38
linienförmig Leuchtstoff-Lp.	hell	0,20	0,29	0,35	0,44	0,49	0,57	0,62
	dunkel	0,11	0,19	0,24	0,31	0,36	0,43	0,47
$\frac{b}{h_d-1}$ oder $\frac{l}{h_d-1}$		1	1,5	2	3	4	6	8
vorwiegend indirekt	hell	0,21	0,27	0,31	0,38	0,42	0,48	0,50
	dunkel	0,13	0,17	0,21	0,26	0,30	0,35	0,38
indirekt	hell	0,15	0,20	0,23	0,28	0,32	0,36	0,38
	dunkel	0,08	0,11	0,14	0,18	0,21	0,23	0,25

Den Wirkungsgrad η_B für rechteckige Räume ermittelt man nach:

$$\eta_B = \eta_b + \frac{\eta_l - \eta_b}{3}$$

Es bedeuten: η_b = Wirkungsgrad für die Raumbreite
η_l = Wirkungsgrad für die Raumlänge

Tafel 9: Lichtstrom und Lichtausbeute der LLGW-Hochspannungsleuchtstoffröhren in Abhängigkeit von Betriebsstrom und Leuchtlänge

Betriebsstrom	50 mA		75 mA		100 mA	
Type mit Leuchtlänge in cm	Licht-strom in lm	Licht-ausbeute in $\frac{lm}{W}$	Licht-strom in lm	Licht-ausbeute in $\frac{lm}{W}$	Licht-strom in lm	Licht-ausbeute in $\frac{lm}{W}$
LLGW 100	460	20	630	21	900	22
LLGW 150	690	23	1020	25	1350	27
LLGW 200	920	25	1360	27	1800	29

Tafel 10: Osram-Niederspannungs-Leuchtstofflampen

Type	Aufnahme bei 200 V/50 Hz in W [1])	in A	Lichtstrom in lm	Lichtausbeute in $\frac{lm}{W}$ (ohne Drossel)
L 10 W	10	0,17	390– 440	39 –44
L 20 W	20	0,39	800–1070	40 –53,5
L 40 W	40	0,44	1560–2650	39 –66,25
L 65 W	65	0,7	3100–4250	47,5–65,4
			je nach Lichtfarbe!	

[1]) ohne Drossel

Tafel 11: Einheitswiderstände und Einheitsleitwerte metallischer Leiter bei 293 K (zusammengestellt nach „Taschenbuch für Elektrotechniker", Bd. I, *Moeller* und „Praktische Physik", Bd. II, *Kohlrausch)*

Werkstoff	$\rho \cdot 10^{-6}$ in Ω m	$\kappa \cdot 10^{6}$ in $\frac{S}{m}$	Werkstoff	$\rho \cdot 10^{-6}$ in Ω m	$\kappa \cdot 10^{6}$ in $\frac{S}{m}$	Zusammensetzung in %
Silber	0,016	62,5	Bronze	0,018...0,056	55...18	97 Cu, Sn, Mg, K, Zn, Si, P
Kupfer	0,017 86	56	Aldrey	0,033	30	Al, Mg, Si
Gold	0,023	44	Messing	0,07...0,09	14...11	Cu, Zn
Aluminium	0,028 57	35	Neusilber	0,30	3,3	60 Cu, 21 Ni, 19 Zn
Magnesium	0,045	22	Gold-Chrom	0,33	3,0	98 Au, 2 Cr
Wolfram	0,055	18	Nickelin	0,43	2,3	54 Cu, 26 Ni, 20 Zn
Zink	0,063	16	Manganin	0,43	2,3	86 Cu, 2 Ni, 12 Mn
Nickel	0,08...0,11	13...9	Novokonstant	0,45	2,2	82,5 Cu, 12 Mn, 4 Al, 1,5 Fe
Eisen	0,10...0,15	10...7	Rheotan	0,47	2,15	
Zinn	0,11	9	Isabellin	0,50	2,0	84 Cu, 3 Al, 13 Mn
Platin	0,11...0,14	9...7	Konstantan	0,50	2,0	58 Cu, 41 Ni, 1 Mn
Blei	0,21	4,8	Resistin	0,50	2,0	Cu, Mn
Quecksilber	0,96	1,04	Kruppin	0,85	1,18	
Wismut	1,2	0,83	Chromnickel	1,1	0,91	78 Ni, 20 Cr, 2 Mn
Kohle	100,0	0,01	Megapyr	1,4	0,71	30 Cr, 65 Fe, 5 Al
			Kanthal	1,45	0,69	72 Fe, 20 Cr, 5 Al, 3 Co

Tafel 12: Magnetisierungskennlinien

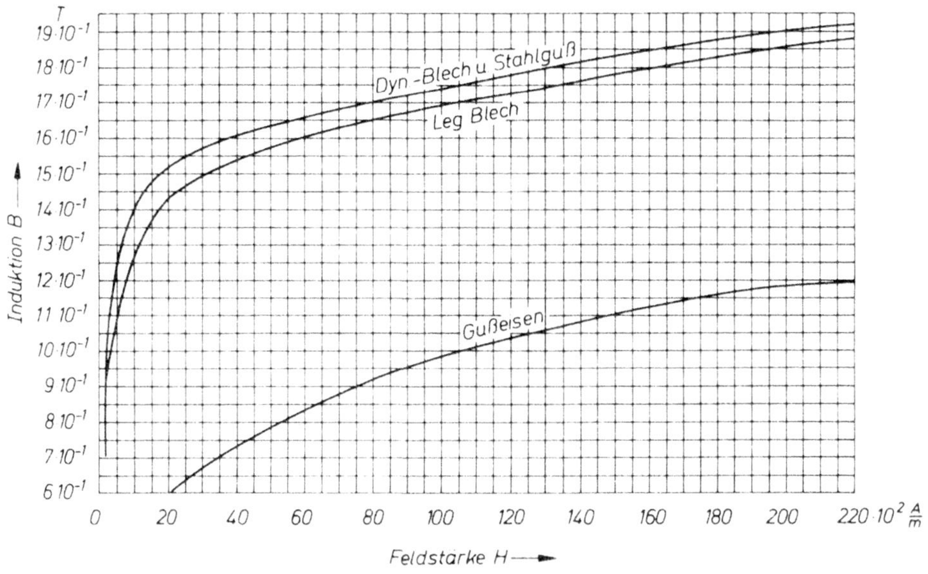

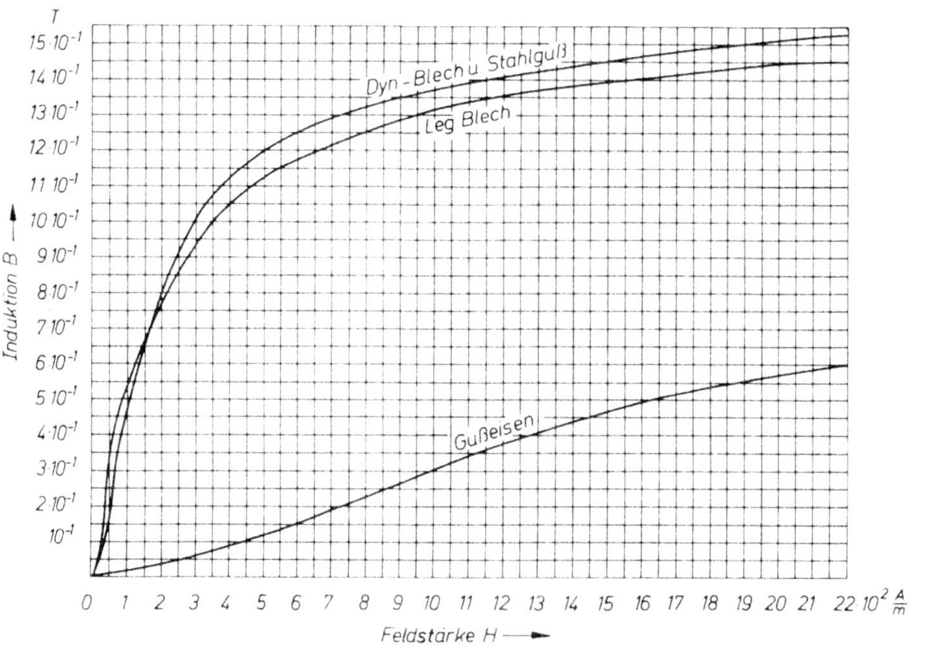

Gegenüberstellung der wichtigsten gesetzlichen und bisher gebräuchlichen Einheiten

Größe	Gesetzliche Einheit Name und Einheitenzeichen	ausgedrückt als Potenzprodukt der Basiseinheiten	Bisher gebräuchliche Einheit und Umrechnungsbeziehung
Masse m	Kilogramm kg	Basiseinheit	Kilogramm kg
Kraft F (Gewichtskraft F_g)	Newton N	$1\ N = 1\ \frac{kgm}{s^2} = 1\ mkgs^{-2}$	Kilopond kp 1 kp = 9,806 65 N $\approx$ 10 N 1 kp $\approx$ 1 daN (1 Deka-Newton)
Druck p	$\frac{\text{Newton}}{\text{Quadratmeter}}$ $1\ \frac{N}{m^2} = 1$ Pascal Pa 1 Bar = 10^5 Pascal 1 bar = 10^5 Pa	$1\ \frac{N}{m^2} = 1\ m^{-1}\ kgs^{-2}$ $1\ \frac{N}{m^2} = 1\ \frac{kgm}{s^2 m^2} = 1\ \frac{kg}{s^2 m}$	Meter Wassersäule mWS 1 mWS $\approx 10^4\ \frac{N}{m^2} = 10^4$ Pa 1 mWS $\approx$ 0,1 bar Millimeter WS mmWS 1 mmWS $\approx 10\ \frac{N}{m^2} = 10$ Pa
Die gebräuchlichsten Vorsätze und deren Kurzzeichen	für das Millionenfache (10^6fache) der Einheit: Mega M für das Tausendfache (10^3fache) der Einheit: Kilo k für das Zehnfache (10fache) der Einheit: Deka da für das Hundertstel (10^{-2}fache) der Einheit: Zenti c für das Tausendstel (10^{-3}fache der Einheit: Milli m für das Millionstel (10^{-6}fache) der Einheit: Mikro μ		Millimeter Quecksilbersäule mmHg 1 mmHg = 133,3224 Pa Technische Atmosphäre at $1\ at = 1\ \frac{kp}{cm^2} \approx 10^5\ Pa = 1\ bar$ Physikal. Atmosphäre atm 1 atm = 101 325 Pa $\approx$ 1,01 bar Torr 1 Torr = 133,3224 Pa
Mechanische Spannung σ, τ, ebenso Festigkeit, Flächenpressung, Lochleibungsdruck usw.	$\frac{\text{Newton}}{\text{Quadratmillimeter}}$ $\frac{N}{mm^2}$	$1\ \frac{N}{mm^2} = 10^6 m^{-1} kgs^{-2}$ $1\ \frac{N}{mm^2} = 10^6\ \frac{N}{m^2} = 10^6$ Pa $1\ \frac{N}{mm^2} = 1$ MPa = 10 bar	$\frac{kp}{mm^2}$ und $\frac{kp}{cm^2}$ $1\ \frac{kp}{mm^2} \approx 10\ \frac{N}{mm^2}$ $1\ \frac{kp}{cm^2} \approx 0{,}1\ \frac{N}{mm^2}$
Kraftmoment M (Drehmoment, Torsionsmoment)	Newtonmeter Nm (Produkt aus Einheit der Kraft F und Einheit des Wirkabstandes l)	$1\ Nm = 1\ m^2 kgs^{-2}$ $1\ Nm = 1\ \frac{kgm\ m}{s^2} = 1\ \frac{kgm^2}{s^2}$	Kilopondmeter kpm 1 kpm $\approx$ 10 Nm Kilopondzentimeter kp cm 1 kpcm $\approx$ 0,1 Nm

Größe	Gesetzliche Einheit Name und Einheitenzeichen	 ausgedrückt als Potenzprodukt der Basiseinheiten	Bisher gebräuchliche Einheit und Umrechnungsbeziehung
Arbeit W, ebenso Energie und Wärmemenge	Joule (gespr.: dschul) 1 J = 1 Nm = 1 Ws 1 J ist gleich der Arbeit, die verrichtet wird, wenn der Angriffspunkt der Kraft 1 N in Richtung der Kraft um 1 m verschoben wird.	$1\ J = 1\ Nm = 1\ m^2kgs^{-2}$	Kilopondmeter kpm $1\ kpm \approx 10\ J$ Kilokalorie kcal 1 kcal = 4186,8 J
Leistung P, ebenso Energie- und Wärmestrom	Watt W $1\ W = 1\ \frac{J}{s} = 1\ \frac{Nm}{s}$ 1 W ist gleich der Leistung, bei der während der Zeit 1 s die Energie 1 J umgesetzt wird.	$1\ W = 1\ m^2kgs^{-3}$	$\frac{\text{Kilopondmeter}}{\text{Sekunde}}\ \frac{kpm}{s}$ $1\ \frac{kpm}{s} \approx 10\ W$ Pferdestärke PS $1\ PS = 75\ \frac{kpm}{s} \approx 735\ W$
Temperatur ϑ	Kelvin K und Grad Celsius °C	Basiseinheit Kelvin K	$t = T - 273{,}15\ K$ t Celsiustemperatur T Kelvintemperatur
Temperaturintervall $\Delta\vartheta$	Kelvin K und Grad Celsius °C	Basiseinheit Kelvin K	Grad grd 1 grd = 1 K = 1 °C
Elektrische Spannung U	Volt V $1\ V = 1\ \frac{W}{A}$	$1\ V = 1\ \frac{W}{A} = 1\ \frac{Nm}{sA} = 1\ \frac{kgm^2}{s^3A}$ $1\ V = 1\ m^2kgs^{-3}A^{-1}$	Volt V (Ampere A ist Basiseinheit)
Magnetischer Fluß Φ	Weber Wb $1\ Wb = 1\ \frac{Nm}{A} = 1\ \frac{J}{A}$	$1\ Wb = 1\ m^2kgs^{-2}A^{-1}$	Maxwell M (sofort ungültig) $1\ M = 10^{-8}\ Wb$
Magnetische Flußdichte B	Tesla T $1\ T = 1\ \frac{Nm}{m^2A} = 1\ \frac{Wb}{m^2}$	$1\ T = 1\ kgs^{-2}A^{-1}$	Gauß G (sofort ungültig) $1\ G = 10^{-4}\ T$
Magnetische Feldstärke H	$\frac{\text{Ampere}}{\text{Meter}}\ \frac{A}{m}$	$1\ \frac{A}{m} = 1\ m^{-1}\ A$	Oersted Oe (sofort ungültig) $1\ Oe = \frac{10^3}{4\pi}\ \frac{A}{m} \approx 80\ \frac{A}{m}$

SI-Basiseinheiten

Meter m	für Basisgröße Länge	Kelvin K	für Basisgröße Temperatur
Kilogramm kg	für Basisgröße Masse	Candela cd	für Basisgröße Lichtstärke
Sekunde s	für Basisgröße Zeit	Mol mol	für Basisgröße Stoffmenge
Ampere A	für Basisgröße Stromstärke		

GPSR Compliance

The European Union's (EU) General Product Safety Regulation (GPSR) is a set of rules that requires consumer products to be safe and our obligations to ensure this.

If you have any concerns about our products, you can contact us on ProductSafety@springernature.com

In case Publisher is established outside the EU, the EU authorized representative is:

Springer Nature Customer Service Center GmbH
Europaplatz 3
69115 Heidelberg, Germany

Batch number: 10584556

Printed by Printforce, the Netherlands